国家社科基金（项目号15BJY054）

新型城镇化下中国城镇水务管理体制和运行机制研究

周耀东◎著

企业管理出版社
ENTERPRISE MANAGEMENT PUBLISHING HOUSE

图书在版编目（CIP）数据

新型城镇化下中国城镇水务管理体制和运行机制研究 / 周耀东著 . — 北京 : 企业管理出版社 , 2023.6

ISBN 978-7-5164-2843-6

Ⅰ . ①新… Ⅱ . ①周… Ⅲ . ①城市用水 – 水资源管理 – 研究 – 中国 Ⅳ . ① TU991.31

中国国家版本馆 CIP 数据核字（2023）第 099552 号

书　　名：新型城镇化下中国城镇水务管理体制和运行机制研究
作　　者：周耀东
责任编辑：杨慧芳
书　　号：ISBN 978-7-5164-2843-6
出版发行：企业管理出版社
地　　址：北京市海淀区紫竹院南路 17 号　邮编：100048
网　　址：http://www.emph.cn
电　　话：发行部（010）68701816　编辑部（010）68420309
电子信箱：314819720@qq.com
印　　刷：北京虎彩文化传播有限公司
经　　销：新华书店
规　　格：710 毫米 ×1000 毫米　16 开本　20.5 印张　334 千字
版　　次：2023 年 7 月第 1 版　2023 年 7 月第 1 次印刷
定　　价：88.00 元

自　序

历时多年的国家社科基金项目《新型城镇化下中国城镇水务管理体制和运行机制研究》终于成稿付梓。这个项目于 2016 年立项，2020 年 12 月结题。2004 年博士后出站后，本来计划是沿着城市公用事业改革的线路图，深入到某一个具体行业做一些实际的研究。2005 年机缘巧合，做了城市水务改革研究，并且一直延续到 2015 年前后，期间和当时的国家住房和城乡建设部（以下简称住建部）、水利部均有很多合作，有了很多的想法和思路。2016 年获得国家社科基金一般项目的资助后，计划将这些研究成果以更加正式的专著体现出来，如今终于有了一个结果。

城市公用事业的改革一直伴随着我国城市化进程不断深入，从 20 世纪 80 年代后开启的这项改革走到现在，期间有很多成功的经验，也有很多深刻的教训。作为改革中最"难啃"的骨头，经过多年的发展，也已取得了巨大的成就。城市公用事业的覆盖率、普及率以及居民的获得感均有很大提高，人们不再担心缺水、缺电、缺气，人们越来越关心自来水的品质、燃气的杂质、高峰用电等问题。中国的公用事业逐步走出了一条具有中国特色的路子，但现实问题也是复杂的，从宏观管理到中观的行业监管，再到微观的企业再造，无一例外均体现出对中国式改革道路的艰辛探索和渐进认知。

本项目以中国水务部门市场化改革为线索，在梳理文献和数据的基础上，系统整理并分析了中国水务部门在城镇化快速发展阶段形成的市场格局、制度安排以及改革绩效，研究了在多目标情景下水务部门由于目标"掣肘"效应导致的市场分割，实证验证了市场化改革（放松进入、价格改革和一体化制度改革）对水务企业的效率、产业绩效、社会福利等影响，提出了我国水务部门改革的目标模式和路径。

1. 全面梳理了中国水务部门改革开放以来的市场格局、制度演化和现存问题

水务部门改革是我国公用事业改革探索历史的“缩影”。课题组认为城市水务特别是供水规模和设施发展很快，总量上基本适应了城镇化发展的需求，但仍然存在着质量不一，东西部地区间、“大中小”城市之间以及城市和村镇之间等不平衡。2000 年之后投资呈现出从供水转向排水、污水处理设施趋势。尽管排水和污水治理投资持续增长，仍然需要在规模、结构和技术等方面持续优化。从市场格局来看，目前城镇水务市场已经初步形成了以建设项目为主导的招投标特许权市场和以本地化供排水服务为导向的运营市场的双层框架。前者市场竞争日趋激烈，但存在合谋、评标和质量等问题；后者其产品的公共性特征，遭遇了地方政策各种限制性壁垒。其他附加品市场涉及设备、药剂、检测和其他水品等，市场增长迅速，需求日益旺盛。尽管受制于进入和技术门槛等约束，但市场竞争日趋激烈。课题组评价了水务部门的市场化改革各项措施，包括放松进入（引入外资和内资）、价格改革、运行机制（公司化、PPP 和特许经营）以及管理体制（一体化体制）等制度安排，认为这些政策总体上适应了水务部门改革和城镇化发展的需要，有力地推动了水务部门的快速发展，但也存在一定的激励匹配、公平和效率、质量等问题。

2. 构建了多目标条件下国有部门的“福利”和“效率”的两难选择模型，解读市场分割问题

传统的水务运营实际上是以国有部门为主体的事业运作模式。随着市场放松、公司化改制后，主体角色并没有发生改变，但由于市场格局的变化，国有部门所承担的低福利水价和资产增值、效率改善与环境责任冲突日益显著，本地政府不得不采取交叉补贴、分割市场等方式为此支付代价。课题构建了国有企业多目标下的两难冲突模型。模型表明政府的不同利益诉求（公共利益、本地经济增长、资产保值增值、环境责任）影响了企业和用户行为，形成了政府与不同类型（不同身份）企业的双层嵌套式博弈关系。在政府不同目标干预条件下，政府与不同企业形成了分离式均衡。政府为实现其多目标诉求，与能够承担多目标任务的国有企业之间形成了一套非完全市场规则的运行体制（低价格服务和交叉补贴），并且将这种规则从运营阶段的多目标化延伸到项目竞争（事前竞争）的项目选择。非国有企业和外资由于其目标单一化，只能承担更

加专业化市场（比如工业污水处理、再生水、特定区域的水处理）的服务，政府与单目标企业形成了契约化合同（价格服务和补贴），但由于多目标企业、质量和环境绩效等信息不对称性，政府将为此支付更高的代价。在大量非市场因素条件下，这一均衡向非市场规则的运行体制倾斜的可能性更大。

3. 实证研究了制度演化所形成的激励效果

课题采取了多种实证方法，实证分析了水务部门的改革所形成的效果。运用 DID 方法和面板回归方法验证了市场进入（引进外资和内资）对产业绩效的影响，认为外资和内资的进入有利于提高水务市场的竞争强度，尤其外资能够为水务领域带来更新的技术和管理经验，为水务领域绩效改善提供了支撑，但外资和内资对质量改善和基础设施投资等的带动作用不够显著。在价格调整方面，课题组测算了阶梯性定价对用户和供水服务生产效率的影响，发现价格波动的影响仍然十分显著，表明供水服务的生产效率受到价格外生因素的重要影响。课题从微观层面研究了供水质量和效率之间的选择权衡关系，将水质、覆盖率和漏损率作为衡量水务质量的多维指标，实证研究了质量在水务企业生产效率中的作用，发现质量具有显著的影响效应，他们之间并不是替代关系，而是存在一定程度互补关系，即质量提升有助于促进水务部门的生产效率提高。在管制制度改革效果评价中，课题组运用 DID 方法实证分析了一体化改革对产业绩效的影响，认为城市水务局的成立，将市政的供排水和水利职能整合在一起，有利于城市水务综合能力提升，过多的职能分散反而不利于综合生产效率改善。这些实证结论均表明了我国水务部门的市场化改革逻辑符合社会经济和行业发展的要求和特点，起到了有效的推动作用。

4. 提出了水务部门改革的目标模式和优化途径

水务部门市场化改革为市场注入了竞争活力，也为明确管制权限提供了改革方向。课题组认为微观分割的市场应当破除“篱笆”，在确保公共服务和高质量服务的目标下，鼓励企业提高生产效率。其中公共服务和高质量服务可以通过政府购买（公共服务）和用户购买（高质量服务）实现，实现定价和补贴的分离，改变原有低福利水价带来的效率损失。强化监管，明确水质标准，通过信息公开、监管程序公开和监管权限公开等多种方式，引入社会监督，可以提高监管效率。在现有的宏观管理体制框架稳定的前提下，通过设立综合水务服务机构，集成城市水务（供排放）和城市水利（防洪等）职能，为微观供水主体提供“一站式”的服务，有助于提高管理的行政效率。

尽管自己设计并负责大部分的理论和政策部分研究写作，但我的研究生也承担了大量实证分析的工作。前期有博士生常健（主要负责 5.1 和 5.3 微宏观理论模型推导，承担了第 9 章的初稿工作），刘彦、付瑜、张鹏和冯佳等研究生在外资进入、水价、生产率、质量等方面做出了努力。后期博士生郑善强对第 5 章进行了重新梳理，并测算了各类型企业的生产率和福利水平，李宛华和王若雅对第 8 章所有的实证进行了重新整理和测算，王海星和于敬对第 9 章进行了重新整理和测算。研究生刘逸轩、汤莹滢、李颖、刘昕、卫晓晶、吴立群等对书稿进行了校对。感谢孙昭昱、卢洋、张伟、姚高丽、李文霞等做的基础数据录入工作。同时，也要感谢余晖先生、赵旭先生和邓文斌先生的鼎力支持。没有他们的辛勤付出，这个项目不可能如此顺利地完成评审、成稿出版工作。

2023 年 4 月于交大新园

目　录

第1章　导　论

1.1　研究背景、问题和意义

城镇水务是以城镇用水的供、排、放、污水处理和回用等为核心环节的公用事业部门。作为城镇基础设施和服务的重要组成部分之一，其特殊的产业背景（自然垄断、本地化、城市基础设施和网络化）、服务性质（公共性和商品性）和多样化的产品特性（水量和水质），在不断变化的城市空间结构、人口迁移特征和不同类型的制度禀赋中，所呈现的效率水平、公平程度和服务质量等成为国内外学术界和实务界不断探索和关注的问题。本课题以我国城镇水务部门的改革和发展为主要对象，分析了水务改革过程中的问题并剖析根源，研究了作为混合品提供者的水务部门在公平、效率和福利之间的选择与平衡关系，提出了可行的优化思路，为公用事业深化改革提供了参考路径。

1.1.1　研究背景和问题

新型城镇化是中国进入新发展阶段的一项重要发展任务。与早期发展经验与模式类似，我国经济进入工业化发展中期之后，以城市为中心的快速城镇化成为主要发展特征，表现为人口快速集中于经济热力最强的城市，从“孤岛”化的城市转向“互联”的城市群落，城市扩张和收缩同步进行。另一方面，与早期发展污染高、区域极差大等不同，我国正试图走出一条环境污染少、区域发展较为平衡的新型城镇化道路，体现为以城乡统筹、城乡一体、产业互动、节约集约、生态宜居、和谐发展为基本特征的城镇化。推进新型城镇化“关键在于提高城镇化质量，目的是造福百姓和富裕农民。要走集约、节能、生态的新路子，着力提高内在承载力，不能人为‘造城’，要实现产业发展和城镇建设融合，让农民工逐步融入城镇。要为农业现代化创造条件、提供市场，实现新型城镇化和农业现代化相辅相成”。2020 年政府工作报告中进一步提出：提高城镇化质量，大力提升县域公共设施和服务能力，以适应农民日益增加的到县城就业安家需求。深入推进新型城镇化，发挥中心城市和城市群综合带动作用，培育产业、增加就业。坚持房子是用来住的、不是用来炒的定位，因城施策，促进房地产市场平稳健康发展。完善便民设施，让城市更宜业宜居。公共服务质量、环境友好和城乡统筹成为进入快速城镇化阶段以来关于新型城镇化最热的词汇。

新型城镇化的逐步推进必然伴随着水务建设和水务管理的城镇化，《国家新型城镇化规划（2014—2020 年）》从城镇公共服务、农村基础设施、阶梯价格制度和生态环境保护等多个角度对新型城镇化进程中城镇水务建设作出规划。首先，发展高质量的城市水务是提升城市基本公共服务水平的重要举措。《规划》要求：“统筹电力、通信、给排水、供热、燃气等地下管网建设，推行城市综合管廊，新建城市主干道路、城市新区、各类园区应实行城市地下管网综合管廊模式。加强城镇水源地保护与建设和供水设施改造与建设，确保城镇供水安全。加强防洪设施建设，完善城市排水与暴雨外洪内涝防治体系，提高应对极端天气能力。”对城市水务建设中给排水管网、水源安全和防洪设施提出新的发展要求。其次，村镇用水由“吃到水”到“吃好水”的转变，同样是新型城镇化下加强农村基础设施建设的必由之路。《规划》要求：“加快农村饮水安全建设，因地制宜采取集中供水、分散供水和城镇供水管网向农村延伸的方式解决农村人口饮用水安全问题。”对农村用水安全提出更高要求。此外，“建立健全居民生活用水阶梯价格制度”，同样体现出新型城镇化下水务市场价格制度改革的决心。最后，建设以水资源为代表的生态环境保护制度，强化“水资源开发利用控制、用水效率控制、水功能区限制纳污管理”三条红线，同样也是改革完善城镇化发展体制机制的关键一环。

进入快速城镇化阶段，中国面临着较为严重的“水危机”问题，不仅是县域城镇，中心城市也普遍面临着此类问题。地下管网设施落后，年久失修，更新缓慢，这并非是盛世危言。2018 年北京多条道路因暴雨受阻，这是自 2012 年“7 · 21”特大暴雨以来再次因暴雨受阻。首都如此，其他地区问题更加严重。国家住建部的一份调查显示，在 351 个城市中，有 213 个城市发生过积水内涝，占总数的 62%；内涝灾害一年超过 3 次以上的城市就有 137 个，甚至还有 57 个城市的最大积水时间超过 12 小时。城市水质不良问题十分突出，根据环保部 2017 年《全国环境质量报告》，全国地表水 1940 个水质断面检测中，Ⅳ、Ⅴ类 462 个，占 23.8%；劣Ⅴ类 161 个，占 8.3%，合计为 32.1%，近 1/3 不能作为饮用水水源。地下水水质问题更为严重，根据原国土资源部对 31 个省（区、市）223 个地市级行政区 5100 个监测点的检测结果显示，较差级和极差级分别占 51.8% 和 14.8%，优良级、良好级和较好级仅占 8.8%、23.1% 和 1.5%，近 2/3 的地下水不能作为饮用水，城市水污染问题日益突出。通过对我国水污染事件的分析发现，2011—2015 年全国水污染事件 373 起，平均每年约 74.6 起，多发生在沿海经济发达地区，且以工业废水为主，污水、化学品和油类为主要污染物，突然排污、累积污染、污染泄漏和管道事故是主要风险源（吉立等，2017）。作为公共事件，管网、水质、水污染事件频出不仅极大损害产业的发展，也考验着政府的公信力，引发了人们对城市供水、排水和水处理的公共性质、公共责任以及提供方式的重新思考。

长期以来，我国城市水务供排放业务在微观主体上是以事业单位的形式运营，运作模式遵循一种典型的多部门管理、计划性投资和经营的思路。尽管向居民收取由当地政府（通常是计委价格处）审核的福利性低水价，但这种水价仅仅被视为用于“促进居民节约用水”的工具，并不能补偿企业运营的成本和代价。水费不能完全支撑供水和排水企业的正常运行，缺口由地方政府提供财政支持，这样的运行机制大大降低了企业对效率的追求，也增加了政府的责任和负担。本地供排水设施投入和维修的资金则根据规模大小，分别由国家、省级和当地政府各职能部门审核和选定，但大部分仍由当地政府筹集。供排水过程中的各种行为，如取水、排水达标、供水质量等则分别由水利、环保和卫生等专业部门协管，形成了所谓“九龙治水”的现象。

水自身的复合商品特征是“政出多门”存在的一个重要客观理由，其维度的多样性、用途的广泛性、影响的深远性与涉水设施工程、设备以及利用开发保护等潜在的巨大利益决定了多部门管理和协作成为可能与现实，但这种“过度”的介入导致了政府与市场功能纠结不清。尽管国外类似的管理模式也有成功的案例（如日本和韩国），但这种管理思路是建立在协作成本较低、居民用水规模较为稳定的基础上。对于国内而言，20 世纪 80 年代之后，伴随着快速工业化、市场化和潮涌的城镇化进程而出现的巨大需求缺口，以及结构转型引起的不同主体和部门间的利益纠葛，对多部门管理模式的有效性构成了严重威胁。

相对于行政管理模式的选择性困难，城市水务的微观市场化进程则推进得较快。传统意义上，市政供水、排水和污水处理等属于城市的公用事业部门，在20世纪90年代就开始向企业化转制，核心目标是让微观主体成为“自负盈亏、自我发展”的独立主体。另外一项重大改革是政府对这些运营机构不再提供全额的财政补贴，而是由企业向银行借贷。因此，20世纪90年代初，水务企业面临的重大问题就是亏损和巨额的贷款付息压力，以及面对城镇人口激增带来的基础设施投资缺口。由于资金短缺、工艺技术落后、效率低下等诸多因素，地方政府为摆脱困境，通过引入亚行和世界银行的贷款，同时通过招商引资、放宽外资进入门槛等方式寻求解决问题的途径。

市场化进程正式开启是中国水务改革重大战略转型的标志，它体现了水务部门从微观计划性管理思维向市场转型的一种探索。有人将这一进程表述为外资进入、国有企业公司化改制、民营企业逐步进入等三阶段论或者四阶段论（陈慧，2013）。根据住建部的《中国城乡建设统计年鉴》，我国供排水事务发展十分迅速，供排水能力总量均居于世界前列，2018年年供水总量614亿立方米，供水管网长度86万公里，用水普及率为98.36%；排水管网长度为68.34万公里，年污水处理量为497.61亿立方米，污水处理率为95.49%。然而，供排水事务总体表现为供排水技术标准较低、技术水平落后、服务质量较低、区域差异和城乡差异较大、经营效率低下、亏损较多，这也是城镇供排水事务面临的普遍困境。

以1992年第一家外资企业进入广东省中山市坦洲镇自来水厂为起点，近30年的水务市场化改革总体上突破了原有的体制束缚，不完善、不成熟的市场逐步向成熟市场迈进，系统化的管制制度逐步形成，人们对于水务运营和管理以及水务性质的认识也逐步深化，但争议的问题也很多，如外资高溢价收购、固定回报率、政府承诺、水价快速上涨、水的性质、企业效率、低价竞争、企业竞争优势、管制制度及其安排、普遍服务和公益性监管等。一切问题争论的核心在于，在快速城镇化带来的巨大需求下，水务部门如何通过市场化改革、公共服务提供和监管体制转型等，真正实现企业效率、监管体制以及运行机制的相互协调，使得市场目标、城乡目标、社会目标和国家目标相一致。

习近平总书记在党的十八大和十八届三中全会上提出了一系列生态文明建设和生态文明制度建设的新理念、新思路、新举措。保障水安全，必须在指导思想上坚定不移地贯彻这些精神和要求，坚持“节水优先、空间均衡、系统治理、两手发力”的思路，实现治水思路的转变。强调保障水安全，无论是系统修复生态、扩大生态空间，还是节约用水、治理水污染等，要充分发挥市场和政府的作用，分清政府该干什么，哪些事情可以依靠市场机制。水是公共产品，水治理主要是政府的职责，该管的不但要管，还要管严管好。同时要看到，政府主导不是政府包办，要充分利用水权、水价、水市场优化配置水资源，让政府和市场“两只手”相辅相成、相得益彰（陈雷，2014）。

1.1.2 研究意义

本课题在快速增长的新型城镇化背景下，研究城镇水务的管理模式和运行机制，试图揭示出我国城镇水务中政府、市场和企业的运行规则。通过梳理过去的改革路径，理解我国水务改革的基本逻辑和内涵，发现已有改革面临的问题、矛盾并剖析原因，提出可行的治理框架和规则，化解中国城镇的用水矛盾，建立科学有效的管理体制和运行机制，为不断发展的城镇提供高效、稳定、可持续的用水服务。因此，本课题具有较高的理论价值和普遍的现实意义。

在理论价值方面，（1）从宏微观层次分别梳理水务体制演变逻辑，对市场化和一体化等问题提出新的认识。课题重视资本进入、水价改革与管理体制改革等要素在我国水务部门发展中的关键作用，充分考虑传统市场竞争范式的适用性以及行业现实潜力与风险，结合政府、企业等多主体的目标与责任，认为水务体制演变的一般逻辑和改革中的矛盾和根源决定其均衡可能会更多地向非市场规则倾斜，并面临从中心向边缘、从规模向质量转型阶段。（2）为产业组织和公共经济理论应用于市场深化和市场制度形成等方面提供新的解释。以中国水务部门作为特定实例，研究转型经济条件下公用事业部门的竞争与管制及政府、市场和企业的资源配置关系，本研究认为转型条件已不是简单的计划经济转型，而是在市场和政府双重失灵下，政府与在位企业或新企业之间、国有企业与非国有企业之间、城乡之间复杂的契约关系重建过程。

在现实意义方面，（1）本研究可以为水务市场的深化改革提供理论支撑，有助于理解市场制度形成的必然性和可行性，化解目前的各种制度壁垒和阻碍，解决水务市场中的效率和公平难题。其次是示范作用。“制度双轨”特征目前广泛存在于我国资源性、公共性和基础性等领域的管理体制中，研究成果将有助于为其他部门提供样板和示范，推动我国基础设施领域的市场化改革。（2）有助于提升我国城市水务行业的整体服务质量，促进水务行业和城市的和谐发展。多角度实证分析水务部门制度改革的激励效果，讨论提高水务行业的服务质量的多种路径，发掘水务管理和运营体制的适应性发展潜力，促进行业形象提升。同时，可以促进城乡水务行业和谐发展，通过水务服务对城市经济和社会发展的影响力和带动力，更好地服务于城市和村镇经济社会发展，为满足人民日益增长的美好生活需要提供有力保障。

 1.2 相关的基本概念

水务在国内和国际上并没有统一和标准的说法①。笼统地说，与水相关的各种事务都可以称为水务，不同国家和地区、不同学科、不同管理机构对于水务（Water Service）、水业（Water Industry）、水资源（Aquatic Resource）、水环境（Aquatic Environment）、水循环（Aquatic Cycling）等都有不同的理解，实质在于人们针对水的不同属性在使用、利用、开发和管理上的不同理解和切割，因此要梳理分析水务运营过程，首先需要理解用水逻辑，理解城镇水务相关概念。

1.2.1 水系统和用水活动

人类的用水活动离不开水生系统。用水活动是将水用于满足人类生产和生活需要，满足人类再生产的过程，而这一活动必须要与其水生环境和系统相匹配，也就是说人类行为与环境的相互适应关系是理解人类用水行为及其相对应的管理安排的关键。

1. 水循环、水生环境和水生系统

（1）水循环。自然界的水主要包括来自江河、湖泊、海水、冰川、雨水的地表水和地下水，并以液态、固态和气态三种形式存在，其自身形成相对较为稳定的传递和转化系统。地表水（液态和固态）以及各类生物在蒸发作用下，形成蒸汽团（气态），在气压和气流等作用下形成降水，最终回到地面和地下，

① 我国的《水法》中并没有“水务”一词。

保持着物质和能量守恒定律，构成了地球的水循环系统（图 1-1）。虽然水循环系统总体上保持着物质和能量守恒定律，但受到洋流以及气候等因素干扰，尤其近年来厄尔尼诺现象频发，水循环中不同形态的变化和迁移在时间和空间上波动剧烈。

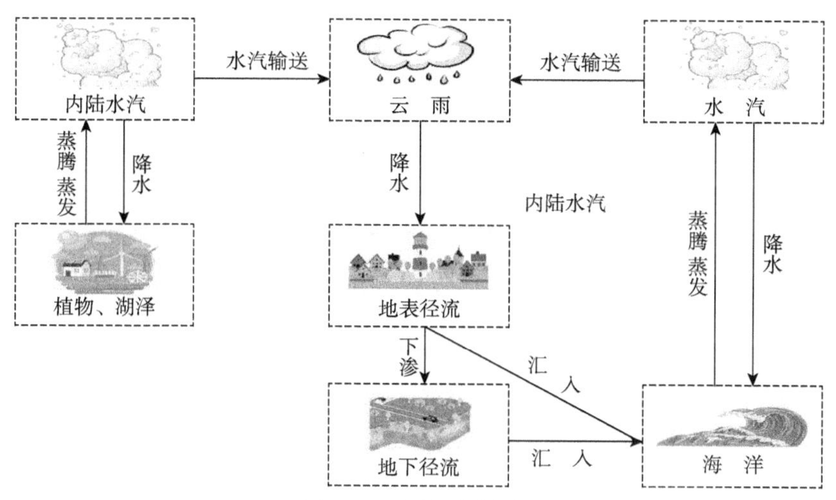

图 1–1　水循环示意图

（2）水生环境（Aquatic Environment）。水生生物生存的外部环境介质，有静水和流水环境之分。前者如池塘、湖泊、沼泽、水库，后者如江河、溪流、泉水、沟渠。不同的水生环境理化性质不同。以环境介质为对象，研究其理化性质及其运动规律是水生环境学科的主要任务。

（3）水生系统（Aquatic Ecosystem）是各种生物群落与水生环境之间相互作用所形成的能量循环、转换和流动的过程。这些生物群落包括了自养生物（藻类、水草等）、异养生物（各种无脊椎和脊椎动物）和分解者生物（各种微生物）群落。由于静水和流水环境中各种微生物和物质含量不同，有些对生物和人体有害，如重金属等。有些水生物可以对这些有害物质起到净化作用，如金边石菖蒲（Acorus Tatarinowii）、香菇草（Hydrocotyle Vulgaris）除氮，穗状狐尾藻（Myrtophllum Spicatum）、金鱼藻（Ceratophyllum Demersum）除磷等。以水生各种物质与环境之间的相互关系为研究对象是水生系统学科的主要内容。

水循环、水生环境和水生系统是水科学最基础的研究对象，研究核心是在不同的水循环条件下，各种生物群落活动与水生环境之间相互作用的交互过程，既有水生环境对生物群落活动的冲击和影响，也有各种生物群落活动对水生环境的能动作用。

2. 生物和人类用水活动

在整个水生系统的循环和传递过程中，自养和异养生物行为和活动被视为一种“破坏者”，因其活动干预了水生系统的自然演化过程，导致水生环境、水质以及水循环变化，最终影响了水生系统的自然演变。人类与自然界的异养生物一样，将水作为自己生存和发展的必需资料，在用水过程中是水生系统的干预者，但由于人类是一种自觉行为物种，也可以作为水生系统的维护者，通过维护水生系统的动态能量平衡，保护水生系统不发生实质性的变化，防止其对人类活动产生负面的影响。

人类的用水需求主要来自于人们生活和生产的不同需要。从不同主体来看，包括了家庭、农业、工业、服务业等用水主体。家庭是社会的基本单位，家庭用水主要是用来满足人自身饮用、洗漱、娱乐等方面的需要，其中饮用与洗漱是基本需求，娱乐用水涉及游泳、浇花、室外草坪等高级用水需求。对于农业、工业和商业而言，水与电、煤、气等动力燃料类似，是一种不断消耗以满足最终产品生产和服务需要的引致投入资源。

不同的用水活动对水生系统产生不同影响。在取水过程中，由于对水量与水质有不同的要求，不能从自然界采水后直接使用，需要通过过滤、消毒等各种措施消除水中有害物质，最终形成符合质量要求并满足需要的水。排放过程主要体现在两个方面：一是物品自身由于代谢或蒸发，其水分被耗散到大气层之中；二是使用过的废水排放到原水系统。废水中可能含有对水生环境有害的物质，必须经过必要的水处理，经过过滤、沉淀、降解等环节，才能达到符合水生环境的标准。

3. 水务与水资源

水资源是可利用的水源的统称。世界气象组织（WMO）和联合国教科文组织（UNESCO）修订的国际水文辞典中明确提及了水资源概念，认为水资源应具有足够数量和适合质量，是用于满足某一地点和时间特定需求的能够开发利用的水源[①]。中国大百科全书认为，水资源是“自然形成且循环再生，并能为当前人类

① WMO. International Glossary of Hydrology[M]. Switzerland: World Meteorological Organization Publishing, 2012.

社会和自然环境直接利用的淡水[①]”。此外，全国科学技术名词审定委员会公布的水利科技名词（科学出版社，1997）中有关于水资源的定义，即水资源是指地球上具有一定数量和可用质量、能从自然界获得补充并可资利用的水。

人类可直接或间接利用的水，是自然资源的一个重要组成部分。天然水资源包括河川径流、地下水、积雪和冰川、湖泊水、沼泽水、海水，按水质划分为淡水和咸水。随着科学技术的发展，可以为人类所利用的水增多，例如海水淡化、人工催化降水、南极大陆冰的利用等。水资源主要有不断增长性、可再生性和周期性变化等特征。由于气候条件变化，各种水资源的时空分布不均，天然水资源量不等于可利用水量，人们往往通过修筑水库和地下水库来调蓄水源，或采用回收处理的办法利用工业废水和生活污水，提高水资源的再利用率。与其他自然资源不同，水资源是可再生的资源，可以重复多次使用。水资源有年内和年际量的变化，具有一定的周期和规律。水资源的储存形式和运动过程受自然地理因素和人类活动影响。涉水相关的概念构成如表 1-1 所示。

表 1-1　涉水相关的概念构成

名　称	主要对象
水生环境	水生生物生存的外部环境介质
1. 水循环	水的固态、液态和气态等三种形态及其转化
2. 水资源	可利用的水源
（1）已开发利用	经过开发的水资源
水务	设备制造、供排水、污水处理、回用等
其他开发	养殖、城市建设、发电、航运、旅游等
（2）待开发利用	没有开发的水源地（包括冰川、河流、地下水等）
3. 天然水	非利用的水源，与待开发相同
4. 其他环境	与水源、水流相关的土壤、生物和空气等

水务是水资源开发利用中的一个环节，大多数观点将其表达为一种业务或者产业，是指由原水、供水、节水、排水、污水处理和回收利用等构成的业务链或产业链，是提取、生产、处理和排放水资源的循环过程，与人类日常生产、生活用水需要有关。完整的水务产业链条包括原水收集和制造、存储、输送；水的生产和销售；供水管网和排水管网、污水处理设备生产制造；中水回用，

① 胡乔木 . 中国大百科全书：水利卷 [M]. 北京：中国大百科全书出版社，1993.

污水排放、污水收集和处理，污泥处理等。

非水务的水资源开发利用也非常广泛，包括水能、航运、港口运输、淡水养殖、城市建设、旅游，以及防洪、防涝等。这些开发利用并非是水务产业链部分，属于水资源的附加产业和派生产业。

1.2.2 涉水的管理活动及其争议

管理是对人的行为和活动的计划、组织、协调、沟通、指挥、激励和控制，管理学大师亨利·法约尔（Henri Fayol）在其名著《工业管理与一般管理》中提出了管理的五要素，即计划、组织、指挥、协调和控制。从系统的角度来看，涉水的管理活动就是人类在水生系统之中的行为约束，包括水循环、水环境、水与环境的相互作用。从顶层系统来看，涉及环境管理和水源管理，环境管理涉及生态、未开发利用天然水源的问题，水资源管理主要涉及的是准备开发和业已开发的水源。

1. 国际上关于涉水管理的界定

国际涉水管理主要指水资源管理。在水资源管理定义中，明确将水资源管理称为水资源综合管理（Integrated Water Resources Management, IWRM)，认为所谓“综合性”不仅要考虑水文和技术等手段，也要考虑社会、经济、政治和环境等维度对水资源开发和利用的影响（Savenije，2008）。

与水资源综合管理相关的另一个概念是流域管理（Catchment Management/Drainage Basin Management/Watershed Management），是指根据预期目标对流域的控制性使用。根据史普博等（2012）的分析，目前多数国家均采用水资源综合管理模式，统领涉水的管理问题。在这个管理架构下，流域管理机构和支流或本地涉水管理机构是对水资源的“条”和“块”的有效切割。从涉水管理的内容来看，主要涉及多目标规划（Multiple-objective Planning）、干旱管理（Drought Management）、水工程设施（Hydraulic Structures）、水质管理（Water Quality Management）、污染控制（Pollution Control）以及水政策（Water Policy）等。

2. 城镇水务的供应环节和管理

水务是城镇用水的统称。水生系统是涉水的最大系统，这个系统的核心是水与生物之间的相互协作关系。在这个系统中，水循环系统和水生环境是两个子模块，水资源系统是水循环系统中可以被人类利用的水源部分，水务则是在水资源系统中用于满足人类生活和生产需要的用水业务链，水务是在整个水资源中围绕着城镇生产生活需要提供用水服务的部分，主要是指取水、制水、售水、节水、输水、排水和污水治理等与城市供排水相关的行为和活动（图 1-2）。

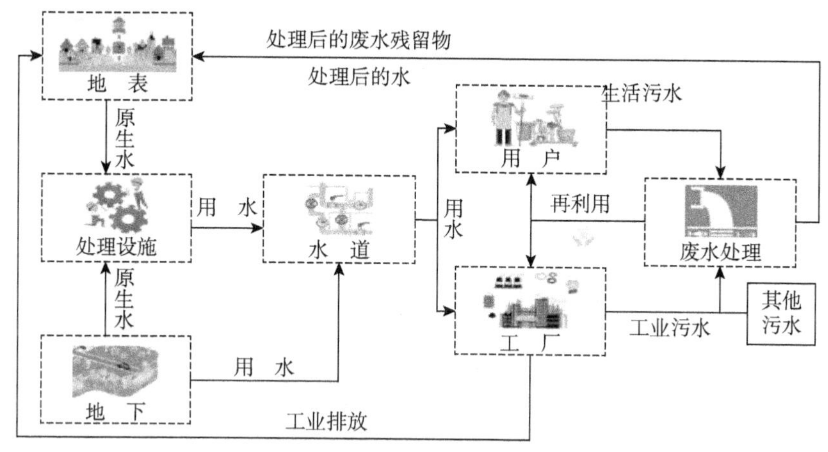

图 1–2　城镇水务处理环节

整个环节来看，从取水到排水都是具有城市管网效应的基础设施部门，各环节之间具有较强的先后关系。相对而言，取水和制水、输水和售水、排水和污水处理等环节技术关联性更为紧密。从管理的逻辑来看，水务的生产、提供和供应过程以及其产品的特征性，涉及多样化的管理行为。

（1）取水。这是所有水务的起点，是原水获取的环节。主要的取水水源地来自江河、湖泊和地下水，也包括海水。从设施来看，主要包括了各种构筑物（分为地下和地表水收集设施）、水质处理构筑物（为满足不同用户的水质要求）、泵站（为水的提升和输送设置的构筑物和设施）以及输水管（渠）（原水输送到水厂）。根据水质条件，一般生活饮用水的取水条件应不低于 3 类水质标准，工业用水不低于 4 类水，农业灌溉不低于 5 类水质。取水必然涉及水资源的流量分配，过多采水会影响流域的正常循环过程，也会影响其他主体的用水行为。因此，取水管理主要涉及两个层面的宏观管理职能：水源地的水质管理和水资源（流域）与不同用水主体（本地）之间，以及不同区域之间的水量分配。

（2）制水。原水有杂质，从给水的角度来看，包括悬浮物、胶体和溶解物。这些杂质对居民和生产有害，过滤有害物质，生产净水的过程就是制水过程。这一活动主要是由城市中自来水生产和供应机构完成，主要通过施用化学制剂、沉淀、过滤和消毒等工艺完成。制水环节的直接管理是针对完整生产过程环节的管理，包括生产管理、供应管理、工艺（技术）管理、成本管理等，水质标准也是非常关键的问题。各国在水质管理过程中均制定了法规，比如日本《净水法》,美国《水质法》和《清洁水法》等,都对净水的质量标准做出了严格规定。2007 年 7 月 1 日,中国国家标准委和卫生部联合发布的《生活饮用水卫生标准》（GB 5749-2006）对 1985 年的《生活饮用水卫生标准》（GB5749-85）进行了修订，饮用水水质指标由原标准的 35 项增至 106 项，增加了 71 项。在管理上，一般都是制水厂商提供日常检测结果，监管机构或者第三方检测机构负责对其制水过程进行“飞行”抽样检测。

（3）配水和售水。净水（或清水）生产之后，就由配水管网传送给各个用户。在较大城市区域，配水设施主要包括了配水管网（包括清水输送到用水区域的管网，以及用水区将水配送给各用水户的管道设施）和调节构筑物（水池和水塔等）等。各用户根据用水量大小计算费用。在配水和售水环节两个问题最为重要：其一是城市配水多通过地下管网设施提供，地下管网设施的质量和覆盖率等在一定程度上决定了用户最终饮用水的质量高低；其二是居民用水量大小不仅取决于自身的用水需求，也取决于水价高低。因此，在这一环节除了正常的设备管理等之外，主要涉及面对用户的价格问题。价格管理方面，多数国家饮用水价格仍然是受到政府严格限制的，美国的城市公用事业委员会负责对城市水价进行管理，英国的水务大臣执有水价的最终调整权，法国则由议会决定水价的高低。

（4）排水和污水处理。污水处理、回收和利用也是水务的重要一环。通常城市排水系统由排水管网络和污水处理厂组成。污水，即生产和生活使用后的废水通过排水管道收集，经过污水处理后，排入水体或回收利用。在排水和污水处理环节，最重要的是污水处理部分，由于生活和生产使用后的废水杂质含量不同，处理工艺和技术也各不相同，污水处理需要通过各种技术分离出有害成分，以达到排放标准。从目前来看，国内外排水标准有所差异，我国市政污水厂执行的排放标准是 2002 年制定的 GB18918-2002（2006 年修订），各地也制定了更为详细的地方标准；地表水达标标准是 GB3838。特定工业也有相应的排放标准，各地方针对城乡差异也制定了具体的地方村镇标准。

如表 1-2 所示，城市水务的活动从技术环节上来看，包括了取水、制水、配水和售水、排水和污水处理等环节，自身形成了一套闭环系统。从其业务内容来看，与工程项目——包括消毒、杀菌等化学药剂、生物技术、各种类型管材和检测技术等关联紧密。管理则包括了水量分配（水权）、饮用水水质标准、管道配置和管理、排水质量标准、水价、进入许可等方面，涉及标准制定、资源分配、质量跟踪和实施、价格、进入许可等方面，既包括了工程管理、价格和进入许可等经济管理、水质检测等质量管理，也包括了净水和排污等法律标准，以及污染和排水等环境管理等多个层次。

表 1-2　水务环节、工艺流程、相关设施和设备以及管理需求

水务环节	主要职能	工艺流程	相关设施和辅助产品	水务管理
取水	水源地采水	构筑取水设施从水源地取水，用泵站和输水管为自来水厂提供原水	土建工程（取水设施和管网铺设）、泵站工程；管网（水泥管、塑料管 PE 和钢管等）	水源地水质管理和检测；水量分配
制水	净水和新水生产	由自来水厂（或其他供水机构），利用各种制剂和工艺，生产符合质量标准的新水	自来水厂工程、各种化学制剂和检测技术	自来水厂制水许可、净水水质标准、水质检测
配水和售水	传输和出售	新水通过管网，通过压力泵，分流到城市用水机构	水表、供水管网工程、压力泵	水价管理、出售许可
排水和污水处理	污水处理和排水	污水进入污水管网，通过污水处理厂处置后，一部分中水回用，最终排入水生环境	排水管网（下水网）、污水处理厂、污水处理工艺、制剂	排放标准、水质检测、污水处理许可
废弃物处置	淤泥和废弃物处置	自来水厂的淤泥和污水处理厂处理后的有毒废弃物，通过各种生化、物理等手段处置	填埋、焚烧和降解等	污染管理

3. 国内关于水务管理的相关争议

我国现行的《水法》(2012 年修订)并没有对水务管理进行明确界定。《水法》明确规定了水资源管理主体是国务院水行政主管部门。水资源属于国家所有，其所有权由国务院代表国家行使。国务院水行政主管部门是实现全国水资源统一管理和监督的行政机构，负责制定全国水资源的战略规划，对水资源实行统一规划、统一配置、统一调度，统一实行取水许可制度和水资源有偿使用制度等。

我国关于城市水务的公共管理权责存在一些争议，主要在于两个方面。其一是内容争议。一种观点从城市管理的角度出发，认为城市的水务活动包括城市的防洪、水量分配，也包括了城市供水、排水和污水处理等环节；另一种观点认为城市水务管理仅仅包括城市供水、排水、污水处理和中水回用等部分。其二是管理权限争议。传统意义上城市供、排水活动主要由住建部管理，属于城市公用事业部门；城市的污水处理部门由环境部门管理；城市的防洪、水量分配等由城市水利部门管理。为便于行政管理职能实施，国内通常意义上将城市水务归类为城市的供水和排水活动。这一界定虽然有助于管理部门的行政管理的实现，但这种分类缺乏科学性，割裂了城市用水全过程各环节，忽略了用水活动的系统性和过程性。

根据国际上的定义，城市水务管理从属于城市公用事业管理，其部分的技术性可能属于水资源管理的范畴，但大多数的管理并不属于资源管理，而是资源管理的下游环节。基于城市制水、用水和排水的闭环生产循环系统，本课题组认为从城市内部而言，城市水务活动包括了供水、排水、污水处理和中水回用等环节，属于市政管理环节，而大循环所体现的防洪及水量分配问题属于水资源管理的范畴。

1.2.3 关于城市水务的公共性质争议

不仅仅是水务管理上存在认知争议，在水务本身的性质上也存在一定的认知差异。尽管总体上来看，对于国家和居民而言，水是日常生活和生产离不开的必需品，但水务的性质应与其涉及的服务行为相关，是否能将其完全归类为公共品，抑或是部分归类为公共品，目前还没有一个严格的界定。

从服务内容来看，城市水务活动是满足城市生产和生活所需用水的供给和排放过程，属于城市基础设施和服务，应属于公共品类型，但不同类型的用水行为决定了水务的不同经济性质。水务活动主要分为三种类型：（1）诸如不同类型的防洪、水生态和水景观等涉水事务，对特殊群体救助、重大灾害中的用水扶助等，这些事务具有不可排他和不可竞争的特点，是国计民生的基本需要，具有很强的公共产品性质。（2）城市居民用水的基本生活需求，这些用水是人类生活的基本资料之一，具有不可竞争但可以排他的准公共品性质。（3）超过人们最低限度的生活用水，如娱乐用水、奢侈用水、其他工业用水和商业化用水等，例如高尔夫球场用水，市场化的价格机制可以用来解决此类用水过程中的供求矛盾。

因此，从总体来看，城市供排放的水务领域属于公共品类型，尽管有部分服务可能涉及差异化需求，在管理上仅仅依靠市场价格机制或者单纯依靠政府支持都不能有效解决问题。建立混合型的管理模式和运行机制是提供这种类型公共品的最佳实践模式。

1.3 文献观点

从理论发展脉络来看，关于城镇水务问题的研究历来是产业经济学、城市经济学、公共经济学和法律等学科研究的重要领域，理论研究的核心总体上是围绕着如何提供一种有效、合理和可持续的水务提供方式。由于涉及体制的问题很多，诸如水价、进入条件、市场化、外资、普遍服务、管制等，针对这些问题课题组设计了一个总体的研究思路展开讨论，各部分具体问题研究和综述详见各章节。

关于水务的早期研究主要涉及其公共性层面。作为城镇的公共品供给，欧洲许多国家的历史实践采用的提供方式是由政府主导下的国有企业或者有公共责任的企业保障供给（Spulber，1989）。该方式强调了政府对城镇水务的责任与作用，关注的是定价、监管责任、投资和债务等。随着城市规模发展和人口快速迁移，水务的效率成为另一个重要视角，如产权问题、低效率、过度投资（A-J 效应[①]）、财政负担、公共管制的委托代理问题等。针对此类问题的研究成果直接推动了许多国家在 20 世纪 70 年代起通过私有化和激励性管制等制度安排改善水务市场效率。该提供方式在一定程度上弱化了政府的无限管理责任，明确了政府与供水企业之间的合同关系，从普惠的、无私的和万能的公共管制转变为有限政府与激励性管制，从国有企业的直接供给逐步转变为政企之间的“公私合作制”，从定价和经济性干预转变为环境和质量的社会性控制，从没有

① 公用事业部门的管制机构和被管制企业一般根据公平收益率下确定管制价格，即价格是建立在被管制企业真实成本基础上，加上公平收益率，以减少被管制企业对消费者剩余的侵占。但公平收益率在信息不对称条件下，由于企业的成本难以真实地体现出来，企业可以采取过度投资的方式增加企业成本，其获得的实际收益率往往高于被管制的公平收益率。这种过度投资带来更高利润的现象成为 A-J 效应（Averch and Johnson,1962）。Averch H, Johnson L. Behavior of the Firm Under Regulatory Constraint[J]. American Economic Review, 1962(52): 1052-1069.

竞争到有限度的标尺竞争。在不损害公共性基础上，以有限的竞争性市场改革方案激励供水企业提高效率。

进入21世纪后，伴随着全球经济融合和跨国水务涌现，制度的多样性下所形成的不同类型和体制背景的管理体制和运行模式又成为新的热点。现有的理论研究不仅仅在反思过去30多年私有化的效率和经验（Marin，2009），研究一般化的管制模式和运行机制存在的可行性，也考虑不同国家和体制背景下在管制效率和公平性之间的权衡，尤其针对发展中国家。主要争论在于私有化改革的效率变化（Saal et al，2001；Souza et al，2007）、管制效率（Corton et al，2009）、效率与公平（Anwandte et al，2002；Mbuvi et al，2013）、公共服务管制（Franceys et al,2008）以及发展中国家的市场化（Abbott et al,2009）等相关问题，也关注在稳定制度框架下水务公司的规模经济边界、技术与决定因素（Woodbury et al，2004；Martins et al，2006；Nauges et al，2007）。

国内关于水务方面的研究伴随着国有企业和市场化制度改革逐步得到深入。在前后30多年的发展过程中，主要围绕公司化运营、外资引入、投融资市场开放及特许经营权制度设计进行改革。尽管争议不断，但中国的城镇水务一直成为公用事业部门改革的“先行者”，水务市场初具规模。该领域理论研究重点主要在于自然垄断和公用事业的竞争、管制和市场化问题，包括政府责任、国有企业效率、管制重建以及公共服务等问题（刘灿，2005；仇保兴等，2006；张昕竹，2008；王广起，2008；和军等，2013；谢地等，2012；戚聿东，2013）。主要成果体现为:（1）水务市场化改革的顶层设计。如理论依据、制度框架、原则、管制体制和国际经验等（刘戒骄，2007；肖兴志等，2011；王俊豪，2005，2013，2014）。（2）水务企业低效率的原因。政企不分、进入退出壁垒、无竞争压力以及不合理的水价形成机制等是导致低效率和低服务质量的主要因素（于良春等，2013）。（3）运用实证方法评估水务改革（民营化和放松管制等）的效果。因选取指标和方法不同，结论有一定差异（励效杰，2007；王芬等，2011；肖兴志等，2011；苏晓红等，2012）。（4）以特许经营权制度和公私合作制重建政企关系。政府承诺缺失、改革目标不明确、监管缺失以及法规制度等在特许经营制度发生阻碍作用（宋华琳，2006；石淑华，2012）；强调了公私合作制（PPP模式）在实践中合作的条件和各自的角色（余晖等，2005；傅涛等，2006），认为地方政府基础设施投融资平台模式因制度缺失而导致风险性增加（谢地等，2012）。（5）反思市场化改革模式。认为改革在“守信”与“失信”、价格调整与普遍服务、垄断与竞争等方面存在着两难困境（傅涛等，2006）；公共服务缺失（王亦宁，2011；曹现强等，2009）；应该建立公益性质的城市供水经营制度（肖兴志，2010；王学庆，2012）和管制体制（吴绪亮，2003；张丽娜，2010）。

国外文献强调水务私有化的效果因管制模式、资源配置方式等不同而存在差异，倾向于寻求能够在保障基本公平的基础上激励水务企业改进效率和产品多样化的制度安排。国内研究揭示出我国水务市场化进程中的根本性矛盾，并逐步从寻求理想的改革方案走向更为现实的经济实践，为水务事业的发展和改革奠定了基础和条件。进入 21 世纪以来，水务事业仍存在着阻碍水务产业深化发展的制度矛盾，突出表现为“制度双轨”导致的“市场双轨”。与“价格双轨制”形态（张军，1993）不同，它表现为部分市场按照市场规则运行的格局下，另一部分形式上遵循市场规则，但在选择规则、运行机制、干预手段、治理形式等方面采取了非市场化的配置方式。正确认识这两种并行的配置方式在我国水务市场中的作用、形成机理和未来的发展趋势，不仅对未来水务产业发展有积极意义，也成为影响水务事业深化改革的关键性因素。

1.4 研究思路、研究方法和技术路线

1.4.1 研究思路

本课题以水务市场为研究对象，通过分析新型城镇化下水务需求的新特点，辨析水务提供方式的基本逻辑，研究水务管理和运营过程中各主体之间的利益关系，探讨它们之间合理配置的可行路径。

城市供水、排水和水处理存在的问题在这几年十分突出，水质问题、水污染问题无一例外最终都是政府通过各种方式进行疏解和规制。结合水务产业重资产特征、规模经济性、关联效应和技术创新特点，以及水务活动的需求特征和市场竞争特征，本课题对水务产业的运行机制和管理模式进行了探讨，并对国际经验进行了分析借鉴。通过对我国城镇水务发展现状、格局和特征进行分析，我们发现，供水设施和网络发展迅速，技术上已经赶上国际同行的先进水平，涉水市场的供应链、生态链等的建设正走向成熟，基本形成良性的产业生态循环。由此，本课题就水务改革问题梳理了水务治理体制演变的具体逻辑。我国水务领域的制度变化是从“普惠制”到“半市场化”阶段的转变，在此背景下，结合市场管制实践和信息不对称的问题，本课题通过博弈论方法验证了企业在可维持条件下同时实现诸多目标的不可能性，以及宏观多部门管理下的“掣肘效应”。这意味着多目标对企业而言,实际上束缚了其自主经营的自我激励动机。

水务市场化改革主要是通过两条路径实施的，第一是通过引入 FDI 或国内资本激活水务市场，围绕水务领域的资本进入所形成的改革绩效，本课题利用实证方法验证了改革带来的实际效果。第二是水价改革。公用事业的价格仍然是调节公用事业产品和服务市场的重要工具，以阶梯性价格改革为对象，本课题着重讨论了阶梯性价格改革对市场供求中居民用水需求和企业生产效率的影响效果。进一步地，课题将关注延伸到城镇水务效率与福利的权衡关系，并重点探究了水务阶梯价格改革对行业效率和福利的影响，具体来说就是价格改革对水务行业全要素生产率和社会福利的影响问题。

基于我国水务管制的多部门管理特征，本课题明确了水务一体化改革的重要地位，通过对国内样本城市水行政主管部门涉水职能情况的实证分析，研究了综合一体化改革对城市水务效率和福利的影响。首先评估了水务综合一体化改革对城市供水效率的影响，讨论城市水务管理部门一体化能否显著提升城市的供水效率；其次分析了水务综合一体化改革对福利水平的影响，探究城市水务管理部门一体化对行业福利损失下限和福利损失上限的影响。通过研究水务管理体制改革的成效，为持续提升城市供水效率、改善社会福利提供经验数据和可行的政策建议。

1.4.2 研究方法

1. 文献研究

课题梳理了国内外文献中关于水务体制改革过程中的问题及对策，以及资本进入、水价改革、管制体制对水务行业效率的影响等方面的观点和经验做法。

2. 理论研究与实证分析相结合

（1）理论研究。课题的理论研究主要集中于自然垄断和公用事业的竞争、管制和市场化问题。

①公共产品理论。公共产品理论是关于正确处理政府与市场关系、政府职能转变、构建公共财政收支、公共服务市场化的基础理论。早期的水务行业研究主要涉及其公共性，作为城镇的公共品供给，早期历史实践的水务提供方式

是依靠政府主导下的国有企业或者有公共责任的企业。

②管制理论。管制理论是产业组织理论研究领域的重要内容和发展最为迅速的分支，自然垄断理论是该理论的中心。管制体制设计、管制效率、公共服务管制为课题研究提供了重要理论基础。

③价格理论。价格理论是揭示商品价格的形成和变动规律的理论，是分析市场供求关系的重要手段。水价改革是水务行业改革的关键组成部分，价格理论在其中发挥了重要作用。

（2）数学建模法。课题研究中综合运用了多种实证分析方法。

①博弈论模型。博弈论方法是研究竞争现象的数学理论和方法，主要研究激励结构间的相互作用，具体考虑博弈中的个体的预测行为和实际行为，并研究参与者的优化策略。本课题运用博弈论模型验证了水务微观供给部门多目标下的“不可能定理”。

②面板数据模型。面板数据分析模型包括固定效应和随机效应。本课题运用面板数据模型衡量水价对水务企业全要素生产率的影响程度，并研究了水价改革对企业全要素生产率的影响。

③双重差分模型。双重差分法（Difference-In-Differences，DID）是经验经济学中用来评估某项干预在特定时期的作用效果的一种准自然实验技术。本课题使用这一模型对外资进入对我国水务产业绩效的影响进行分析。DID 模型同时被用于考察资本进入对产出影响的差异程度，以及评估水务一体化管理在地方水务行政部门实践过程中的政策效应。

④ DEA 模型。数据包络分析方法（Data Envelopment Analysis，DEA）利用数学线性规划模型来评估具有多输出与多输入的单位的相对效率值，是一种非参数的估计方法，方便了很多不容易确定生产函数模型情况的效率测定。本课题在此模型下测算了我国水务行业的 DEA 效率，作为行业效率的重要指标之一。

除上述主要实证模型外，本课题还采用 Tobit 模型分析了我国水务产业效率的影响因素，通过需求分析考察阶梯水价与城市居民生活用水需求之间的关系，运用 OP、LP 方法测算我国水务企业的全要素生产率，结合垄断行业福利损失上限法和下限法估算水务行业福利损失等。

3. 案例研究

课题中对案例研究方法的运用集中在分析国外水务市场管制体制的问题上，选取了英国、法国、美国、日本和韩国等国家的涉水事务管理作为考察内容，分析和总结这些国家在涉水事务中的管理经验和教训，为下一步我国水务管理体制的改革提供经验借鉴。

1.4.3 技术路线图

技术路线图如图 1-3 所示。

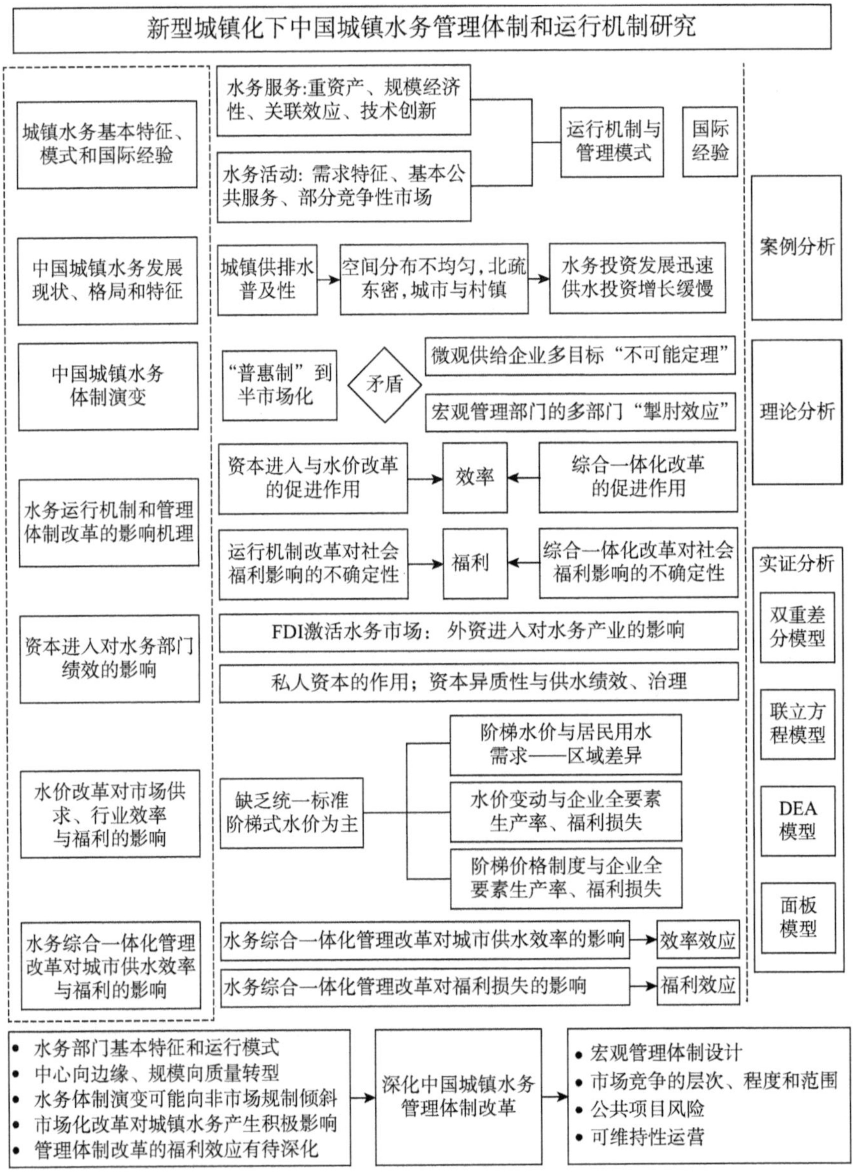

新型城镇化下中国城镇水务管理体制和运行机制研究

城镇水务基本特征、模式和国际经验

水务服务:重资产、规模经济性、关联效应、技术创新

水务活动: 需求特征、基本公共服务、部分竞争性市场

运行机制与管理模式

国际经验

案例分析

中国城镇水务发展现状、格局和特征

城镇供排水普及性 → 空间分布不均匀，北疏东密，城市与村镇 → 水务投资发展迅速供水投资增长缓慢

中国城镇水务体制演变

“普惠制”到半市场化

矛盾

微观供给企业多目标“不可能定理”

宏观管理部门的多部门“掣肘效应”

理论分析

水务运行机制和管理体制改革的影响机理

资本进入与水价改革的促进作用 → 效率 ← 综合一体化改革的促进作用

运行机制改革对社会福利影响的不确定性 → 福利 ← 综合一体化改革对社会福利影响的不确定性

实证分析

双重差分模型

联立方程模型

DEA模型

面板模型

资本进入对水务部门绩效的影响

FDI激活水务市场：外资进入对水务产业的影响

私人资本的作用；资本异质性与供水绩效、治理

水价改革对市场供求、行业效率与福利的影响

缺乏统一标准阶梯式水价为主

阶梯水价与居民用水需求——区域差异

水价变动与企业全要素生产率、福利损失

阶梯价格制度与企业全要素生产率、福利损失

水务综合一体化管理改革对城市供水效率与福利的影响

水务综合一体化管理改革对城市供水效率的影响 → 效率效应

水务综合一体化管理改革对福利损失的影响 → 福利效应

- 水务部门基本特征和运行模式
- 中心向边缘、规模向质量转型
- 水务体制演变可能向非市场规制倾斜
- 市场化改革对城镇水务产生积极影响
- 管理体制改革的福利效应有待深化

→ 深化中国城镇水务管理体制改革 →

- 宏观管理体制设计
- 市场竞争的层次、程度和范围
- 公共项目风险
- 可维持性运营

图 1–3 技术路线图

1.4.4 本书主要安排

本课题的研究内容主要体现为以下十个章节：

（1）引言。介绍课题研究背景和问题、相关基本概念和研究综述，梳理文献研究观点，表述课题的主要研究思路、方法及技术路线。

（2）城镇水务基本特征、模式和国际经验。具体围绕水务产业的重资产特征、规模经济性、关联效应和技术创新特点，以及水务活动的需求特征和市场竞争特征，提供一个一般化的水务全产业链的市场和技术特征基础，以此为背景分析城镇水务运营和管理的模式选择。

（3）城镇水务发展现状、格局和特征。结合改革开放以来市场经济、工业化等快速推进，我国城镇水务较快发展的总体背景，以城市和乡镇为研究对象，重点分析了我国城镇供水发展现状特征，排水和污水处理的发展现状及特征，以及水务基础设施投资发展现状。

（4）城镇水务体制演变的基本逻辑。概括来说，我国水务领域的改革表现为从“普惠制”到“半市场化”阶段的转变，水价、政府职能重构、监管制度以及产业运行机制构成了改革的关键性要素。本章从管理体制（宏观层次）和运行机制（微观层次）两个方面讨论水务领域相关的制度安排变化。进一步地，探讨了改革过程中围绕市场化、放松进入管制和水价改革方面的争议，以及融资经营模式、普遍服务和公益性监管、一体化管理的相关问题。

（5）水务市场的分割：微观与宏观。水务产品的公共品属性往往使得价格灵活调节资本配置的功能无法充分实现。政府职能的约束会加剧水务市场的信息不对称问题。本章就多目标下我国水务微观供给企业的管制机制进行了博弈论模型分析，对宏观管理部门的多部门“掣肘效应”进行验证，进一步分析我国城镇水务运行机制市场化和管理体制改革对水务行业效率和福利的影响机理。

（6）城镇水务效率与福利的指标估算。主要围绕城市水务部门公共服务的效率和福利估算展开，使用由 OP、LP 方法测算的全要素生产率和由 DEA 方法测度的综合效率来估算水务效率，并结合垄断行业福利损失经典理论估算我国城镇水务福利损失下限和上限，为使用实证方法探究水务管理体制和运行机制变革的现实效果奠定了基础。

（7）运行机制市场化与水务部门绩效。围绕水务领域资本进入所形成的改革绩效，本章利用实证方法验证水务改革的实际效果，具体包括两方面内容：一是外资进入对我国城镇水务产业的影响分析；二是来自国内和国外的私人资本对供水企业绩效和供水服务质量的影响分析。结合实证研究结果，提出开放市场、鼓励投资、加强监管等改革纠偏的政策建议。

（8）水价改革与水务市场。本章重点考察价格改革发挥的重要作用，以水价变动为线索，分别从居民用水需求变动、企业生产效率和社会福利损失三个方面进行了实证分析，研究了水价变动、水价体制改革等对居民用水需求、企业的生产效率及社会福利损失的影响。结合实证研究结果，提出了进一步推进水价改革、优化阶梯水价政策的相关建议。

（9）水务综合一体化管理改革的有效性评估。本章进一步研究了综合一体化改革对城市水务效率和福利的影响：首先评估了水务综合一体化改革对城市供水效率的影响，讨论城市水务管理部门一体化能否显著提升城市的供水效率；其次分析了水务综合一体化改革对福利水平的影响，探究城市水务管理部门一体化对行业福利损失下限和福利损失上限的影响。本章试图总结水务管理体制改革的成效，为持续提升城市供水效率、改善社会福利提供经验数据和可行的政策建议。

（10）深化我国城镇水务管理体制改革的思路。本章总结全文，基于前文对我国水务管理体制改革的背景、机制与效果的探究，提出水务管理体制改革的目标和可能的思路，并从城市和村镇两方面提出水务改革的政策建议。

1.4.5　创新点

1. 全面系统地梳理了中国水务部门改革开放以来的市场格局、制度演化

水务部门改革是我国公用事业改革探索历史的缩影。课题组认为，我国城市水务特别是供水规模和设施发展很快，总量上基本适应了城市发展的需求，但仍然存在着质量不一，东西部地区间差异，大、中、小城市之间以及城市和村镇之间的差距。2000 年之后水务行业发展呈现出从重供水转向重排水、污水处理设施趋势。尽管排水和污水治理投资持续增长，但仍然需要在规模、结构和技术等方面加以优化。从市场格局来看，目前城镇水务市场已经初步形成了以建设项目为主导的招投标特许权市场和以本地化供排水服务为导向的运营市

场相结合的双层框架。前者市场竞争日趋激烈,但存在合谋、评标和质量等问题;后者产品的公共性特征导致其面临本地政策等各种限制性壁垒。其他附加品市场涉及设备、药剂、检测和其他水品等,市场增长迅速,需求日益旺盛,尽管受制于进入和技术门槛等约束,但市场竞争日趋激烈。课题组评价了水务部门的市场化改革各项措施,包括放松进入(引入外资和内资)、价格改革、运行机制(公司化、PPP和特许经营)以及管理体制(一体化体制)等制度安排,认为这些政策总体上适应了水务部门和城镇化发展的需要,有力地推动了水务部门的快速发展,但也存在一定的激励匹配、公平和效率、质量等问题。

2. 构建了多目标条件下国有部门的“福利”和“效率”的两难选择模型,解读了市场分割问题

传统的水务运营实际上是以国有部门为主体的事业运作模式。市场放松、公司化改制后,这种主体角色并没有发生改变,但市场格局变化明显,国有部门所承担的福利水价和资产增值、效率改善与环境责任冲突日益显著,政府不得不采取交叉补贴、分割市场等方式为此支付代价。课题构建了国有企业多目标下的两难冲突模型。模型表明政府的不同利益诉求(公共利益、本地经济增长、资产保值增值、环境责任)影响了企业和用户行为,形成了政府与不同类型(不同身份,不同环节)企业的双层嵌套式博弈关系。在政府不同目标干预条件下,政府与不同企业形成了分离式的均衡。政府为实现其多目标诉求,与能够承担多目标任务的国有企业之间形成了一套非完全市场规则的运行体制(低价格服务和交叉补贴),并且将这种规则从运营阶段的多目标化延伸到项目竞争(事前竞争)的项目选择。非国有企业和外资企业由于其目标单一化,只能承担更加专业化市场(比如工业污水处理、再生水、特定区域的水处理)的服务,政府与单目标企业形成了契约化合同(价格服务和补贴)。由于多目标企业、质量和环境绩效等信息不对称,政府将为此支付更高的代价。在大量非市场因素条件下,这一均衡向非市场规则运行体制倾斜的可能性更大。

3. 实证研究了制度演化所形成的激励效果

课题采取了多种实证方法,实证分析了水务部门的改革效果。运用DID方法和面板回归方法验证了市场进入(引进外资和内资)对产业绩效的影响,认为外资和内资的进入有利于提高水务市场的竞争强度,尤其外资能够为水务领域带来更新的技术和管理经验,为水务领域绩效改善提供了支撑,但外资和内

资对质量改善和加强基础设施投资等的影响均不显著。在价格调整方面，课题组测算了阶梯性定价对用户和供水企业生产效率的影响，发现价格调整的影响仍然十分显著，表明供水服务的生产效率受到价格的外生因素带来的重要影响。在管制制度改革效果评价中，课题组运用DID方法实证分析了一体化改革对产业绩效的影响，认为城市水务局的成立，将市政的供排水和水利职能整合在一起，有利于城市水务综合能力提升，职能分散反而不利于综合生产效率改善。这些实证结论均表明了我国水务部门的市场化改革逻辑符合社会经济和行业发展的要求和特点，起到了推动作用。

第 2 章　城镇水务基本特征、模式和国际经验

城镇水务运营和管理模式在不同城市之间差异性较大，多样性是其主要特征之一。就目前各国的城市水务运营和管理模式来看，根据其主体大体上可以分为机构和公司两种运行方式，从公司层面又可以分为公共企业直接经营、委托私人企业或者股份制企业经营以及私营企业经营等多种形式。就其经营业务内容来看，有全产业链，也有分模块模式。从管理层面来看，多数城市建立了以第三方监管机构为主导的管理构架，也有以行政管理为主导的构架。本章提供一般化的水务全产业链的市场和技术特征，在这个背景下分析水务运营和管理的模式选择。

2.1　水务服务的基本特征

水务部门作为资源型生产部门，其水量和水质的供应水平在一定程度上受到了水资源的制约，地区或国家的水资源容量和流量在一定程度上制约了当年的水量产出。除此之外，技术条件和市场条件也是重要的影响维度。从业务内容来看，城镇水务提供过程主要包括了供水、排水和污水处理三大板块，这三大板块既相互关联，也有一定的业务区别。通常意义上，技术性维度强调的是水务提供过程中的生产函数特征、成本和技术效率（资本、劳动和物质资料的匹配关系）、各产业环节之间的关联效应以及技术创新等。市场特征则描述了水务业务模块面临的市场结构、产业组织特征、需求特征和市场范围等。

2.1.1　水务的技术特征

总体来说，水务产业各环节技术特征有差异，但总体上呈现出重资产、规模经济、较为紧密的产业关联性等作业特征，生产技术较为成熟，但在服务链、

供应链等环节上仍有开发空间。

（1）重资产部门。无论是供水、排水还是污水处理部门，都呈现出高度的重资产特征，即固定资产投入较大，需要通过设立生产车间、沉淀池等设施和设备，利用城市公共土地资源等。

①供水环节。供水部门的生产环节包括取水、泵站、生产新水、管网传输、供水销售等。从固定资产投资来看，其土地资源包括取水口、地面泵站、厂房和沉淀池、地下管网等。从自来水厂的生产成本来看，包括了原水费、动力、主要材料、水厂生产工人薪酬、水厂费用和输配费用。根据《水利水电工程管理单位财务会计制度》,供水成本由供水生产成本及期间费用构成。直接的生产成本包括：直接从事供水生产人员的工资、奖金、福利费、津贴和补贴；水利管理单位购水支付的原水费、供水生产过程中消耗的燃料动力费等直接材料费；供水生产过程中发生的水文、水工观测费和临时设施费等其他直接支出；供水生产部门为组织和管理生产而发生的人员工资、福利费、固定资产折旧费、试验检测费和水资源费等制造费用。其中，期间费用包括管理费用、财务费用和销售费用。

从表2-1来看,我国供水能力的平均水平是每生产1亿吨新水,需要投入4.92座水厂、700名员工。每吨新水需要配置9.15元固定资产、0.05元工资,带来2.075元收入，资产收益率为23%，资产利润率为0.9%。

表2-1　全国和北京为样本的供水投入和产出情况表（2016）

样　本	供水总量（亿吨/年）	水厂（座）	员工人数（人）	固定资产原值（亿元）	工资总额（亿元）	销售收入（亿元）	利润总额（亿元）
全国总计	421.84	2078	295540	3862.26	24.78	875.45	34.76
北京	12.93	43	9211	227.85	9.41	39.74	1.06
北京市自来水集团	11.73	27	8258	214.93	8.40	36.26	0.65
北京市石景山区自来水有限公司	0.27	2	276	2.88	0.23	0.92	0.08
北京绿都供水有限责任公司	0.05		147	0.26	0.11	0.22	0.03
北京顺义自来水有限责任公司	0.54	9	270	5.01	0.35	1.45	0.24
北京市昌平自来水有限责任公司	0.34	5	260	4.77	0.32	0.88	0.067

生产过程耗电量是材料耗费的最大组成部分，全国平均每千立方米供水用

电约为 279 千瓦时。除此之外，各种化学制剂也是成本主要部分，包括混凝剂和消毒剂等，如表 2-2 所示。

表 2-2　制水材料和用电量（2016）

样　本	耗电总量（万千瓦时）	制水单位耗电量（千瓦时 / 千立方米）	混（助）凝剂耗用总量	消毒剂耗用总量（千克）
全国总计	1179198.75	279.53	575121674	169335768.7
北京	40970.00	316.93	20714171.4	30642610.32
北京市自来水集团	35288.00	312.00	20714171.4	30204808.26
北京市石景山区自来水有限公司	1751.00	579.70		156000
北京绿都供水有限责任公司	161.00	350.00		14500
北京顺义自来水有限责任公司	2518.00	326.00		177392.06
北京昌平自来水有限责任公司	1252.00	365.01		89910

配水和售水主要依靠管网传输。这种以物理网衔接为主导的供水网络和排水网络是水务部门形成重资产特征的另一个重要原因。由于这部分投资是沉没成本而难以回收，其产生的收益具有外部性特征。

②污水处理部门。主要包括了污水管和污水处理厂，一般的污水处理厂根据其工艺不同有不同的设备和技术条件要求，但多数需要一定的用地规模，包括生产车间、各种沉淀池等。与供水部门类似，其用电量和化学制剂也是主要的材料耗费部分，如表 2-3 所示。

表 2-3　2016 年全国供水管、排水管长度、污水处理厂数量及其估值

年份	排水管道长度（公里）	污水处理厂（座）	供水管道长度（公里）	排水管资产估值[①]（亿元）	供水管资产估值（亿元）
2016	576617	2039	756623	3363.599	4413.634

（2）规模经济性。规模经济性强调城市供水和排水具有一定的长期单位成

① 估值采用了重置成本的算法，即管网长度与单位管网建设成本乘积。

本随生产产量提高而逐步下降的趋势。城市供、排水的提供方式决定了其规模经济的特征。①管网在城市空间唯一性和网络性的物理特征，决定了同时提供多条供、排水管网缺乏经济性。②水厂和污水处理厂具有工厂规模经济特征，其单位生产成本随产量扩大逐步下降，化学制剂、用电量等物耗在规模化采购和消费过程中可以享受折扣好处，重资产设备和设施的投入成本随生产数量的扩大，单位产品含有的平均固定成本减少。

国内外相关的研究表明，多数城市水务存在规模经济特征。Knapp（1978）对英格兰和威尔士 1972—1973 年 173 家污水处理企业进行规模经济实证分析，得出当时的污水处理行业存在强规模经济。Bhattacharyya et al（1994）对美国 225 家公有水务企业和 32 家私有水务企业进行私有化与公有化的效率对比分析，发现大部分水务企业存在规模经济。Renzetti（1999）根据加拿大安家略省的数据发现该省份的公司和污水处理公司是存在规模经济的。也有文献认为水务企业不存在规模经济。Ford et al（1969）用成本函数模型对英格兰和威尔士 1965—1966 年 162 家水务企业进行数据分析，得出当时的水务行业可能存在规模不经济。Fox et al（1986）选取了美国 156 家公有制水务公司和 20 家私有制水务公司分析水务企业的效率问题，得出了供水企业存在规模经济而上游采水企业存在规模不经济。Kim et al（1987）测算了 1973 年美国 60 家公共事业单位的规模经济程度，得出非居民供水存在规模经济而居民供水则为规模不经济。还有一些文献认为规模经济具有阈值特征。Fabbri et al（2000）对意大利 173 家水务企业进行成本效率分析研究，发现尽管大部分水务企业存在规模经济，但是一旦企业规模超出一定的范围，规模经济程度就会下降甚至变为规模不经济，如表 2-4 所示。

表 2-4　国外学者关于城市水务企业规模经济的研究

作　者	样本对象	研究结论
Ford & Warford（1969）	英格兰和威尔士 1965—1966 年 162 家水务企业	当时的水务行业可能存在规模不经济
Knapp（1978）	英格兰和威尔士 1972—1973 年 173 家污水处理企业	当时的污水处理行业存在强规模经济
Fox & Hofler（1986）	美国 156 家公有制水务公司和 20 家私有制水务公司	供水企业存在规模经济而上游采水企业存在规模不经济
Kim（1987）	1973 年美国 60 家公共事业单位	非居民供水存在规模经济而居民供水则为规模不经济

续表

作　者	样本对象	研究结论
Bhattacharyya et al（1994）	美国 225 家公有水务企业和 32 家私有水务企业	大部分水务企业存在规模经济
Renzetti（1999）	加拿大安家略省的数据	该省份的公司和污水处理公司存在规模经济
Fabbri & Fraquelli（2000）	意大利 173 家水务企业	尽管大部分水务企业存在规模经济，但是一旦企业规模超出一定的范围，规模经济程度就会下降甚至变为规模不经济
Mizutani & Urakami（2001）	日本 112 家供水企业	样本平均值处存在轻微的规模不经济，同时在日本的最优供水规模是大约 261084 平方千米，最优供水人口大约为 766000 人。日本水务企业应加速兼并或一体化，减少企业数量，扩大企业规模以实现最优规模和规模经济
Fraquelli & Giandrone（2003）	意大利 103 家城市污水处理企业	规模经济多存在于小型企业中，且企业的供水量一旦超过 1500 万立方米及水管接头超过 100000 个就会失去规模经济
Stone & Webster Consultants for OFWAT（2004）	英格兰和威尔士 48 家水务企业 1992—2002 年的数据	供水企业规模超过 200 万个水管接头就会规模不经济，污水处理企业规模超过 230 万个水管接头就会规模不经济，对于小型水务公司来说，接头数量达到大约 350000 就能够实现规模经济
Fraquelli & Moiso（2005）	意大利 18 个地区 30 年的水务公司数据	一些企业一旦超过 9000 万立方米的供水量就会产生规模不经济
Tynan & Kingdom（2005）	33 个国家 270 家水务公司的数据	小型企业拥有不到 125000 的水管接头就能实现规模经济，而一旦超过这个数量就会可能产生规模不经济

（3）关联效应。从产业细分来看，水务产业可以分为供水、排水和污水处理三大模块。其中，供水模块包括了取水、制水、输水和售水等若干环节。城市的排水系统包括了生活污水、工业污水和雨水三个体系。城市污水排水系统通常以收集和排除生活污水为主，主要涉及室内排水系统及设备（包括卫生器具）和生产车间排水设备，生活污水和工业污水经过敷设在室内的水封管、支管、立管、干管和出户管等室内污水管道系统进入街区（厂区、街坊或庭院）污水管渠系统。室外污水排水系统是街区和街道的污水排水系统，通常为管道、污水泵站及压力管道，通过泵站使污水逐步流向污水处理厂。污水处理厂是城市建设的重要部分，是城市将生活污水净化达标排放河流的过程。出水口是城市

排水系统的终端环节。

单纯从本产业的内部关联性来看，供水内部各环节之间的业务模块具有较强的关联性，但制水、输水和售水之间可以利用技术手段进行切分，各自形成较为完整的独立业务模块，排水也是如此。排水管网系统与污水处理之间存在一定技术关联效应，但也可以通过技术手段对两部分的业务进行独立化切分。供水和排水之间并没有太强的作业链的要求，可以进行有效分工，各自承担独立的水务服务，两者之间可能形成的共生关系在于城市供排水管网均处于地下，多数处于并行铺设，在设备维护和管理上有协同管理的需求。在设备材料的购置等方面可以考虑统一采购实现经济性需要。

从产业之间的关联来看，根据我国 42 个产业的投入产出表数据，水的生产和供应与其他产业的投入产出关系如表 2-5 和 2-6 所示。从 2005、2010 和 2015 年的情况来看，无论是直接消耗系数还是完全消耗系数，水对其他产业部门的直接和完全耗费关联性总体不是很高，低于电力的直接效应，但均有不同程度的影响。2010 年之前，直接消耗系数（使用价值）约为 0.00153，2010 年以后下降为 0.00069 左右。

表 2-5　2005、2010 和 2015 年公用事业部门的直接消耗系数比较（使用价值）

部　门	2005			2010			2015		
	电力、热力	燃气	水	电力、热力	燃气	水	电力、热力	燃气	水
大农业	0.01069	0.00004	0.00034	0.01008	0.00004	0.00011	0.00672	0.00001	0.00004
采选业	0.10111	0.00067	0.00181	0.07116	0.00228	0.00076	0.06013	0.00005	0.00114
制造业 I	0.01684	0.00030	0.00112	0.01531	0.00050	0.00072	0.00900	0.00004	0.00057
原料工业	0.05626	0.00086	0.00158	0.04587	0.00176	0.00081	0.04625	0.00110	0.00072
制造业 II	0.01649	0.00055	0.00103	0.01401	0.00069	0.00040	0.00931	0.00035	0.00051
电力、热力	0.06705	0.00107	0.00265	0.34220	0.00111	0.00119	0.39193	0.00210	0.00199
燃气	0.04426	0.04509	0.00366	0.01982	0.05524	0.00053	0.02900	0.16333	0.00064
水	0.20987	0.00416	0.04385	0.23385	0.00325	0.02091	0.15233	0.00028	0.04854
建筑业	0.01376	0.00012	0.00100	0.00746	0.00012	0.00024	0.01175	0.00001	0.00095
生产性服务业	0.01959	0.00081	0.00176	0.01213	0.00051	0.00064	0.00555	0.00341	0.00026
生活性服务业	0.01235	0.00162	0.00209	0.01193	0.00135	0.00097	0.00496	0.00274	0.00113
公共管理	0.02316	0.00071	0.00269	0.01468	0.00046	0.00085	0.00557	0.00077	0.00089
中间使用合计	0.02967	0.00071	0.00153	0.03394	0.00099	0.00066	0.02792	0.00166	0.00070

表 2-6　2005、2010 和 2015 年公用事业部门的完全消耗系数比较（使用价值）

部　门	2005			2010			2015		
	电力、热力	燃气	水	电力、热力	燃气	水	电力、热力	燃气	水
大农业	0.04790	0.00073	0.00187	0.06059	0.00123	0.00089	0.05110	0.00148	0.00077
采选业	0.17118	0.00201	0.00461	0.18917	0.00474	0.00207	0.18114	0.00362	0.00284
制造业 I	0.08222	0.00156	0.00402	0.10440	0.00261	0.00222	0.07590	0.00260	0.00185
原料工业	0.17161	0.00281	0.00562	0.20967	0.00569	0.00281	0.20400	0.00576	0.00292
制造业 II	0.11675	0.00255	0.00505	0.14392	0.00423	0.00233	0.11562	0.00464	0.00242
电力、热力	0.15791	0.00264	0.00599	0.61467	0.00431	0.00315	0.72303	0.00727	0.00484
燃气	0.14965	0.04887	0.00749	0.16167	0.06185	0.00220	0.16095	0.19894	0.00269
水	0.28928	0.00588	0.04870	0.42414	0.00563	0.02278	0.31950	0.00397	0.05267
建筑业	0.11130	0.00188	0.00467	0.13173	0.00345	0.00205	0.13006	0.00438	0.00284
生产性服务业	0.07467	0.00208	0.00435	0.07036	0.00207	0.00162	0.04645	0.00699	0.00115
生活性服务业	0.05168	0.00253	0.00400	0.06267	0.00268	0.00185	0.03669	0.00522	0.00189
公共管理	0.07998	0.00193	0.00523	0.07806	0.00208	0.00183	0.05245	0.00310	0.00178

总体来看，水务部门的产业关联性并没有想象的强烈，各业务模块能够独立运行，但各环节相互依存，具有一定的关联效应，共同为社会经济提供完整的产品服务。

（4）技术创新。水务部门的技术包括了建筑工程技术、生产技术、污水处理技术等三大模块。建筑工程技术涉及供排水管线配置及工程技术铺设、安装和调试。生产技术包括了制水环节的净水技术（混凝、过滤、消毒、吸附、膜分离等）、生物化学技术，淤泥处理技术以及使用过程中的节水技术等，污水处理中的生物降解和消毒技术等。此外，还有各环节的检测技术、预警技术以及针对各环节的管理技术等。

其上游制造环节涉及给排水管（包括钢管、铸铁管、铜管、PP 管等）、净水器具（水龙头、净化设备等）、仪器仪表（水表和检测设备）、泵压设备（给排水泵）等相关的设备和仪器。

从现有的技术格局来看，随着人们对生活和环境质量要求的逐步提高，对水质、净水等方面的要求日益增多。因此，总体的给排水技术应面向更加稳定和质量可靠的给水技术、无副作用的污水处理技术方向探索。

随着互联网技术的推广，越来越多的企业更加关注如何构建“互联网 +”

智慧平台，包括检测技术、控制技术，实现网络化和平台化整合管理，最大限度地实现新技术条件下的成本控制、集中化生产和处理，挖掘规模经济优势已经成为水务企业的共同发展方向。

2.1.2 水务活动的市场特征

通常，市场特征更多地强调了市场的需求因素和市场结构，前者是研究市场的需要，后者用以分析市场中企业竞争程度。

（1）需求特征。从需求角度来看，水是人类生产生活的必需品，这一点已经为大家所认同。根据 WHO 的报告，人类每人每天需要 5~6 公升的水用于保障饮用、清洁等基本生活需要，但使用目的不同，用水需求也大有差异。根据 Nicolas Spullber and Asghar Sabbaghi 的《水资源经济学》统计，在公共供水中约有 2/3 为居民用水，其他为商业需求、工业和电力需求、农村需求、娱乐和环境需求等。20 世纪 80 年代,美国的公共机构提供的供水量约占全部用水量的 8.3%，约 11.93 亿吨，但绝大部分用水主要面向工业、发电、农业等，如图 2-1 所示。

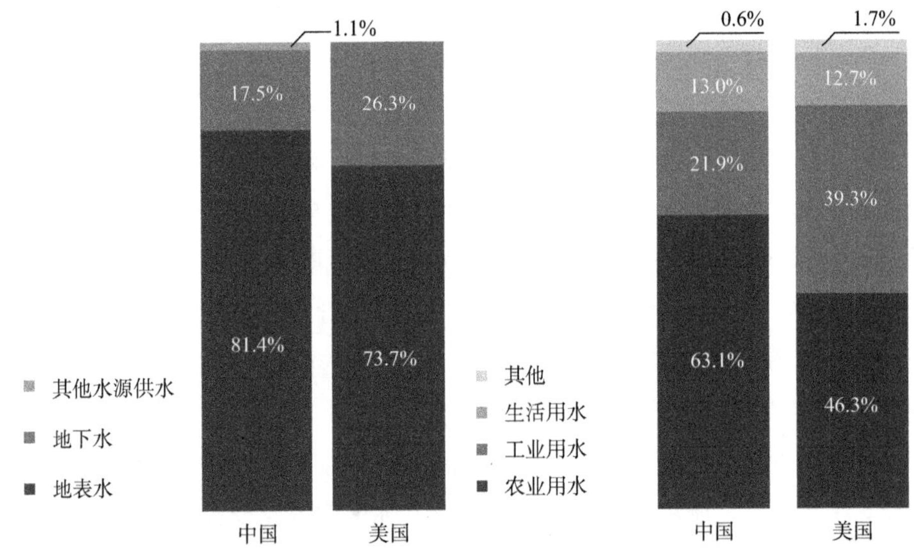

图 2–1 中美水源及用水需求的比较（2015）[①]

① 中国的数据来自水利部发布的 2015 年《中国水资源公报》；美国为 Estimated Use of Water in The USA 2015 美国用水数据 https://pubs.er.usgs.gov/publication/cir1441，根据中国用水定义计算得到各部门用水比例。

根据我国统计年鉴数据，2015 年我国用水总量中，农业和工业用水比例最大，分别为 63.12% 和 23.87%，生活用水为 13%。在城乡居民生活用水中，城市居民生活用水为 287.27 亿吨，占全部用水的 4.7%，其他用水则供应于工业、商业和服务业，比例不超过 1%。与美国相比，居民生活用水比例基本差不多，区别在于工业用水和农业用水的比例，美国工业用水比例略高于农业用水，而我国农业用水的比例仍然占最大比例。

从形成因素来看，生活用水需求的差异性取决于居民特性、家庭结构、居民覆盖率、水价以及是否采用计量单位计量等（Spullber et al，1994）。我国受经济发展阶段、城市化以及水价的影响，长期以来居民生活用水量逐年增大并有所加快，但用水效率较低。随着水价制度改革、家庭水表普遍化以及城市进入新发展阶段，生活用水量将出现平稳下降的趋势。

农业用水主要用于灌溉和饲养牲畜。灌溉用水有较强的季节性和区域性特征，农作物产品质量差异、用水器具、耕作方式等也对用水需求有一定的影响。我国由于农业机械化程度较低、生产效率不高，农业用水受农业用水器具和耕作方式等方面的影响较大。目前农业用水占比最高，但农作物的有效吸收率仅为 30%，从大水漫灌到“喷灌”“滴灌”，发展节水型农业是必然趋势。牲畜的生产和处理过程也需要大量用水。牲畜用水主要有三种用途，即直接消费、食物与新陈代谢，其所需水量依赖于各种因素，如动物种类、体型、年龄、性别以及食物数量和类型、水源距离远近和气温等，我国牲畜存栏量大，牲畜的用水量多成为农业用水比例较大的重要因素之一。

工业用水主要用于发电、制造、冷却、卫生等。大部分工业品制造过程中均采用循环水，根据 1983 年美国用水数据所揭示的工业用水方式，在总数超过 10000 个实体中，大约 95% 的用水是用于采矿和制造业，总共用水量达到了 3400 亿加仑，其中循环和再生水占 70%。在这一年中，这些实体总共排放 900 亿加仑水，相当于全部用水总量的约 1/4。我国工业用水量占全部用水量的 23.87%，其中发电部门的用水量较大，采选业较低，其他部门较为平均，如表 2-7 所示。

表 2-7　各部门的用水量完全消耗的比例（%）

部　门	2005	2010	2015
采选业	8.20	7.55	7.30
制造业（I）	9.07	11.65	6.45

续表

部　门	2005	2010	2015
原材料产业	10.70	11.77	9.35
制造业（II）	12.49	12.36	20.73
公用事业	24.84	24.05	37.82

在娱乐及奢侈性用水方面，Mather（1984）指出，随着人均可支配收入和休闲时间增多，人们在钓鱼、户外生活和其他水上生活方面的用水需求的增长速度已经远远超过了人口增长的速度。由于数据难以获得，我国渔业用水、休闲用水等用水量很难估计，但随着人均收入提高，人们户外用水需求出现快速上升趋势。

从波动情况来看，我国用水需求比较稳定，变动不大，略有下降趋势，其中人均用水量的下降程度最为明显。从图 2-2 可以看出，我国用水总量约在 5500 亿吨到 6000 亿吨，农业、工业和生活用水均趋于稳定，其中农业用水最多，占全部用水量的 63.12%。人均用水量变化最大，在 2013 年达到峰值后，到 2017 年下降到 435 升左右。

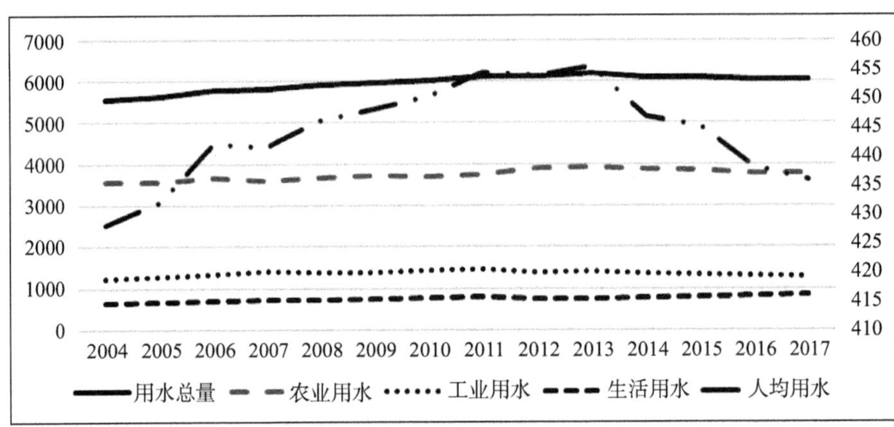

图 2–2　我国用水总量和各类用水情况（2004–2017）

（2）市场竞争。传统观点认为水务与其他公用事业部门类似，具有自然垄断性的特征，垄断的市场结构是最为典型的一种形式。在以城市为尺度的地理空间内，城市管网的巨大固定投入和唯一性，以及规模经济特性为这种类型的市场结构存在提供了依据。此外，其服务的公共性质为其垄断性提供了特许和合法的理由。不可否认，相对于一般的竞争性市场，水务市场远比其他市场复杂，原因在于：①必须通过唯一的管网实现生产和最终与消费者

的交易；②其对运营可持续性、不间断以及质量要求要远远高于其对价格 - 数量的意愿支付关系。这两个条件都涉及城市群体性的公共利益，也是城市居民对城市的基本服务要求；③相对于电力和燃气而言，水务活动能够提供更加差异性的产品，不完全具备电力和燃气的同质性产品条件。从消费来看，人们用水具有一定的多样化需求特征，体现在基本的饮用水、洗漱用水到户外用水等方方面面。

从目前来看，一些用水产品也受到了替代品的竞争，最为典型的就是饮用水市场。我国饮用水市场包括瓶装水和罐装水，以及各类矿泉水产品。据不完全统计，2018 年这类市场规模高达 2000 亿元，市场竞争激烈。随着需求结构转变，部分家庭已经将饮用水从原来的自来水加热转向桶装水或者瓶装水加热使用。由于我国北方地区干旱少雨，部分城市水源地不足、水质较差，这也是导致家庭用水行为变化的重要因素之一。然而，几乎所有城市仍将自来水供应作为主要基础设施提供品的内容之一，为城市居民提供有保障、持续不断和符合质量标准的供水服务，其主要目的在于城市居民将供水视为基本的公共服务需求。因此，在自来水供应领域，多数城市仍然将这种服务视为具有一定公共特许性质的垄断性产品和服务。

在排水领域，相对于供水市场部分受到市场竞争的影响，排水部门更具有自然垄断和公共特许的双重特征。城市多数的排水来自于管网的输送，管网的唯一性为排水服务提供了垄断性的条件。但这并不意味着所有的排水服务都具有垄断性，在一些特定的专业性领域，比如工业园区，由于受到工业排水特定的金属含量的影响，工业排水有别于城市生活用水排放，它需要更加专业性的服务，也就为排水的特定市场化服务提供了条件。

相对于排水部门利用其唯一性的管网提供排水服务，污水处理部门则更具有市场竞争的特征。与其他水务部门不同，整个污水处理部门的市场化程度最高，企业可以利用不同的污水处理技术为污水处理提供合格性产品，包括再生水、达标排放等。根据 2018 年上市公司年报，截止当年统计，中国在境内外共有 118 家水务和环境治理上市公司，这些公司均将污水处理作为公司的主要业务之一。通常污水处理服务有两种模式，一是专业性的污水处理技术和业务模块；二是与土壤修复、环境治理合成，形成综合环境治理的业务模块。污水处理服务的市场竞争主要体现在污水处理技术及成本竞争，以及污水服务的投标权竞争。2016 年，安庆市排污服务投标，18 家企业进行了投标权竞争。尽管污水处理的市场竞争格局已经初步形成，但仍然受到政府公共支付的限制。污水处理服务的费用来自于两个方面，一是居民生活污水的处理费，二是来自污染企业的污水处理支出，但这两项不能补偿企业正常的运营维护成本。因此，公共财政中政府的补偿性支付具有决定性作用。

总体来看，供排水服务仍然从属于城市基本公共服务，尽管部分市场存在一定的替代品带来的市场竞争或者投标权竞争，但由于提供的服务类型、范围等特性，竞争的压力和约束作用不是很大，市场仍然处于公共特许下的垄断化运营状态，只是在具体的提供方式上可能存在企业之间的相互竞争和替代。

2.2 运行和管理模式研究

2.2.1 城镇水务运行机制的选择

运行机制是围绕着产品的服务过程，各种因素相互作用的关系。企业运行机制是企业生产产品或服务的提供方式，即采取何种方式提供这类产品或服务，这与运营管理有所不同。运营管理是企业经营过程的计划、组织、实施和控制，是与产品生产和服务创造密切相关的各项管理活动。从企业运行机制来看，它不仅包括企业内部的一种投入到产出过程的选择安排，也包括了同一领域内企业间共同关系的配置，包括价格机制、竞争机制、兼并机制等。本节讨论的运行机制主要是围绕着供水部门的产业运行机制，研究其价格、竞争、兼并等方面的选择问题。

根据以上分析，水务部门所提供的产品主要满足城市居民基本的生活和生产所需，是城市生产生活的必需品，体现出其公共服务的特征和性质，势必将受到城市公共利益的制约，其需求特征决定了水务服务必须满足不间断和有质量保障的条件，不能因为提供部门自身的问题导致服务间断。其生产技术特征决定了其以管网传输为中心的生产和供应模式。首先，由于管网传输的成本沉淀性、服务产品质量和价格的可控性，无论是采取何种组织架构，其最终价格

机制、质量检测和管理必然受到城市公共利益部门的约束，也意味着水务部门存在一定的进入条件（门槛）。其次，在运营过程中受到公共利益部门的限制和约束。再次，水务部门必须实现成本补偿，否则无论是事业部门提供还是企业部门都无法完成其可持续的、不间断的、有质量保障的水务服务。这是水务部门运营维持的必要条件之一。

在上述两个基本假定条件下，显然水务部门的运营不可能完全依赖市场竞争，即以价格信号调节为主导的水务资源配置方式，其运营过程必然要与多种治理结构相结合。从目前各国的水务运行机制来看，各国用水的供应基本上有以下两种技术性组织模式。

（1）纵向一体化的结构。供排放一体化，或者是供排一体化、排放一体化等。主要是通过一体化来提高企业的规模经济水平、控制成本，另一方面也可以防止双边垄断导致的边际成本双边加成问题。

（2）分部门独立的结构。供排放独立，由于各业务模块之间的规模经济效应并不十分显著，整合在一起其管理成本上升导致内耗较多，通过分离由各部门独立承担各自的供水、排水和污水处理业务。

在制度性组织模式方面，一般城市针对水务服务很少采取完全私有化的方式，即由市场完全独立配置供排放服务。从最极端和简单的城市水务的制度安排来看，城市政府委托给公共企业，由公共企业按照政府限定的价格提供供水、排水和污水处理服务，这是最为简明的制度组织模式。企业是否亏损与企业经营成本无关，亏损由政府补贴。这种构架的好处是政府掌控了水务的各项活动，缺点是企业运行缺乏效率，不考虑成本费用。由于缺乏稳定和可持续的盈利预期，没有企业愿意来投资和运营。完全依靠政府规划、设计和投资的公共服务，可能存在供求不匹配、规模有限使得服务人口规模和范围不能有效扩大等问题。

第二种制度性组织模式是以企业或者公司化委托经营。由于公共企业和公共部门不承担运营结果让人难以接受。因此，让企业承担运营代价是一个不错的选择，但这里需要增加条件。城市供排水和污水处理是一个缺乏市场化的收费项目，如果完全按照市场化价格收取，由于城市供排水和污水处理是一个自然垄断部门，市场势力导致了其高定价和低服务水平，但是这并不符合城市供排水和污水处理的本质要求（公共服务趋向），企业和消费者也对价格非常关注，因此制定一个可持续的定价是必须的。常见的处理方式是政府委托企业运营，项目的建设投入由政府财政支出，运营由企业承担，价格维持在可持续的定价水平。这个机制的问题在于价格难以制定，企业的成本具有弹性，造成市场垄断者与消费者的博弈，也有可能出现政府与企业合谋的情况。另外，项目的建设投入完全由地方财政支出，地方财政可能难以承担。

第三种形式是拆分垄断环节。在建设投入机制不变的条件下，对运营环节进行拆分。管网部分由公共企业承担，供水、污水处理和销售部分引入市场化竞争。类似于厂网分离和网售分离的模式。其改革的内生含义在于剥离具有垄断市场的环节，让可以竞争的环节实现竞争，推动其运营效率提升。这就意味着在终端市场可能存在多个进入者，通过价格和质量竞争，提供用水服务。进入者可以以多样化质量提供为目标，安装过滤、净化等装置，实现多样化服务。这样做的好处在于用水服务可以实现多样化，问题在于：首先，城市供水的厂网很难分离，它是通过物理管网接入，且城市取水地点的规划均有设计，难以通过类似于电网上网竞价，固定资产专用性特征决定了其分离的经济价值不大。其次，网售分离之后，在位者与管网具有天然的联系，可能通过合谋等行为限制其他进入者竞争，实现双边垄断市场的目标。在定价环节，可能仍然需要一个最基本的用水服务价格，进入者可以在这个价格基础上提供更多内容的服务，用于获取更多的竞争性价格。再次，对管网的管理存在难题。管网具有垄断性和专用性，按照基本成本费为接入企业提供无歧视和无差别的服务，基本成本费率受政府管制，但事实上这种无歧视、无差别很难鉴别，对有效管制提出了更高的要求。也有人认为这种改革毫无必要，企业不必进行拆分，企业通过一体化为用户提供基本服务需求，多样化的差别服务可以交由消费者自己选择和采购，比如桶装水、自行安装净化设备等。

第四种形式是针对建设项目的改革。传统的建设项目由政府出资，政府委派的效率低下，往往管理不善，建设模式改革成为必然。第一种形式是政府出资，通过招投标公司进行招标、建设和移交（BT），建设资金初始可以由地方财政与建设公司协商，建设公司带资进场（30%-50%），但地方财政最终承担项目建设资金；运营环节可以委托其他公司运营，运营的成本和收益由地方政府另行设立合同。第二种形式是政府提供部分资金，企业在招标市场中负责建设和

运营，运营期满后移交。企业用运营的收益补偿建设资金和运营成本（BOT），地方财政一般只承担建设费用，运营费用由企业自负盈亏。两种形式存在的明显差异在于建设项目的转移和移交，第二种形式内部化了转移代价。第三种形式是政府成立投资平台，由平台公司与项目建设公司达成协定，进行 BOT 建设，投资平台利用政府财政的“底金”负责项目的融资。第四种形式是利用 PPP 模式，在 PPP 招、拍、挂后，与建设单位共同成立项目公司，政府以 5% 或 10% 的财政资金投入，建设单位最少补充项目资金的 20% 到 25%，剩余的部分通过银行信用贷款进行建设与项目运营，利用运营项目的收益补偿银行贷款和本金。第三种与第四种形式最大的不同在于，政府直属的平台公司融资转移给独立公司融资，风险得到了转移。目前多数水务运营是第四种形式，其难点在于收益多数是财政直接补贴，难以用收费完全补偿成本，因此可持续的地方财政支付就成为关键。

从运营逻辑来看，城市水务目前是两类市场的集合。一类是政府授权建设和运营的市场，称为投标权市场，它提供建设、运营环节的资格和权利，显然这是一个事前约定的进入者竞争；另一类是企业运营之后，向用户提供供水服务，收取费用，根据事前约定的补贴，地方财政提供部分补贴，或者事后根据服务质量提供绩效费用。收费的相关价格受到政府严格管制，不能随意调价。但政府会根据具体情况召开听证会，调整价格水平。

2.2.2　城镇水务管理模式的选择

不同运行机制下政府的监管结构选择也存在很大差异，但总体上水务运行机制需要代表城市公共利益的政府进行管理。根据其水务服务的目标取向，城市政府可能存在多重的责任和义务。取水位置、管网规模分布和等级、供水和污水处理厂选址、高低压泵选址等，并不是市场自发选择的结果，而是城市规划的事前设定。供排水质量标准和均等化程度在某种意义上决定了城市的价值、品味和等级，影响城市公共价值和声誉，但并不取决于行业意愿，而取决于城市居民乃至政府的意愿。作为项目建设和运营的“甲方”，政府是出资人，也是最终的资产所有者，可以决定是否委托（如何委托）给第三方建设、经营和评价。同样，政府有必要对在建和运营过程中所产生的经济行为、社会责任和环保问题实施监管（经济性监管和社会性监管）。

各国水务管理的制度安排存在多种形式，基本的管理架构有两种。一种是一体化的管制模式，如英国。英格兰和威尔士分为10大水务集团，由这些集团分别处理当地的水资源和水务服务，这10大水务集团由水务大臣统一监管。另一种是分工化管制模式，即不是由一个管制机构独自承担，而是多个监管部门协作分工，共同管理水务事务，比如日本和韩国。涉水事务的公共责任分散且多样化，完全由单一部门进行计划和监管显然满足不了水务多维化的需要，适度分散管理便成为一种选择。

 2.3 国际经验和借鉴

长期以来，城镇水务被视为城市的公用事业部门（Public Utility Sector），其运营和管理也因各国的政治构架、经济条件、历史背景和制度差异而各不相同，伴随着各国的经济条件变化也呈现出不同的变化。英、美、法等国水务管理的体制相对比较成熟，尽管它们具体的管理机构设置和制度安排不尽相同，但私营机构广泛参与的水服务提供模式，以流域管理为主线的宏观管理安排，以政府宏观规划、法律制定、地区协调和监管作为主要管理职能，成为它们的共同特征。本节选取了英国、法国、美国、日本和韩国等国家的涉水事务管理作为考察内容，分析和总结这些国家在涉水事务中的管理经验和教训，为我国水务管理体制的改革提供有益的思路。

2.3.1 几个样本国家的水务管理和运行机制

1. 英国水务管理和运行机制

总体上，英国水务服务经历了从分散到整合，从地方化到国有化，再到公司化等一系列复杂的制度演变过程。目前，英国水务服务采取的是以流域管理为中心的纵向一体化产业模式，以供排水、防洪、排涝、污水治理等业务为一身的公司化运行机制。

演变过程。20世纪70年代之前，英国的水务服务高度地方化和分散化。根据英国水务办公室（British Office of Water Services, OFWAT）的说法，“二战”之前英国大约有2160家水务公司，包括786家本地水务管理机构。“二战”之

后的 30 年间，这些公司逐步得到整合，到 1963 年大约还有 100 家水务公司，但仍然非常分散，不仅体现在流域范围内，还体现在城市各社区内部以及每一个产业链环节（取、供、输、排、污）。

《1963 年水资源法》是英国水务服务的改革起点，促成了 27 个基于流域一体化管理的河流局诞生，但河流局的职能仅仅限于防洪、排涝、污染控制和发放取水许可等方面，不包括供排水管理。供排水服务由城市地方自治，其管理结构类似于目前我国的水务管理，结果是缺乏统一有效的水质和水量管理，导致污染水平和治污水平参差不齐。

《1973 年水法》是英国水务服务走向流域管理和纵向一体化的标志。它促成了 10 大流域管理机构的产生，替代了原先的 27 个河流局以及地方管理供排水服务，实现了流域管理的一体化、水务行业的一体化经营以及国有化。这一管理制度形成了流域一体化经营和管理的职能重合，水务局扮演着经营者和管理者的双重角色，水务的经营效率低下，亏损较为严重。

20 世纪 80 年代之后，民营化改革促进了水务的经营与监管职能分离，将防洪、排涝、污染控制等公共性职能从经营环节分离，10 大水务公司取代了 10 大流域机构，实现了以流域为基础的供排水经营服务，由此形成了目前的英国水务管理体制，具体如表 2-8 所示。

表 2-8　英国水务管理的演变

演变类型	19 世纪	20 世纪 40/50 年代	20 世纪 60 年代	20 世纪 70/80 年代	1989 年民营化之后
供给主体及性质	由私人供给转向（地方）政府供给为主	地方政府供给为主	地方政府供给为主	实现了国有化，建立了 10 个水务局	实现了民营化，形成了 10 大上市的供排水公司
产业链整合	供排水服务高度分散化和地方化	供排水服务主要由地方政府提供；供水服务与污水服务分散化与地方化	供排水服务由各地政府提供；供水服务有所整合，污水服务分散化和地方化	流域内供排水服务按照纵向一体化模式提供；中央政府在投融资与人事控制方面扮演角色	流域内供排水服务纵向一体化
流域一体化整合			以流域为基础，由 27 个河流局提供防洪、排涝、污染控制等服务，但不包括供排水服务	以流域为基础，由 10 个水务局提供包括供排水以及防洪、排涝、污染控制等在内的系列服务	10 大水务公司实现流域一体化经营，诸如水务办公室、环境署等监管机构进行经济、环境、水质等方面的监管

（1）英国水务管理体制

英国的水务管理体制主要由政府及相关机构的政务与监管等职能安排和管理构成。英国的涉水相关政策制定是由环境、食品及农村事务部（DEFRA）和威尔士国民议会（NAFW）完成的。从内容来看，其职能包括从水资源管理到水务服务的微观监管，完整地实现了水资源管理和用水服务管理的一体化。具体的监管政策的执行分别由经济监管者（OFWAT）、环境监管者（EA）和水质监管者（DWI）3 个专业化监管机构实现。

①水务管理体制的机构设置。英国的水务管理体制的机构主要由 3 个层次组成。DEFRA 和 NAFW 负责"总体资源和产业规划、法律制定和监管政策的制定"；各专业监管机构（OFWAT，EA，DWI 和 CSC[①] 等）负责"监管政策的执行"，水务公司可以通过"竞争委员会"对相关的经济性议案提出上诉和沟通，有关水质方面的问题可以直接向国务大臣提出上诉。

②水资源管理体制。水资源管理主要是由环境、食品及农村事务部（DEFRA）负责。DEFRA 的核心职能就是提高现在和未来的生活质量，负责管理生活最必要的要素——食品、空气、土地和水，制定动物健康与福利、环境保护、食品、农业、渔业、土地使用和农村事务相关的政策。在涉水事务方面，DEFRA 的职能主要体现出水资源综合性管理的特征。一是制定宏观发展目标和战略，以宏观管理为主，负责战略规划，着眼于更长远和更全局的社会目标，包括行业发展、效率提高、普遍服务、水质提高、供求平衡和水环境改善等。二是行业政策，在行业管理上，负责政策制定以及相关法律和规章的起草，原则性指导各专业监管机构的业务内容，不对水务公司等微观经济主体进行直接的监管与干预。协调与其他部门之间的政策，如农业和生物多样性，工业与水环境等，力图最大限度地促进各方目标实现。

③用水服务的管理。核心是促进各部门或者利益主体之间的协作关系。水务办公室（OFWAT）[②] 依据《1989 年水法》成立，其主要职能和权限由《1991 年水务行业法》规定，主任由 DEFRA 国务大臣任命，任期 5 年。其组织机构成员由政府官员、企业代表、专家学者和消费者代表组成，以合议制方式决定

① CSC，消费者委员会。

② 2006 年 4 月组建水务监管局，水务办公室职能将逐步转移到水务监管局。

水价费率及相关事务，运作经费以收取的许可证费用中依法提取一定比例的数额为来源，不列入政府预算，是一个独立于政府部门的监管机构。OFWAT 的主要职能与经济性监管相关，包括维护水务行业市场竞争秩序，代表政府调控水价，发放经营许可证，确保供排水提供者具有充足的资金支持，确保供排水服务的地区无差异实现，确保供排水服务正常运行，确保供排水公司收取合理费用，确保用户利益得到保护和无歧视待遇等。

伴随着英国水务民营化的推行，饮用水监管局（DWI）于 1990 年成立，主要负责英国的饮用水安全。依据《水质条例》（Water Quality Regulation）的相关内容，其有权对各水务公司进行经常性的水质检测和技术审查，包括各公司是否按照规定自行检查其产出物并作相关记录，水厂运转及操作方式、消毒程序、管网输送系统的保养维护是否符合规定，用户投诉是否得到实时处理等。根据上述结果，监管局每年向社会发布公告。

环境监管局（EA）主要负责环境监管，其收入来源于防洪税收、取水许可及环保收费、政府拨款和有关项目的合作费用等。EA 的主要监管领域涉及污染、水资源、水生环境等。依据《1995 年环境法》，EA 通过发放排污许可证及对排污系统更新投资等直属工程项目实现对污染的控制；通过发放取水许可证约束水务公司的取水地点，确保水环境得到保护。

④消费者委员会（CSC）。根据《1991 年水务行业法》每个供排水公司所辖区应设立消费者委员会，独立于水务公司，与 OFWAT 有组织上的联系。CSC 主席由 OFWAT 主任征询事务部国务大臣意见后任命，其职责是倾听用户需求、保护用户利益，尤其是接管未能得到水务公司妥善处理的用户投诉。除主席之外，委员会成员都是由各行各业的志愿者承担，没有薪水，但在履行监管职责过程中产生的薪酬损失、旅费开支及其他现金支付都可以得到报销。

水资源与用水市场管理体制的相互关系。如图 2-3 所示，英国的水资源管理与用水管理体制一体化特点显著。主要表现在水资源和用水管理均由环境食品及农村事务部统领，用水管理细化到 10 大公司，微观的监管机构也由该部门统一承担。

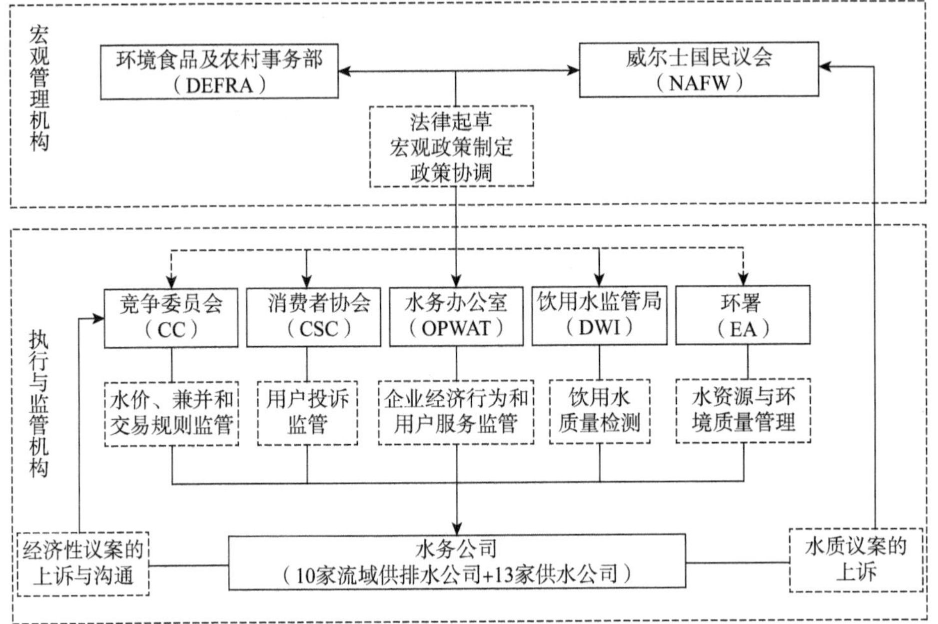

图 2–3　英国水务管理体制

（2）水务运行机制

英国水务是一体化运营和管理的代表性样本。英国根据国土状况将水务按流域划分为 10 大水务公司，综合了各地区和各流域的水资源和用水服务，包括了城乡、地表水与地下水、水量与水质等方面。在宏观方面，政府主要的任务是制定法律和法规，在宏观规划和行业发展政策等方面进行管理；在微观监管方面，英国通过 OFWAT、DWI、EA 和 CSC 组织的相互协作，实现了取水和排水（包括地表和地下）、水量与水质、水环境和水利用等一体化管理，尤其对水体的质量管理非常严格，为统一控制水生环境提供了保障；在经济性监管方面，除了许可证和进入监管之外，最高限价和标尺管理等都成为政府监管各流域公司的重要具体措施，为公司良好的运营奠定了基础。

英国的水务事业由 10 家供排水公司和 13 家供水公司承担，其中 10 家流域供排水公司资产规模、服务地域范围在行业中均处于主导地位。民营化以来，英国水务公司财务业绩良好，包括产品和服务质量、运营效率以及环境保护等非财务指标绩效也有很大提高（OFWAT，2006）。水务公司不仅开展供、排水等基本业务，在涉及区域水资源保护、生态环境保护和社区服务方面也成为主力军，是英国最大的环保企业群体。

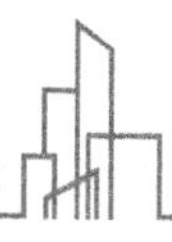

2. 法国管理体制和运行机制

法国水务管理体制与英国存在很大的差异，由于历史、文化和制度等方面的不同，法国在基层水务服务方面采用私有化参与模式的历史可以追溯到 19 世纪，而且历经 150 余年仍然充满活力，是这些国家中历史最长、最为成熟的水务制度之一。法国的水务管理体制更多地体现出自下而上的管理特征。

（1）水务管理体制

法国水管理体制共包括国家级、流域级、地区级和地方级 4 个层面。国家级的水管理部门是国土规划与环境保护部。流域级的管理机构包括流域委员会（支流委员会）和其执行机构——流域水务局。法国将全国水资源明确分为 6 大流域，建立了 6 个管理机构。对于地方来说，水务管理主要由当地政府通过市政委员会（或市长）将供排水服务委托给私营公司管理（约占 74%），也有水务监管机构直接管理供排水服务（约占 26%），具体如图 2-4 所示。

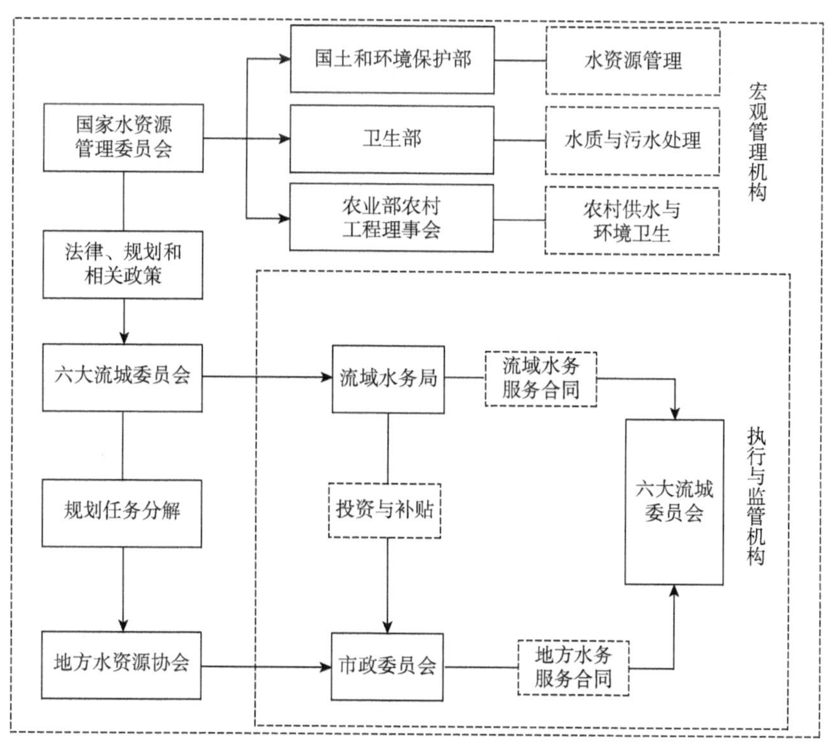

图 2–4　法国的水务管理体制

①水资源管理。在国家层面上，水资源的管理总体上由法国国家水资源委员会（The National Water Committee）负责协调，委员会由一名议会成员担任主席，成员包括国会和参议院代表，以及相关重要机构和全国性联合会的代表。

委员会主要负责制订水资源管理的一般原则，包括法律、法令、议事规则等；制订遵从欧盟指令的全国性立法；保证国家相关行动及各部门之间的协调[①]。在具体的规划和政策制定方面，水资源的管理由国土规划和环境保护部负责，水质和污水处理由卫生部负责。中央层面的农村供水和环境卫生规划由农业部农村工程理事会管理。国家层次的管理主要涉及一些水的相关法律框架、政策和规划，并不涉及具体的管理事务。所以，国家层次上的水资源管理并没有英国的自上而下的体制作用巨大，在整个体制中处于次要地位。

流域管理也是法国水务管理中的重要部分，也有人将这种管理称为“水议会”形式的管理。1966 年法国在《1964 水法》框架下，成立了 6 大独立流域委员会。河流流域委员会的组成具有广泛的代表性，如包括农户、工厂主、运动家、渔民、相关协会等用户代表，以及来自地区、县、市镇等层次的代表，还包括相关专家、管理人员等，其讨论和决策的内容也更具实质性，因此在法国及国际上，这些委员会也以“水议会”而著称。他们以议会的形式共同表决流域的水资源开发和管理规划，平衡流域中的水量分配、排水、供水、水生环境等涉及跨地区的水务问题。

委员会的执行机构就是 6 大流域的水务局，由一个董事会管理。董事会由 8 位地方市镇代表、8 位国家代表、1 位水务局员工代表、8 位不同类型的用户代表组成。董事会主席及水务局局长由中央政府任命（王文利，2011）。这些流域水务局作为行政管理的公共机构，负责流域委员会制定的相关规划的具体执行，具有民事地位，并保有财务独立，有投资的自主权，收益来源于污染者税收（不论是公共还是私人），支出主要涉及各种水规划和集体利益项目的补贴。

地方水资源委员会（Local Water Commission），其职责是准备和制定、实施“水资源开发与管理计划”Schémas Directeurs d'Aménagement et de Gestion des Eaux (SDAGE)。这个委员会由当地市镇代表（50%）、用户代表（25%）和国家相关部门代表（25%）组成。根据“水资源开发与管理计划”（SAGE），确定支流等地表水及地下水利用、开发、数量及质量保护、水生生态系统以及湿地保护的目标。

---

① Sangare I , Larrue C, The evolution of the water regime in France[C]. I.Kissling-Naf,S. Kuks(eds), The Evolution of National Water Regimes in Europe,Dordrecht/Boston/London,2004,187-234.

②本地化管理。本地管理主要是讨论如何将水资源和用水服务在微观上有效结合起来，是法国水务管理的基础性环节。本地化管理主要由当地政府（当地议会）负责。流域层次及次流域层次的规划和计划所涉及的地方市镇可自己组成基层水资源协会（Local Water Community），以协助实现“水资源开发与管理计划”（SAGE）所制定的目标。基层水资源协会可以被委托以所有应急或一般特点的建造、安装或设备的研究、实施和经营工作。其目标在于：开发一个流域或流域的一部分；开发和维护未纳入国家管理的水域；供水；收集雨水及排放；防洪及防波；控制污染；地表水及地下水保护及保持；水生生态系统和湿地的保护、定位，确定林地边界；建设民防用水工程。

实际上，本地化管理将水资源管理和用水管理内在地结合在一起。每年的水资源计划和用水计划，由基层水资源协会通过市长或者市政委员会，将水务服务委托给第三方机构，也可以自己管理。从历史来看，法国水务已经习惯了通过 PPP 方式实现水务管理，包括租赁、管理合同和特许经营等，私人机构参与公共服务的历史已经长达 150 年，公私合作的形式表现得非常成熟。目前私人部门管理了大约 74% 的供水和 52% 的污水处理服务。从服务内容来看，政府拥有项目的所有权和投资权，私营部门仅仅是项目的管理者和经营者。

服务合同是对政府与私营部门承担责任的界定。政府在合同中明确服务内容、用户支付的水价以及价格变化，私营部门需要明确合同期开始以及合同期内的投资需求。一般的租赁合同从 10 年到 15 年不等，而特许经营合同的期限一般是 25 到 30 年。特许经营合同期限较长说明了需要建设融资以及回收成本。管理合同大约持续 10 年，合同期内，私营运营商一般要进行设备改建，按照定价公式提供约定的服务。由于长期公私合作的良好关系，这些责任界线也并不十分详尽，在环境发生变化时，也会通过具体的协商解决未尽事项。

服务合同的提供方式在早期是没有招标过程和竞争环境的。1995 年之前，如果一个合同授予给私人运营商，合同期内甚至合同将近期满时极少会发生变更。1995 年，出台了新的办法要求更新合同时运用竞争的招标程序，目的是为竞标者提供更公平的竞争环境。

（2）私营参与的经营模式

法国私营部门参与水务行业始于 1853 年，以 Compagnie Générale des Eaux（CGE）公司的成立为标志，当时公司被授予合同为里昂提供短期的供水服务，包括通过授予特许经营合同对市政资产进行管理。目前法国的供水与污水处理部门有3家主要的大公司：威立雅（Veolia，CGE），苏伊士（Suez，Lyonnaise des Eaux）和绍尔（Société d'Aménagement Urbain et Rural，SAUR）。2002年，绍尔公司的市场合同份额为13%，苏伊士是22%，威立雅是41%。引进私营部门参与的主要目的是改善管理，改善服务运营效率，为政府和消费者提供低成本的服务。其主要的参与形式是通过水务服务合同的形式，包括租赁、管理合同和特许经营。根据委托形式和程度不同，也存在许多中间状态，例如有些地方政府直接生产饮用水，有些公私合作通过利润分担为私营部门提供激励，也有些具有半公共性质的公司（至少51%股份公共机构所有，私营公司至少有20%的股份）。

从参与的服务内容来看，除网络基础设施以外，水务企业经营存在一定程度的纵向一体化，如供水、污水收集与处理、水处理设备及系统管理（牛春媛，2005），从事跨部门、跨行业（环境、能源、交通、通信等）经营等。此外，法国水务企业已经实现跨国经营，在一定程度上是全球水务市场的主导者，影响着全球水务市场的发展趋势。

3. 美国的管理体制和运行机制

美国水务管理在联邦层次上更加弱化，水务管理主要由各州政府和本地政府实现。由于美国东部地区水资源丰富，但中西部地区水资源缺乏，因此地区之间关于水资源管理方面差异性也比较大，其中水权市场化是美国水务管理和经营中的主要特色，如图2-5所示。

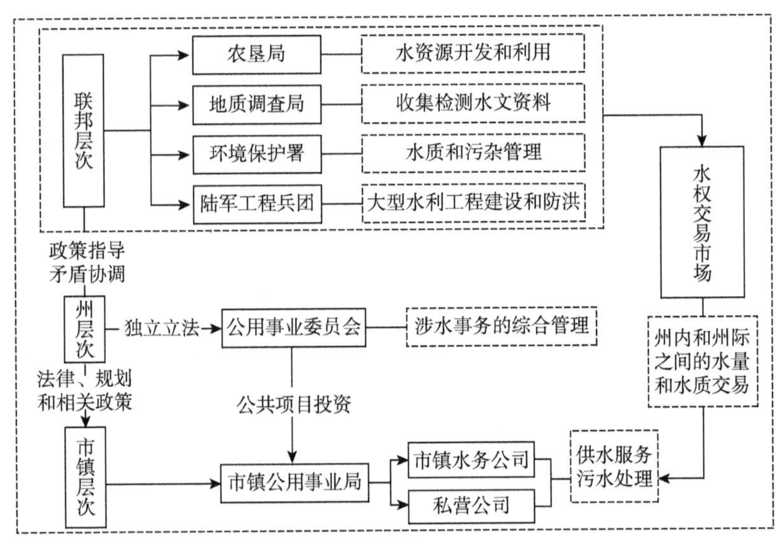

图2-5　美国的水务管理体制

（1）水务管理体系

①联邦层次的水务管理。美国联邦层次上的水务管理主要涉及水资源法规、规划、开发及污染治理等方面。在法律上，美国联邦层次上尚没有一部完整的水法，现有的法律框架是 1965 年的《水质法》和 1977 年的《清洁水法》，这两部法律为各州水资源的开发和利用奠定了基本框架（李建亚，2009）。由于各州关于水资源开发和利用的立法与州际协议比较成熟，联邦政府主要处理州际水资源开发利用的矛盾，如协调不成，则通过司法程序予以解决。在行政管理体制方面，主要负责制定水务管理的总体政策和法规，参与重大水利工程的建设与管理。在机构设置方面，侧重于水质和水量两大模块，垦务局负责水资源的开发和利用管理，地质调查局负责收集、监测、分析、提供相关水文资料，环境保护署负责水资源水质和污染管理，陆军工程兵团负责由政府投资兴建的大型水利工程的规划设计、施工以及防洪（李建亚，2009）。

②州政府的水务管理。美国各州在计划、管理和监管水及污水处理市场的控制权超过了联邦政府。各州有权在其辖区里规划、管理和监管水及污水处理市场，在有的方面（例如，水质方面），州级标准高于联邦级标准（胡小凤等，2012）。因此，在州层次上的水务管理包括了地区层次的宏观管理和用水管理等两个方面。

美国州一级政府在水务管理方面因地域、人口、水资源及其分布等自然和经济社会情况的不同而不同，彼此的差别很大（叶建宏等，2013）。例如加州的降水从时间来说都集中在每年 11 月至次年 3 月，从地域来说主要集中在北部（约为南部的 3 倍）；州内主要河流均位于加州北部，80% 的用水户则在中部和南部。因此，加州州政府对水进行监管的机构也较多。与供水有关的有加州水委员会、加州水资源管理委员会、加州水资源局和加州公用事业局。水委员会负责研究水的政策问题；水资源管理委员会负责管理水权，发放排污许可证，帮助州内各地区制定水质管理规划；水资源局负责水资源工程规划、设计、施工和运行，管理与水有关的公共安全，包括防洪调度和大坝安全监测等；公用事业局负责水价审批（李贵臣等，1999）。因此，美国州一级的水资源管理在机构设置方面应各地政府的需要存在一定的差异，但大多数在一个委员会框架下，根据水资源和用水条件设置了不同类型的机构。

新泽西州位于美国东海岸，水资源的时空分布和地域分布都比较均匀。因此，新泽西州州政府对水进行监管的机构相对较少，主要包括新泽西环境保护局和新泽西公用事业委员会。新泽西环境局负责审查水及污水处理公司的工程规划与设计是否符合有关法律和规范的要求，核发取水许可证和工程建设许可证；承担水源保护、水源水、自来水水质和污水处理的监督检查。新泽西公用事业委员会负责对私有的水及污水处理公司以及将经营权外包的市政府所有的水及污水处理公司进行监管，并决定收益率和费率结构（李贵臣等，1999）。

总体来说，无论州一级政府对水及污水处理公司的监管框架有多大的不同，各州都是通过公用事业委员会（Public Utility Commissions，PUCs）对私有的水及污水处理公司及将经营权外包的市政府所有的水及污水处理公司进行监管，并决定收益规定和费率结构（许建玲，2013）。

各州的公用事业委员会委员主要由州长任命，任期为 6 年。委员会的运作资金来自于公用事业部门收费，主要的职能是对所辖州内的所有私有公用事业公司进行监管，其中包括电信公司、电力公司、燃气公司、水和污水处理公司等，监督这些私有公用事业公司以最合理的费率提供安全、充足和恰当的服务。至今为止，委员会进行的具体活动包括保护消费者、能源行业的改革、能源和电信服务行业的管制放松、为鼓励节约能源和各公用事业项目的竞争性定价而进行的公用事业收费调整，以及对公用事业服务的监管和对消费者投诉的回应。

以新泽西州为例，新泽西公用事业委员会的水和污水处理部负责监督当前受到委员会监管的 61 个水和 21 个污水处理公司，以尽可能合理的费率提供安全、充足和恰当的服务。水和污水处理部负责的工作包括了费率制定，水和污水处理公司基础设施需求和相关成本的评估，确保安全可靠地供应水，干旱时的应急工作，评估大幅度调整水及污水处理价格的可能性及影响，水的再利用，蓄水层的耗用，制定水和污水处理服务和管理的术语和条件，水资源保护的行动等。委员会还监管私有水及污水处理公司并购、私有化以及长期运营合同等商业活动。水和污水处理行业内的兼并潮，以及日益增多的大型国际性公司的介入将使强调经济监管成为必然，以便有利于企业的发展，同时维持目前系统保证的高服务标准。

③市镇的水务管理。市镇的水务管理主要是通过市政公用事业局来管理。在市镇级别的公用事业局，根据州一级的规划建立自己的水规划，并负责运营

水务公司，提供涉水服务（包括饮用水供应和污水处理）。在市政层次，美国绝大多数市镇的水资源和用水管理均表现出一体化的特征。在市镇级别，美国85% 的饮用水供应和 95% 的污水处理由市政府所属的服务供应商提供。这些市政府所属的水及污水处理公司绝对控制着美国主要城市的水供应及污水处理服务。例如 Mount Laurel 是新泽西州下的一个城镇，市政公用事业局负责运营和维修的水处理厂有 Ramblewood 水处理厂和 Elbo Lane 水处理厂，污水处理厂为 Hartford Road 水污染控制厂。Mount Laurel 市政公用事业局在满足社会需要的同时，以不破坏当代及后代子孙环境的方式，为超过 17000 名用户提供安全、可靠、价格合适的水及污水处理服务，其目标是确保镇区内的消费者对清洁水100% 的满意。

市政府所有的水及污水处理公司提价时，不需要采用听证会、取证调查的正式司法程序，只需向其市级及州级财政部门证实费率和支出的合理性（许建玲，2013）。但近年来，越来越多由市政府所有的水及污水处理公司采取了外包经营权的模式。这些公司在提价时，将与私有的水及污水处理公司一样，受到新泽西公用事业委员会严格监管。

（2）水权市场

市镇之间、州际之间的水量不均衡主要通过水权市场交易调节，也可以通过市镇、州际之间达成的相关协定实现。如果出现矛盾或者纠纷，则通过联邦层次协调或者法律诉讼程序最终解决。在基础层次，美国关于水资源的分配和使用则主要依据个人财产原则，即河岸权原则和先占原则实施产权的分配。由于水权具有私有财产的性质，在美国形成了一种水权市场，水权作为商品可以在各州、各城市间进行自由转让（李建亚，2009），涉及取水许可交易和污水许可证交易等，使得水资源的经济价值得以最充分地体现（李含琳，2011）。

除此之外，美国还有大量的消费者援助组织、纳税人保护组织等为水资源管理开展大量的辅助工作。在以水权市场为微观基础配置主体的条件下，市镇水务公司和私营公司共同为美国提供各种涉水事务服务，州政府公用事业委员会对其进行综合性监管，联邦政府提供总体的政策框架，法院作为争端最终仲裁解决工具，以此共同形成了美国富有特色的水资源管理体制。

4. 日本的管理体制和运行机制

亚洲国家除日本外，大多数都是中等发达或者发展中国家，文化和制度习

惯与我国有一定相似之处，考察亚洲国家的水务管理体制，有助于进一步深入理解和认识水务管理体制的内涵。课题组主要选取了日本、韩国等国家作为考察对象。

日本的水务管理体制与我国有相似之处。在宏观层面，也存在“多龙治水、协同管理”的现象，但日本有关法律设计较为完善，水权市场和地区补偿机制实现了微观主体的有效配置，体现出日本宏微观相互结合的特征。

（1）宏观层面的水资源管理

涉水事务的宏观层面主要体现在法律制定、宏观管理基本职能和组织安排等方面。在涉水法律方面，“二战”后，日本制定了许多涉水法律，形成了完整的水法律体系，使水资源开发利用、保护有法可依。例如针对水资源保护和河川管理，制定了《河川法》；对水资源开发保护，制定了《特定多目的水库法》《水资源开发促进法》《水资源开发公团法》《水资源地域对策特别措置法》；水利水电事业相关法律有《电源开发促进法》《电气事业法》《发电用设施周边地域整备法》《水道法》《工业用水法》《工业用水道事业法》《土地改良法》；对水质保护和水环境保护制定有《环境基本法》《水质污浊防止法》《下水道法》《湖沼水质保全特别措置法》《促进水道原水水质保全事业实施法》等。这些法律的执行有一定的程序，例如1961年制定的《水资源开发促进法》中规定，指定水系，由内阁总理大臣与有关行政部门的长官协商，并听取有关的都、道、府县长官和水资源开发审议会的意见，再经过内阁讨论通过，最后由内阁总理大臣决定。水资源总体规划，也采取同样的程序决定、变更。日本这一套较系统的制约、规范全国水事活动的涉水法律、法规使水资源的开发利用和保护处于法律的严格控制之下，从而保证工作的顺利开展（金典慧，1998）。

①职能和机构。在宏观职能方面，日本政府根据水资源的具体用途，把水资源分为农业用水、工业用水、生活用水、水力发电用水、养殖用水、公益事业用水及环境用水等许多种类，分别制定不同的质量标准，由不同的部门进行建设、协同管理。宏观管理部门着重于全国性的水规划、市场、质量和环境等监管、公共项目的投资和补偿等方面。

在宏观组织机构设置方面，日本中央政府中与水资源管理工作有关的机构较多，在2001年1月政府机构大规模改革之前涉及6个部级（日本称为“省”）

机构，分别是环境厅（水质保全局负责水质的保护）、国土厅（水资源部负责水资源规划）、厚生省（生活卫生局水道环境部负责饮用水的卫生）、农林水产省（林野厅指导部负责河流上游的流域治理）、通商产业省（环境立地局负责工业用水，资源能源厅负责水力发电的规划管理）、建设省（河川局负责河流的治水和水利，都市局下水道部负责下水道的规划和综合协调）。2001 年 1 月政府机构改革之后，因国土厅和建设省都被合并在国土交通省之内，相关的部级机构减少为 5 个，分别是环境省、国土交通省、厚生劳动省、经济产业省和农林水产省，但从具体负责的局级机构来看并无实质性变化（林家彬，2002）。这些部门依据法律办事，既分工又合作又制衡。

②中央与地方的分工。体现在两个方面：在规划方面，中央负责全国性的水规划，地方承担地方性的水规划，由地方议会审议通过，并由地方政府承担实施。此外，日本的《河川法》中对河流管理中中央与地方政府的分工有着明确的规定。首先，河流按照其重要程度被分为“一级河川”“二级河川”和“准用河川”。“一级河川”由中央政府（国土交通大臣）指定，其重要程度最高。其中又分为两类，即特别重要的区间由中央政府直接管理，称为“直辖管理区间”；其余区间由中央政府委托都道府县政府进行管理，称为“指定区间”。“二级河川”由都道府县知事指定并管理，其重要程度次于“一级河川”。其余的河流均为“准用河川”，由市町村级地方政府负责管理。从目前来看，日本河流的 68% 都是由都道府县级地方政府来管理的（陈少林，2011）。

③部门间协同机制。多部门涉水管理各自为政，存在彼此之间缺乏沟通和协调问题。1998 年，在原国土厅水资源部水资源规划处处长的倡议下，成立了以 6 个有关部级机构的 9 个相关处为成员的“构筑健全的水循环体系相关省厅联络会议”。该会议以构建健全的水循环体系为目标，开展了各部门之间的信息沟通和意见交换，并研究相互之间开展合作和协调的方式和途径。

（2）水权交易市场

日本的水权原始形态是村落共同体之间出于利益协调的需要而自然形成的。1896 年日本第一部河川法（旧河川法）制定时，在形式上对水资源的利用采取许可制，称为“沿袭水权”。1964 年日本对河川法进行了根本性的修改，将过去以治水对策为核心的旧法修改为水资源开发利用与治水并重的新法，但新河川法对沿袭水利权未做触动，一律视为在新法下仍得到许可。

沿袭水利权的主体一般是村落共同体，取水规模一般不大，绝大多数都是取水量在 1m³/s 以下、灌溉面积在 30km² 以下的小规模用水。沿袭水利权之外的水权，则都是在工业化和城市化发展进程中，为满足工业用水和城市用水需要通过水资源开发工程（水库和引水工程等）形成的，水权的所有者是水资源开发项目的管理者，一般为中央或地方政府。也有一些农村地区根据 1949 年制定的《土地改良法》对农田进行了包括修建引水和灌溉设施在内的大规模农田改造，水权形态也相应地发生了变更，从过去村落共同体所拥有的沿袭水利权过渡为以“土地改良区”（仍是农民的自治性组织，其地域范围一般与村大体一致）为拥有者的水权。除水力发电以外的水权每 10 年进行一次调整和重新认定，水力发电的水权每 30 年进行一次调整和重新认定（李芳，2008）。

《新河川法》规定向每一个公有的供水企业（包括生活用水和工业用水供水企业）和土地改良区（负责灌溉建设和管理的公共实体）分配一定的河水使用权，即在某一特定区域对水的专有使用权。一般来说，《河川法》严禁进行生活用水和工业用水的交易，只有在特定的土地改良区范围内，才允许进行这类水交易。

（3）水源区的利益补偿机制

对水源区的利益补偿是区域利益补偿的一个比较典型的情形。水源区要承担库区淹没损失、因保护库区生态环境和水质的需要而使生产和生活活动受到限制等影响，而因此受益的却是下游地区，所以通过恰当的利益补偿机制对水源区进行补偿是必不可少的（柴方营，2007）。

日本 20 世纪 60 年代经济步入高速增长时期后，1972 年制定的《琵琶湖综合开发特别措施法》在建立对水源区的综合利益补偿机制方面开了先河。以该法为基础，琵琶湖综合开发规划中包括了对水源区的一系列综合开发和整治项目，国家提高了对这些项目的经费负担比例，同时下游受益地区也负担水源区的部分项目经费。1973 年制定的《水源地区对策特别措施法》则把这种做法变为常规制度而固定下来。目前，日本的水源区所享有的利益补偿共由 3 部分组成：水库建设主体以支付搬迁费等形式对居民的直接经济补偿，依据《水源地区对策特别措施法》采取的补偿措施，通过“水源地区对策基金”采取的补偿措施（陈少林，2011）。

在官方机构之外，还有许多半官方、半民间和民间组织。如水资源开发公团，是一个对日本 7 大水系进行统一筹划和开发治理的半民间组织，受内阁大臣的监督[①]。

5. 韩国的管理体制和运行机制

韩国在宏观水务管理方面与日本有着比较类似的格局，但韩国更重视涉水事务的宏观管理层面。目前韩国水资源管理组织体系包括三部分：（1）水管理政策协调机构；（2）水行政主体为各主管部门；（3）地方政府作为政策执行机构。隶属于总理办公室的水管理政策协调委员会从宏观上对水管理政策进行调控。其下设水质保护调查团和淡水资源供给调查团，职能相当于秘书处。水行政主体由 5 个部门组成：即环境部、交通建设部、农林部、行政自治部、产业资源部。与水管理体系相关的其他部门包括财政经济部、教育部、科学技术部、企划预算处以及气象厅等。交通建设部和环境部分别负责水资源数量与水质的全面管理，地方国土管理厅和环境管理厅为与之相对应的地方执行机构，下设水资源管理公司与环境管理公司（伊锡永等，2003），如图 2-6 所示。

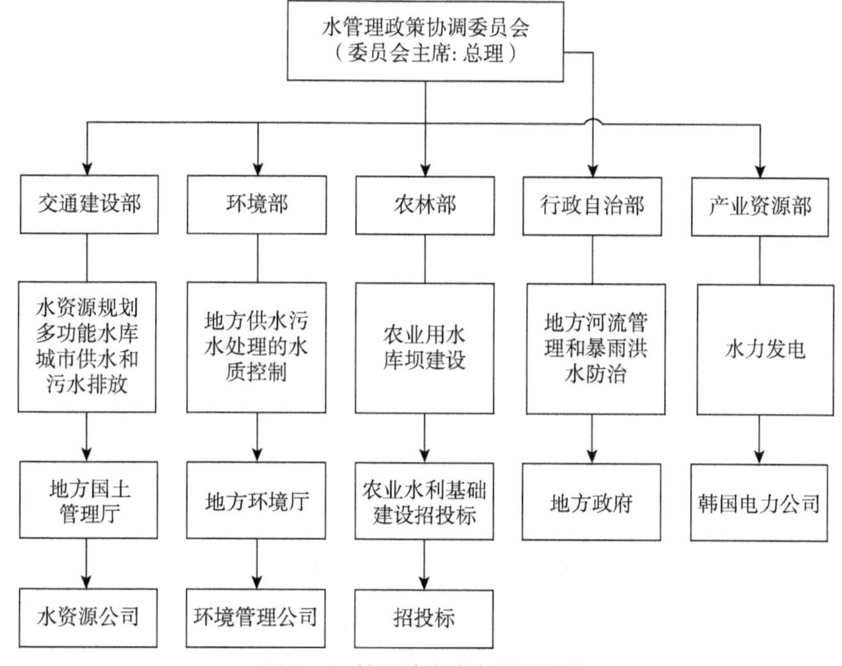

图 2–6　韩国涉水事务管理机构

① 环境技术网：http://www.65et.com/h2o/6/2007100816183.html。

水管理政策主要由地方各级政府如省(市)、郡、县及其派出机构来执行。市、郡、县设有水管理机构，职能类同于中央各部。当时，韩国政府制定了四大水系统一的水管理措施，并成立水系管理委员会来全面协调各水系内部的水事管理[①]。韩国政府涉水事务的管理组织机构见表 2-9。水资源管理公司是专业的地下水调查机构，其职能主要是根据地下水法，代理交通建设部从事地下水调查与管理工作。

表 2-9　韩国行政管理机构的职能安排

部门	交通建设部	环境部	行政自治部（地方政府）	农林部（农业）	产业资源部（韩国电力）
水资源管理	国家河流管理 水库 地下水管理 洪水管理（洪水预报） 城市供水和工业用水管理 多功能库、池管理	河流水体净化 饮用水水质标准管理 废污水处理设施管理 水质检测 水质控制 地方供排水系统维护 库坝水质调查	地方一、二级河流管理 自然灾害对策措施 区域水资源管理 地方供排水设施管理 内陆渔业管理	灌溉用水管理 河口管理 （农业用水）	水力发电管理 小水电开发 温泉水管理
水资源开发	多功能库坝建设 城市供水工业用水管网建设 内陆航运与河道建设	环境影响评价 城市废污水处理设施建设 工业废水处理设施建设	地方供水管网建设，地方废水处理设施建设，灾害影响评价 地下水开发	农业用水库坝建设 淡水湖开发 地下水开发 （农业用水）	水力发电设施建设（包括提水动力设施）

韩国水务管理体制存在很多问题。机构职能交叉，多头管理直接导致政出多门，协调困难；水量和水质、供需管理分立导致供需难以有效衔接，水环境污染居高不下。目前韩国水务管理体制改革的方向是加强部门之间的协调水平，从原有的水资源供需管理的二元化转向一元化，从二元化的河流管理向一元化方向转变等，由原来的专业化管理逐步过渡到综合部门管理。

2.3.2　城市水务管理和运行机制的国际比较

本节着重从比较的角度，对上述国家在水务管理体制、筹资和投融资模式、企业管理体制和经营模式、监管机制等方面进行横向比较，分析和总结各国在水务管理体制中的经验和教训。

1. 水务管理体制及其演进比较

水务管理体制实际上是包括了两个方面，一个是水务的法律体制和水资源

① 伊锡永，刘小勇，张伟 . 韩国流域水资源管理体系构建——政府管理机构体系的完善 [J]. 水利规划与设计 ,2003(03):48-53.

管理体制，另一个方面是微观用水市场的交易机制。前者主要涉及水资源管理，后者则是社会服务体制管理。

在水资源管理体制方面，上述各国均无一例外地建立了较为完备的涉水法律，英、美、法、日等国家涉水方面的法律较为完备，不仅有专门关于水务方面的法律，如《清水法》，为行政管理部门的职能权限划定界线，也有一般的物权法，为水资源管理、涉水交易等奠定了法律基础。

在法律框架下，水资源管理在内容上保持大体一致，以规划、产业发展纲要、法律细则制定、地区和部门间协调为主线统领宏观领域。在这一框架下，不同国家根据自身的历史条件、自然禀赋和制度特征建立了各自不同特点的行政管理模式。英国行政管理形成的是纵向一体化格局，将涉水事务的主要部门统一到一个部门之中（经济管理、环境和质量），以部门为中心，以 10 大水务局作为支撑，以全流域为基础，配以 10 大公司作为服务主要提供者，将复杂的地区矛盾转化为流域内部事务，将复杂的部门之间的（水量、水质等）冲突转化为部门内部事务，由 10 大水务公司统筹城乡水务，水务局提供部分的公共项目和服务资金，由此形成了英国富有特色的水务管理模式。

在法国，由于地区面积和流域较英国复杂，法国所建立的委员会——流域（次级流域）——地区（城市）的四级管理体制，兼顾了地区和流域两个方面。在流域层和地区层建立了“水议会制度”，通过各参与主体的相互协商，共同确定地区之间的水量、水价和水治理等重要政策和实施方案，具体实施则由各行政部门执行，实现了行政管理的立法、决策、执行的三分离。各城镇的供排水服务由城镇自身决定是否采取统筹城乡供排水服务和选择经营者，因此尽管法国水务的社会服务在很大程度上被法国三大水务公司所垄断，许多地区也客观上实现了城乡水务一体化，但地区之间和社区之间的矛盾有可能会带来水质问题。

美国则更强调地区的作用。联邦层次仅仅是一种协调和总体政策制定，地区由于拥有立法权，因此在水资源管理体制方面扮演着更为重要的角色。美国尽管有多家行政管理部门管理水务，但绝大多数都是地区之间协调和工程项目，地区拥有事实上的涉水事务决定权，各州的水资源管理存在差异性。各州在涉水事务的共同特征是通过公用事业委员会的方式，将水资源的主要公共事务统一管理，各城市和乡镇主要通过私人水务公司和各城市乡镇所属公司经营。在水权安排的基础上，美国在解决涉水事务的地区间和主体之间的矛盾主要采取的是交易 + 仲裁的办法，即能够进行相互交易的，通过市场交易；无法进行交易的，通过联邦协调和法院诉讼。

日本和韩国均属于多部门管理，行政管理力量较强，通过法律、规划向下级地区和部门提供宏观指导。在流域方面，通过分级治理方式，由中央和地方分担不同的职能；城市和乡镇通过议会的形式决定自己的水务规划、管理和经营权，在微观方面与法、美并没有很大的区别，主要是通过市场交易（包括水权交易）的方式优化水资源的配置。

在社会服务方面，用水的供给和需求主要采取市场调节，各国在用水供给方面机制均较为灵活，英国的公司化、法国的特许经营、美国的水务市场等都为优化用水的资源配置提供有利的条件。在管理方面，微观管理主要涉及政府与公司的关系及政府在水价、进入条件、安全、质量和环境等方面的监管责任。

综合上述国家情况，他们所关注的问题主要是关于行政管理中监管权的优化配置、地区之间和流域之间矛盾的制度解决方式、政府与微观主体（包括乡镇、经营公司）之间的服务合同关系等方面的问题。这些问题均体现出水务在市场经济条件下的最为关键的政务、行业发展和监管等方面的问题。

城乡水务问题在这些国家并没有表现得很突出，这是由于这些国家城乡差别以及城乡之间的制度壁垒并没有我国那样明显。在微观水市场为主导的体系下，城乡水务一体化经营问题根据各自城镇的意愿决定。从发展趋势来看，大部分以公司为经营主体国家，根据自身经营发展的需要，实现了城乡水务一体化的供应和服务，如英国和法国。美国由于地区差异大，人口密度较低，是否采取城乡一体化经营视各州的具体情况而定。从行政管理职能设置来看，城乡水务一体化在英、法、美等国得到了有效实施，英国采取一个部门统一管理，美国采取的是州公用事业委员会，法国是水务局作为水议会的执行机构统筹监管。但在亚洲的日本和韩国，水务一体化并没有得到有效实施，他们均采取的是多部门管理的模式，这些国家面临着与我国类似的一些管理上的矛盾。

2. 水务筹资机制与投融资模式比较

水务筹资问题主要发生在水务的用水环节，各国所采取的模式都存在共性，因为涉水事务存在着公共服务和商业化的双重特征。在许多国家中，投资项目的所有权归政府所有，但私营机构可以参与和经营，因此包括 BOT、BT、FSI

和 PPP 等投融资模式已经被许多国家广泛运用。

英、法、美、日、韩等国家在涉水事务的筹资问题上表现得基本相近，其资金来源主要包括了政府财政拨款（公共预算）、私人（包括机构投资者）投资参与、银行贷款等多种形式，筹资主体多元化，其手段也多样化。由于这些国家涉水定价机制已经较为完备，涉水事务包括供排水、污水处理、环境治理、水力发电等项目均具有比较明确和稳定的现金流，因此涉水事务的投资是较为乐观的。这些国家在水务投资中的主体略有不同：英国所采用的全产权改革模式，让 10 大流域公司承担了更多的投融资责任；法国的有限产权模式，即承租、特许和混合管理，政府承担了更多的投融资责任和风险。

对贫困地区和山区等后发展地区的公共投资是国家宏观层面的主要投资方向，各国在实施公共项目投资过程中也采取了多种方式，激励其他投资主体进入，如日本的投资补偿方案。

3. 水务企业管理体制和经营模式比较

对于微观主体而言，水务企业绝大多数都是以私营企业为主，也有股份制、公营企业存在。不论何种性质的企业，企业内部的管理体制、公司运作模式与市场经济条件下的一般企业没有多大的差异，股份制和公营企业与私营企业的主要差异体现在公司治理结构之中。由于日本、法国和美国关于公企业有较为明确的法律准备，因此其治理结构遵循了各国的法律框架。水务领域与一般竞争领域在管理模式和经营模式上差异较大之处主要体现在公司与政府部门之间的关系。由于水务领域存在一定的自然垄断特征，为鼓励企业竞争，英国采取了“标尺竞争”的管理模式，法国在公私合作制基础上，采取了竞争性投标的事前竞争方式，通过各种竞争性方式，约束企业的垄断行为。

4. 水务监管机制比较

从政府监管机制来看，更多地涉及微观领域，各国无一例外地将经济性监管、水质监管和环境监管作为监管的主要内容。水质监管和环境监管均采取了许可证制度（取、排）、标准管理的日常管理模式，对排污口和流域实施日常监测；在经济性监管方面，涉及了价格监管和行为监管两个方面。在价格监管方面，英国采取了激励性定价（即最高限价），法国和美国仍然实施以历史成本为基础的成本监管，经济性监管的目的在于维持企业的可盈利性，维护行业内的竞争秩序，保护消费者利益。

其他社会组织的积极参与也是水务监管体制的另一个重要方面，英国有消费者委员会，美国有纳税人保护组织，法国有水协会，日本也有涉水的社会性组织广泛参与，为水务监管机制的多元化治理、共同发展提供了保证。

5. 小结

从各国水务管理体制的发展趋势来看，在宏观模式上，各国多以法律制定和修订、规划制定、产业发展战略制定、跨流域和地区战略制定为主要的水资源管理内容，尽管在行政设置上各不相同，但大多坚持法律标准，以协商一致为主要原则，在这个框架下建立起来的用水管理体制，无疑与水资源管理有了一定的契合性。英国的全产权模式无疑是比较成功的，饮用水质量、污水处理服务都有了明显的提高，环境得到了有效的改善，10 大流域公司规模和经营水平有了明显提高，并有向其他国家输出管理和技术的趋势，成为世界上较有竞争力的企业，但也存在水价温和上涨的趋势。

法国有限产权模式也比较稳定和持久。有着 150 多年历史的法国水务公私合作的制度，体现了法国政府与私营机构之间良好的合作关系，也体现了法国特有的制度禀赋。三大法国水务公司在与政府合作过程中不断壮大，成为世界水务界最有竞争力的三大企业，尽管在水质、水处理、竞争等方面还存在一些问题，但总体上法国的水务管理模式也是成功的。

美国模式具有地方自治的特征。利用水市场的交易机制，美国地区之间的水资源实现了市场有效配置，地方政府与水务公司更多地体现为法律上的契约关系，而不是合伙关系。从这个意义上来说，这种模式是适合美国制度特征的。在法律较为完备和市场竞争较为成熟的地方，以市场交易调配水资源，地方政府的公用事业部门对其进行法律意义上的经济、水质和环境等方面的监管，有利于约束水务领域企业的经济性行为和规范相关行为。

日韩两国的水资源管理体制相对于英、法、美来说，还存在很大的提升空间。对于日本来说，多头管理并不利于水资源的统一协调，但由于日本行政机构之间存在协调机制，就目前来说，合作的成本高于分立的代价，但日本的微观体制比较稳定，建立在水权基础上各地区在规划基础上的有效管理，是缺乏涉水事务微观主体但依然能够有效运行的重要保证。韩国涉水事务管理存在更多的问题，宏观管理的分立导致了取排、污水处理和水生环境治理各不统一，微观市场化也有待进一步探索。

2.3.3　对我国水务管理的启示

以上各国水务体制改革的着重点是提高水服务的效率和加强水生态环境的保护。我国与这些国家在水资源环境、发展阶段、国情和历史条件方面有诸多差异，但各国的水务管理经验仍然可以为我国水务管理体制改革提供有益的思路和借鉴。

1. 立法支持

产业管制有效进行的前提就是有一系列完整、齐备的法律文件。这些法律文件为界定政府与企业最基本的权利关系创造了条件，为企业不触碰底线明确了红线。管制本身就是具有很强自由裁量权的行为，如果没有明晰的行为边界，管制就难以实现其权威、有效和可信。各国政府都设计了相关的法律，不仅仅专门涉及水务领域，也包括污水、净水和水权，还包括了涉水开发和投资、土地治理等诸多方面。有些国家专门为法律的实施设计了专门机构。

我国目前涉水法律规章较少，最顶层的法律文件就是水法，以下包括了水污染防治法（2017)、环境保护法、水土保持法等。也有一些条例，如水文条例、河道管理等。除此之外还有一些部门质量标准（水质标准和排水标准等）和部门法规等（特许投资等）。在改革开放过程中，伴随着水务各类市场改革逐渐深入，出相关问题不断涌现，诸如水务市场的招投标、PPP 模式、水价、普遍服务收费等，还需要司法解释和支持，这个是水务深化改革亟待解决的问题。

2. 监管体系构架设计

从各国的水务管理经验看，政府在水务管理方面的职能定位是比较明晰的，政府职责着重在三个层面：一是统一的水务规划和立法；二是宏观层面水资源管理的统筹兼顾、协调统一；三是微观层面水务市场的监管，协调各监管职能协同运作，避免监管冲突和监管遗漏。

水务领域的产业监管体系受制于各国的司法体系和行政体系习惯而也有所不同，如美国和英国有独立监管机构；日本和韩国采用综合性管理机构。但不论是何种体系架构，其监管权是明晰和有边界的，即使在权利模糊的边界上，部门之间也存在密切的合作机制。

我国的监管体系目前以行政监管为主，行政管理机构既有立项、投资审核权，也有一定的行为监察权力，管制的事项较多，监管自由裁量权较大。其次，由于涉水部门较多，部门之间缺乏有效的协同机制，导致模糊领域存在过多干预或者过少干预的现象。水务管理横向分工是根据各行政部门的职能分工实行归口管理，水务管理职能分散到各部门；宏观层面上，水务管理通常为行政区划所分割，而不是以流域为基础实行管理；微观层面上，通常是政企、政事不分、管办混同。由于水务管理涉及的职能及层面众多，各种利益关系和矛盾也就异常错综复杂。国外的相关经验为水务监管体系构架的优化提出了有益的借鉴，“管办分离”对于政府管理责任来说是有效率的。因此，我国在推进水务管理一体化过程中，应逐步实现“管办分离”，明确水务活动中的“管”和“办”的相互关系，逐步理清政府管理和市场服务的相互关系和责任。

3. 水权市场

目前，国外在水资源领域已经逐步构建了以水权为导向的水权市场，包括供水权（水量分配）、排水权（污染许可权交易）在内的多种水务市场，充分利用市场机制优化资源配置，减轻政府主导的压力，成效较为显著。

目前我国水务领域也逐步形成了以投标权为主导的水务设施建设市场，包括污染综合治理（黑臭水体）、污水处理、供水等，排污许可证交易市场也进入了试点阶段，但市场规则缺乏透明度，信息不对称、市场分割现象较为突出。借鉴国外成熟经验，发展中国的水权市场，有助于提高水务运营效率。

4. 国际竞争优势企业运行机制

法国、英国等已经形成了具有国际竞争优势的水务企业，企业运行模式成熟，有较强的技术和管理优势，在国际市场中屡屡获得大额订单。这些企业的运营方式与本国赋予的一体化经营和管理角色是分不开的。许多企业在本国涉水运营中通过纵向一体化的管理，节约了资源，降低了管理中的沟通成本。英国以流域为基础的水资源一体化管理，促进了流域水服务的集约化、一体化经营与管理。英国最大的水务公司——泰晤士水务公司，囊括了整个泰晤士河流域的供水、排水及污水处理。法国的威立雅、苏伊士和绍尔等公司也都成为跨区域水务纵向一体化经营的水务集团。在国内市场发展壮大后，英国和法国的水务企业都走向了跨国经营，泰晤士、威立雅，苏伊士和绍尔等企业目前都已成为全球水务市场的引领者。

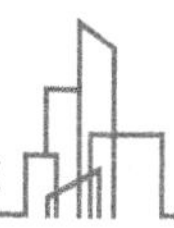

2.4　本章小结

本章探讨了城镇水务基本特征、运营和管理的一般模式以及国际经验，试图从城镇水务一般特征出发，分析其运营和管理模式的一般选择。尽管供、排和放等传统的水务已经在城镇公用事业中存在多年，但由于其对象的复杂性、不同类型的用水需求以及公益性特征，水务运营和管理模式也经历了从私有化、公有化到委托公司化以及公私合作等多种形式的演变，管理模式也经历了统一监管、分散监管再到统一监管等变化，且各国的监管模式因历史、制度条件等不同也有各自的特点。因此，没有一个唯一的最优制度安排，只有在不同发展阶段根据各自国情，形成的适合自己的水务模式，但目标是共同的，就是将更高的发展、效率、公平水平作为水务发展的目标取向。

第3章　我国城镇水务发展现状、格局和特征

中国的城市水务设施建设历史久远。据史料记载，我国古代城市的排水系统十分发达，早在4300多年前，河南淮阳平粮台古城内已铺设陶制排水管道，之后各种制式器材（包括木器、铁器、铜器）均已经出现在排水设施之中，各种弯管、直管和连接等器材建造十分精密。城市的供水系统出现略晚，距今900多年前，北宋时期的苏轼在广州城外蒲涧山用巨竹制成五口管道，引山泉入城，成为中国最早接近当今自来水供应的历史记录。近代北洋大臣李鸿章在旅顺水师营龙引泉建设了中国第一套供水设施，开创了中国近代城市供水事业的先河。大规模近代城市自来水供水系统的铺建出现在上海、北京、青岛和广州等较为发达的地区。新中国成立以后，城市的供排水业务得到了迅速的发展，尤其到改革开放之后，随着城镇化加速，这一增长速度明显加快。本章试图通过梳理我国城市水务发展的总体格局，为分析其运行特征和制度模式奠定基础。

改革开放以来，我国城市水务发展总体较快，在供排水能力、污水处理能力、管网长度、服务人口和用水普及率等方面有较大提升，基本适应了社会经济增长和快速城镇化的需求，如表3-1所示。1981年城市日均综合生产能力仅为0.33亿吨，年供水总量为96.99亿吨，供水管网长度4.69万公里，服务人口0.77亿，用水覆盖率为53.7%。到2018年，日均综合生产能力达到3.12亿吨，增长近10倍；年供水总量为614.62亿吨，供水管网长度为86.59万公里，服务人口5.03亿，管网覆盖率98.36%，分别是1981年的6倍、18倍、6.5倍和1.8倍。相关基础设施的投资规模不断上升，但由于城市交通基础设施投资规模更大，水务设施投资占全部市政固定资产投资的比例呈下降趋势。

表 3-1　全国城市水务基本状况（1981-2018）

指　标	单　位	1981	1991	2001	2011	2018	年均增长率（%）
供水生产能力	亿吨/日	0.33	1.46	2.29	2.67	3.12	8.35
供水总量	亿吨	96.99	408.51	466.1	513.42	614.62	6.82
供水管道长度	万公里	4.69	10.23	28.93	57.38	86.59	10.97
污水年处理量	亿吨	-	44.54	119.7	337.61	497.61	14.35
污水处理厂	座	39	87	452	1588	2321	15.71
排水管道长度	万公里	2.32	6.16	15.81	41.41	68.35	12.84
供水基础设施投资	亿元	4.2	30.2	169.4	431.8	543.04	18.96
排水基础设施投资	亿元	2	16.1	224.5	770.1	1529.86	26.76
固定投资占全部市政比例	%	31.79	27.09	16.75	8.63	10.30	-3.95
人均日生活用水量	升	130.4	196	216	170.9	179.70	1.15
用水普及率	%	53.7	54.8	72.26	97.04	98.36	2.18
用水人口	亿人	0.77	1.62	2.58	3.97	5.03	6.93

资料来源：中国城市建设统计年鉴 2018。

3.1　城镇供水发展状况和特征

近代以来,我国第一家现代意义上的自来水厂是上海市杨树浦水厂（1883），当时杨树浦水厂日供水量 2270 吨，供应人口 15 万人。其后天津（1898）、大连（1901）、青岛（1901）、汕头（1907）、广州（1908）、北京（1910）均相继建厂。到 1949 年，全国共有 72 个城市设立自来水厂，日供水量 240 万吨，供水管网长度 6500 公里，但由于管理体制、技术因素和资金规模限制，中国城市的供水事业发展缓慢，远远不能满足居民需求。以第一家自来水厂为例，杨树浦水厂由英商控制，在其经营的 66 年里，平均每年获利达 11.21%，到 1948 年，其资产估值高达 510 万英镑。当时自来水供应是与各阶段的城镇化有关，自 1879 年旅顺首次引泉供水到 1949 年，城镇供水仅仅纳入到少数大城市的公营服务之中。1949年之后，随着政局稳定，生产和生活快速恢复，大量的用水需要促使政府日益重视城市供水事业，供水业务逐步兴起，政府通过制定各种法律政策、资金支持等推动城市供水服务的发展，但受制于城市规模和城市人口规模，供水规模和发展处于低水平的阶段。

改革开放之后，随着市场经济、工业化等快速推进，大量人口开始从农村步入城市，城市的经济社会活动日益成为主导国民经济的主要力量，城镇化的飞速发展极大增加了社会的用水需求，供水规模逐步增长。根据水利部的统计数据，2018年，全国供水总量为6015.5亿吨，其中农业用水为3693.1亿吨，占全部用水量的61.4%；工业用水为1261.6亿吨，占21%；生活用水为859.9亿吨，占14.3%；生态用水为200.9亿吨，占3.3%（图3-1）。从发展状况来看，农业和工业用水逐步下降，生活用水和生态用水稳步上升，年均增长率为2%。这里的生活用水包括了城市和村镇用水。

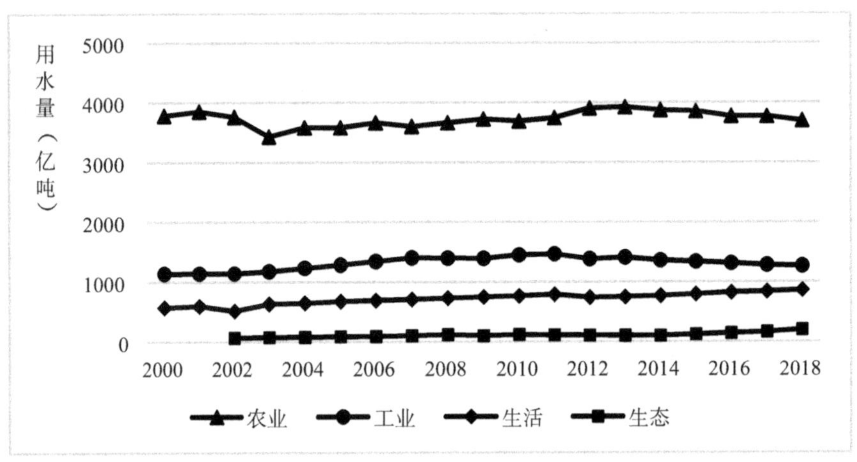

图3–1　中国1998–2018年的用水情况分布

资料来源：中国水利公报

国家住建部的《城市建设统计年鉴》中主要统计城市用水规模，其城市用水规模中包括了生产和生活等其他用水。从年鉴的数据来看，主要城市的供水总量达到了614.6亿吨，如图3-2所示。自1994年之后，供水规模就处于较为稳定的状态，供水规模的增长率维持在4%上下。从日综合生产能力来看，如图3-3所示，日供水能力一直处于稳定增长过程，2018年达到了3.12亿吨。管网长度也有了快速增长，2018年供水管网长度达到87万公里，服务人口为5亿人。

图 3–2　1978–2014 年全国供水总量及增长趋势

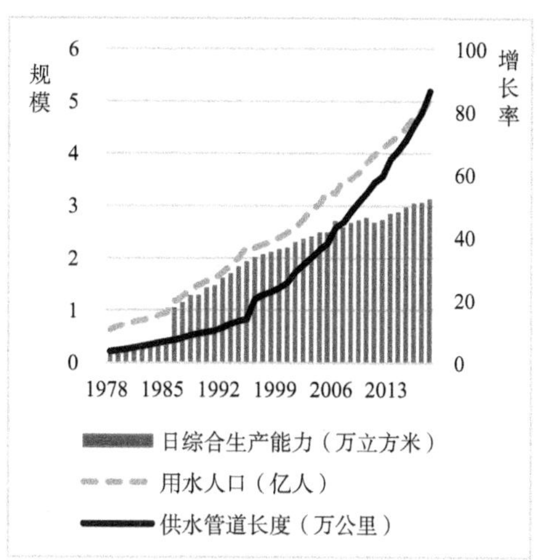

图 3–3　1978–2013 年全国城市供水能力情况

资料来源：城乡建设统计年鉴①

从空间分布来看，供水密度较大的地区主要分布在胡焕庸线以东地区。以 2007 年和 2016 年的中国各省市供水总量为例，我国的中部、东部还有四川、广东等地区 2016 年的供水总量相比于 2007 年有了明显的提升，这些地区普遍属于社会经济高速发展的省市，人口密度较大，对供水的需求量也较大。尤其是北京及周边的京津冀地区，发展速度最为迅速，同时北京作为全国政治中心、文化中心、国际交往中心和科技创新中心，大量的人口向北京涌入，大量的高楼大厦聚集在北京。为了满足北京及周边对水资源的需求，国家施行了南水北调工程的中线和东线工程后，也确实取得了相当可观的效果，但是从分布上来看，仍然存在着空间分布不均匀的问题。

从城乡供水比较来看，城乡差距较大，但呈现不断缩减趋势。如图 3-4 所示，以人均日生活用水为例，城市（包括地级和县级城市）人均日生活用水量逐步下降，从 2000 年的 220.2 升下降到 2018 年的 179.7 升；镇和县的人均日生活用水量到 2005 年达到顶峰，之后也有一个较明显的下降过程，并在 2009 年后逐步平缓；但乡级别的人均日用水量 2000 年以来一直处于上升状态，城市与县城、建制镇、乡之间的差距在不断缩小，如图 3-5 所示。2000 年，以城市人均日生活用水量为 1，县、建制镇和乡的用水比例分别相当于 0.56、0.47 和 0.31；到 2018 年，这个结构排序尽管并没有变化，但县、建制镇和乡用水量在逐步提高，

① 以下数据如不特殊说明，均来自中国城乡建设统计年鉴。

比例分别为 0.68，0.58 和 0.51。

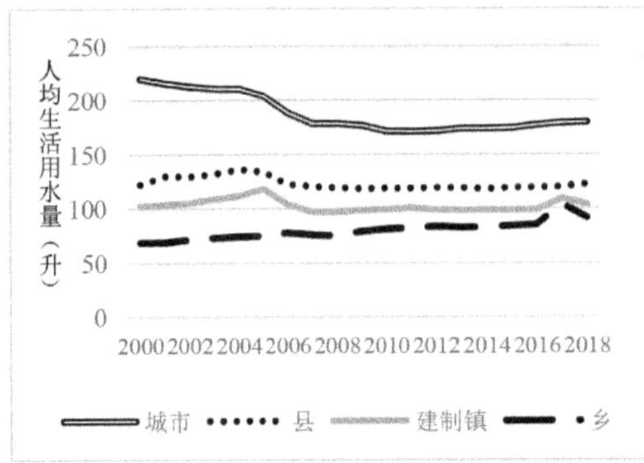

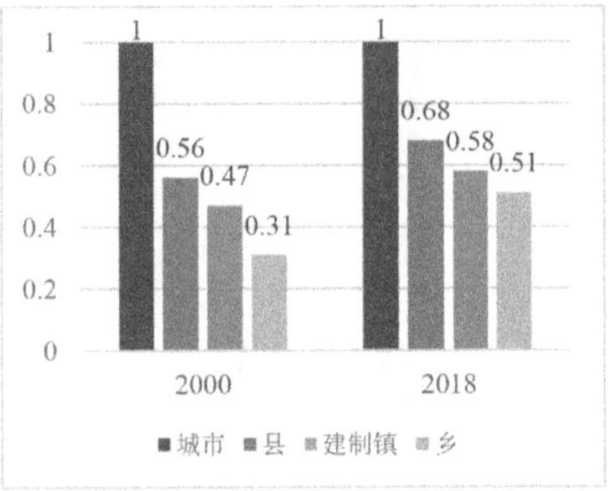

图 3–4 2000–2018 年市、县、镇和乡人均用水量 图 3–5 2000 与 2018 年人均日生活用水量对比

从供水的微观结构来看，长期以来，我国供水行业基本上采取的是本地事业单位供给方式。20 世纪 80 年代末，随着市场化改革逐步深入，事业单位转型为企业运营。21 世纪后，本地化企业运行存在着效率低下、服务质量差、垄断和规模化不足等问题，区域化水务集团开始出现。到目前为止，一批专业化的水务集团开始逐步涌现，如北京首创、北排集团、深圳水务、重庆水务等，通过兼并其他地区的水务公司，实现跨区域运行。关于各类企业的比例如图 3-6 所示。2003 年及以前，我国的供水企业基本处于国有控股工业企业的完全垄断模式，国有企业占到这供水企业的 97.5%。随着市场化改革的进一步深化，外资企业在国内水务市场上的竞争地位有了一定的提升，带来了领先的技术和丰富的行业经验。与此同时，在我国水务改革的政策支持下，国内一些大型水务公司已通过兼并、收购等方式实现了跨区域经营和规模化发展，私营资本也进入水务行业，与国有企业和外资企业争抢市场份额。到 2016 年，三种类型的企业总数从 2206 家下降到 1423 家，同时国有企业所占的市场份额下降了 24.6%，外企和私营企业的市场份额从 1.4% 和 1.2% 升至 13.2% 和 14.0%，但是总体来看还是以国有企业为主。

总体来看，我国供水总量、日供水能力、供水管网长度以及用水人口均有了显著的增长，表明供水的公共服务能力有了显著增强。就目前的分布和结构来看，总体上受城镇化率和城市人口规模的影响，供水总量和供水能力处于较为稳定的趋势，但分布并不均匀，北方仍然缺水较为严重，用水集中于沿胡焕庸线以东人口密集区域。从提供方式来看，以国有控股企业为主导，多种形式

并存的公司化经营模式成为供水服务的主体。

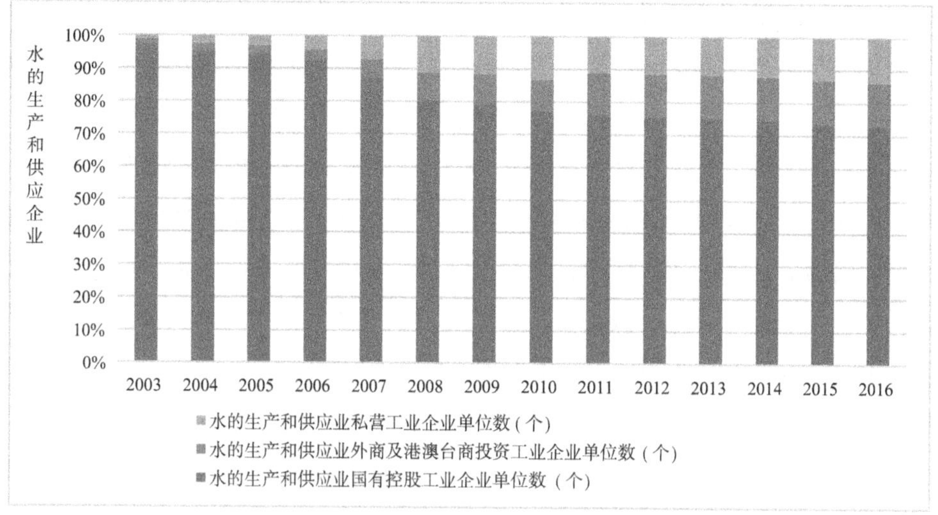

图 3–6　中国水的生产和供应企业格局（2003–2016）

 3.2　城镇排水和污水处理的发展状况和特征

从实际运营部门来看，排水和污水处理是一个问题的两个方面，都是针对使用过的废水处理问题，前者是解决废水的传输问题，后者是解决废水达标、再利用问题。进入 21 世纪后，随着环境问题越来越严峻，排水和污水处理事务的发展要远远快于供水事务，但仍然不能满足快速增长的经济和社会需要。根据现有对《中国环境统计年鉴》《中国水利统计年鉴》《中国城市建设统计年鉴》《中国城乡建设统计年鉴》等相关年鉴的数据和指标挖掘，本节选取了部分指标来刻画城镇排水和污水处理的发展状况和特征。

从废水排放总量来看，2017 年全部废水排放量为 699 亿吨，2015 年达到峰值点 735 亿吨，目前有望形成下降趋势。根据过去 40 年的数据分析，全部废水排放量呈现出三个阶段性的变动。第一阶段是快速增长阶段，从 1980 年到 1988 年，从 330 亿吨上升到 406 亿吨，在这一阶段中，快速的工农业发展带来较大的废水排放量。第二阶段是 1989 年到 2000 年，在这一阶段废水排放量维持在 400 亿吨左右，我国工业废水逐步减量，城市生活废水的增长较为缓慢。第三阶段是从 2001 年开始到现在，从 400 亿吨上升到 700 亿吨的快速增长阶段，在这一阶段中城市生活废水快速增长，成为废水排放的主体。

工业和生活污水排放的结构如图 3-7 所示，工业废水排放量处于周期性波动之中，低点为 200 亿吨，高点为 268 亿吨。但城市的生活污水排放在较长时期始终处于上升趋势，并到 2015 年达到峰值 535 亿吨，之后开始逐步下降。从城乡结构来看，城市的废水排放量处于长期增加趋势，40 年的增长速度为年均 3.02%，2017 年在其他类型的污水均处于下降趋势下，城市污水排放量仍处于增长趋势，达到了 492 亿吨，几乎占全部废水的 70%（图 3-8）。城市之外地区的废水增加存在周期性波动，从 1982 年到 1998 年，非城市废水处于下降趋势，并到 1998 年达到低点，为 26 亿吨；1998 年以后上升趋势迅猛，年均增加幅度要比城市更大，2012 年基本达到了峰值，为 268 亿吨，经过 3 年徘徊后，从 2016 年开始逐步下降。

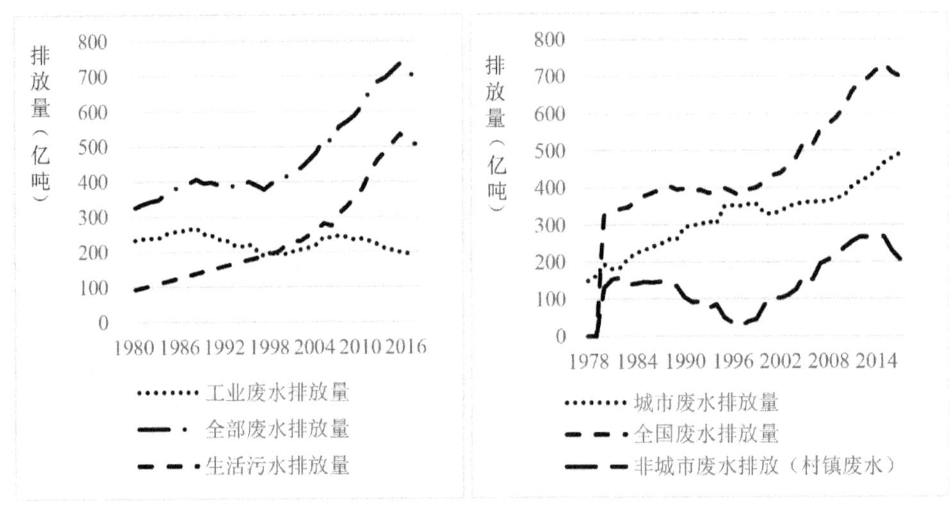

图 3–7　全部废水、工业废水和生活污水排放量　图 3–8　全部废水、城市废水和非城市废水排放量

从污水排放量的空间分布来看，2007 年排放量比较大的省份集中于山东、江苏和广东等东南部沿海等地；到 2016 年，范围扩大到了整个华北地区，并且中部和西部的个别省市也属于排水量大的省市，地区差异比较显著。

从污水处理规模和能力来看，我国城市污水处理水平发展迅速，如图 3-9 所示。城市的排水管道到 2018 年总长度为 68.35 万公里，近 40 年的增长速度为年均 9.06%，呈现出持续增长的趋势；污水处理厂的建设也十分迅速，1978 年全国城市共有 37 座污水处理厂，到 2018 年达到了 2321 座，增长率为年均 10.83%。从处理率和年处理量来看，1991 到 2018 年，城市污水处理率从

14.86% 提升到 95.49%，城市污水年处理量从 44.53 亿立方米到 497.61 亿立方米，处理量提高了 10.17 倍，有了质的飞跃（图 3-10）。但是该数据相比一些发达国家接近 100% 的污水处理率仍有提升空间，部分污水处理设施缺失的城市仍有设施新建的需求。

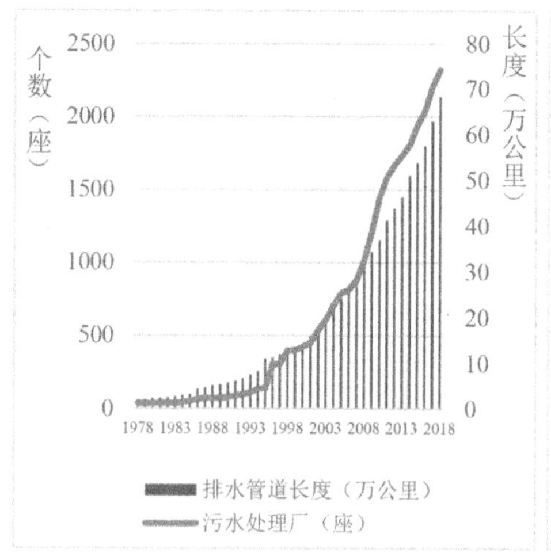

图 3-9　城市排水管网长度与污水处理厂

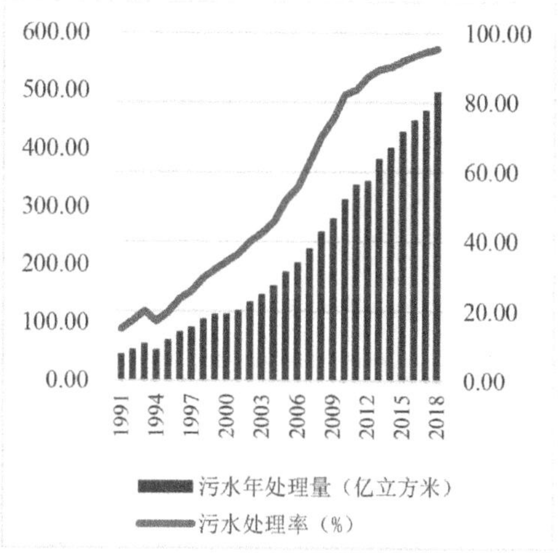

图 3-10　城市污水年处理量及污水处理率

城市之外的地区，包括县城、县、建制镇、乡以及乡镇特殊区域等排水设施和污水处理状况发展各不相同，但总体上落后于城市的排水基础设施。在排水设施方面，包括排水管道和暗渠，县城和建制镇的排水管道长度略成规模，2018 年分别为 19.98 万公里和 27.43 万公里；乡和乡镇特殊区域排水管网和暗渠设施规模较小，仅有 42000 公里和 8100 公里。从污水处理能力来看，污水处理厂数量较多，但处理能力较弱。建制镇的污水处理厂有 9749 座，但处理能力为 2238.84 万立方米 / 日，处理能力不及城市的 1/7，乡级别的处理能力更弱。污水处理率差异很大，如表 3-2 所示。总体来看，县城的污水处理能力要远远高于乡镇级别，县城污水处理率为 91.16%，建制镇为 53.18%，镇特殊区域为 51.35%，乡村仅为 18.75%。

当然县城、建制镇、乡和乡镇特殊区域的污水处理能力不能简单地用平均能力来比较，乡镇的污水处理能力受本地污水排放量的影响，由于乡镇分布分散，本地的污水排放量少、分散、不均匀，这是形成乡镇污水处理规模较小的重要客观条件。

表 3-2　2018 年不同类型城镇污水处理能力情况表

类　别	个　数	排水管道长度	排水暗渠长度	污水处理厂		污水处理装置		污水年处理量	污水处理率
				座数	处理能力	个数	处理能力		
城市	673	68.35	/	2321	16881	/		497.61	95.49
县城	1519	19.98	/	1598	3367	/		90.64	91.16
建制镇	9749	17.68	9.75	7687	2238.84	/	1613.43	140.61	53.18
乡	3117	2.41	1.82	1678	102.39	/	112.37	7.84	18.75
乡镇特殊区域	271	0.64	0.17	250	75.51	/	40.29	4.23	51.35

注：各指标的单位。管道长度为万公里，处理能力和处理量为万立方米 / 日；座数为座；污水处理率为 %。

从整体趋势来看，排水处理装置逐年增加并且略有波动。2007 年到 2011 年，乡村的排水设施多为简单的排水处理装置；2012 年乡污水处理厂个数增加，相比于 2011 年乡污水处理厂个数增加了 124%；2013 年到 2018 年，乡污水处理厂处于稳中有升的状态，这段期间乡村排水基础设施建设日臻完善。从污水处理能力来看，乡污水处理装置日处理能力呈现稳步提升的趋势，但是治理力度依然有限。从图 3-11 可以看出，2007 年到 2010 年，乡污水处理厂的日处理能力先增后减，2011 年又开始成有所增强，但是到 2014 年污水处理厂的日处理能力又突然下降，2015 年进一步下降到 19.30 万立方米 / 日。这说明我国乡污水处理厂的日处理能力并不稳定，污水处理厂日处理能力较弱，乡村的水务管理还存在一定问题，需要进一步提高污水处理厂的处理技术，提高地方的污水处理能力和处理效率。

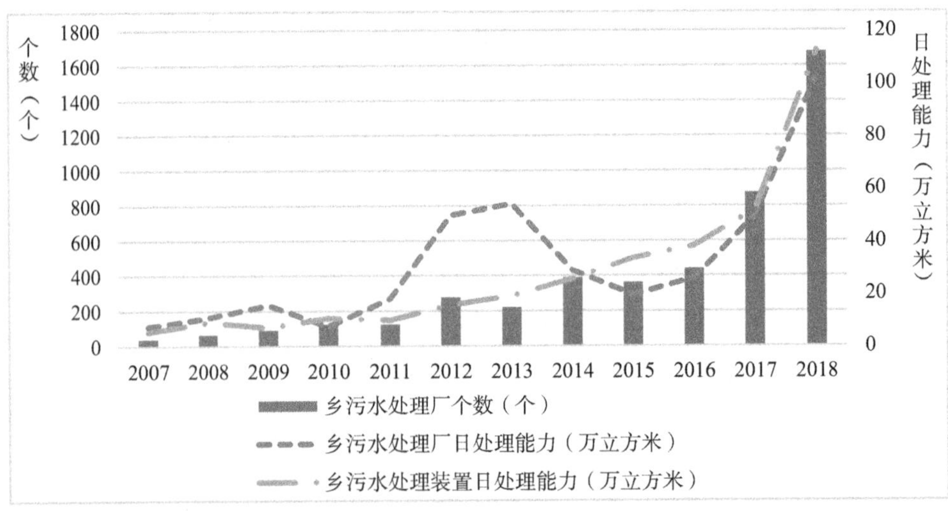

图 3–11　中国乡污水处理厂和处理装置的个数以及日处理能力（2007–2018）

发展乡村建设以来，乡村对于水的需求量在不断增大，同时引发排水量的增加，图 3-12 显示出乡排水管道长度和乡排水暗渠长度均呈稳步上升的趋势。2007 年乡排水管道长度 10881.83 公里，乡排水暗渠长度 7644.05 公里；到 2018 年，乡排水管道增加了 13189.8 公里，乡排水暗渠长度增加了 10552.68 公里。总体来看，乡排水管道长度变化的幅度更大一些，除 2008 年排水暗渠长度在数据上有突变情况，乡排水管道整体长度均高于乡排水暗渠长度。我国排水管道可以用于排放有污染性的污水，排水暗渠主要是排放天然雨水和一些农业灌溉用水，排水暗渠是天然沟渠经过人工改造形成的，输水功能更强，但是长距离暗渠会造成雨水和污水进入河流，淤积生活垃圾。随着城乡一体化发展，建筑模式发生变化，排水暗渠有维修困难、查找路径难的问题。未来平衡二者之间的关系，加大乡村排水管道建设力度，保障管道的长期维护与管理，保证排水通畅是亟待解决的重点问题。

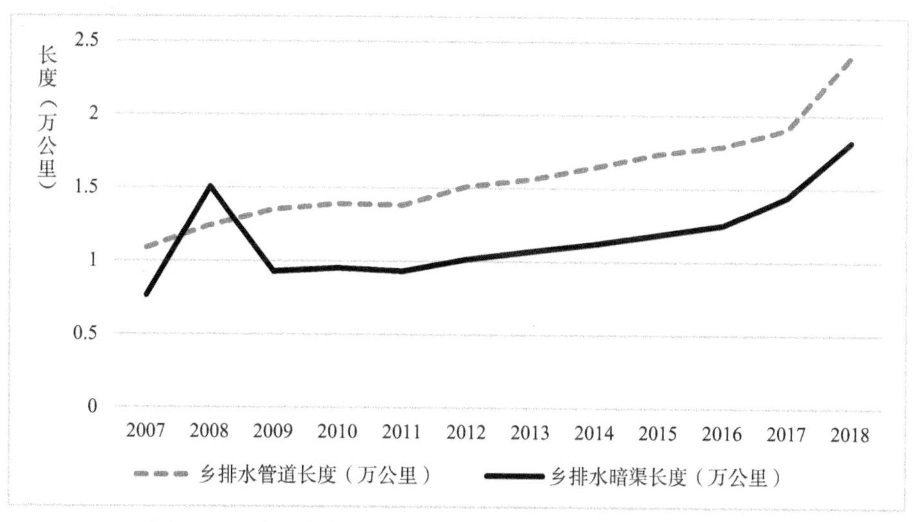

图 3–12 中国乡排水管道和排水暗渠的长度（2007–2018）

总体而言，排水和污水处理事务的发展要快于供水服务。总的废水排放量在 2015 年达到 735 亿吨极值后进入衰减通道。从结构来看，生活废水的排放和处理已经成为废水排放和处理的主要部分，工业废水排放处于平稳的周期波动，表明我国全部废水排放量已经从工业化进入到城镇化阶段。从污水处理能力来看，尽管污水处理设施有了显著的增长，城市的污水处理率基本上满足城市污水处理的需要，但仍有发展空间。区域之间和城乡之间的差距较大，污水处理设施密度较高的区域均集中于人口较为密集、经济发展较好的城市区域，

城市之外的村镇、县城等地区的污水处理增长不平衡，发展较为落后。

3.3 城镇水务基础设施投资发展状况

城镇基础设施主要涉及市政领域，如燃气、集中供热、供水和排水、城市交通、道路和桥梁、防洪、园林绿化、市容卫生（垃圾清运）以及地下综合管廊等。水务基础设施界定为涵盖城镇范围以内以水的生产供应和污水收集处理为核心的包括城镇水源建设、城市供水、城市污水收集、处理及其回用等内容的城市市政公用事业。《中国城乡建设统计年鉴》中没有关于水源地建设投资情况的内容，污水处理等投资主要包括在排水事务中。因此，本节着重讨论以供水和排水为主的固定资产投资情况。

早期的城市基础设施投资规模较小，1980 年城市市政固定资产规模为 14.4 亿元，仅占当年全社会固定资产投资 910 亿元的 1.58%；2016 年城市市政固定资产规模为 1.75 万亿元，占当年全社会固定资产投资 60.6 万亿的 2.89%。尽管占比仍然比较低，但比例上升了将近 1 倍，相对重要性有所提高。在近 40 年的发展过程中，城市市政固定资产投资几何增长率为年均 20.53%，城市市政固定资产投资规模有快速上升的趋势，如图 3-13 所示。

在市政固定资产投资之中，水务投资占据重要的部分。早期，供水固定资产投资比例较高（图 3-14），1981 年和 1982 年都超过了 20%，仅次于交通和道路的建设投资。1990 年之后，供水固定资产投资所占比例呈现显著的下降趋势，尽管绝对规模仍然不断上升。总体来看，城市供水固定资产投资从 1978 年的 4.7 亿元，上升到 2018 年的 543 亿元，几何增长率为年均 12.61%，占城市市政固定资产投资额的比例，从 1981 年的 21.54% 下降到 2018 年的 2.7%。这一数据中至少表明两个事实：其一，城市供水固定资产投资是城市市政固定资产投资的“先行者”，一般先于其他类型建设投资；其二，相对于其他市政领域，我国城市供水投资建设的黄金增长期基本上告一段落，所统计的城市均基本具备了较高的系统化供水能力。

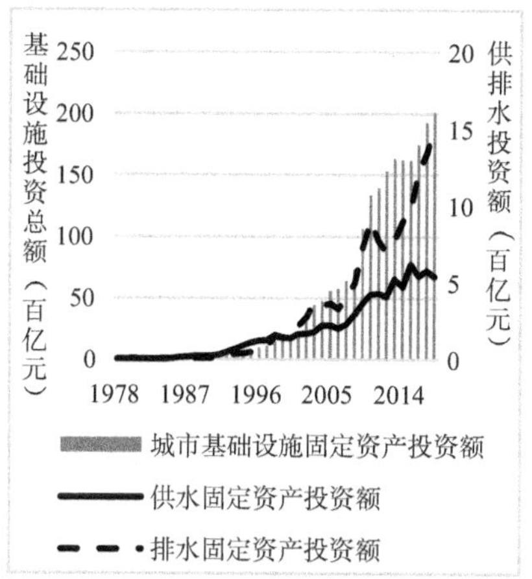

图 3–13　城市供排水固定资产投资规模

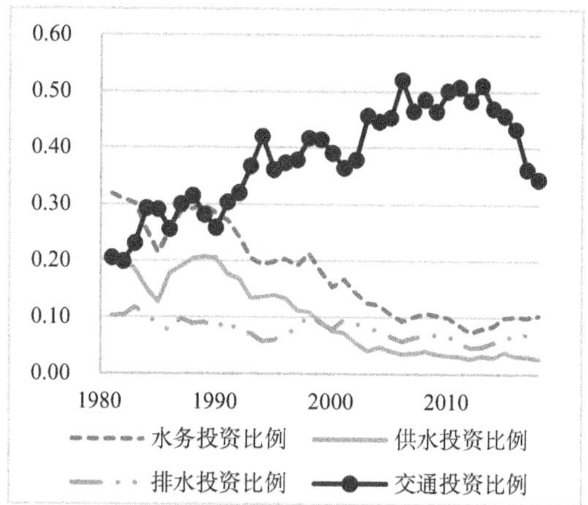

图 3–14　城市供排水与交通投资比例的比较

相对于供水固定资产投资发展较为缓慢，城市排水的固定资产投资有了更快的增长。从规模来看，1979 年仅 1.2 亿元，2018 年为 1529.9 亿元，提高了百倍，几何增长率为 19.57%。从发展阶段来看，2000 年是一个节点，这一年，排水固定资产投资首次超过了供水投资。

相对于城市交通（包括桥梁建设），城市供排水总投资仍然处于城市市政固定资产投资的第二位，但比例基本上维持在 10% 左右。目前城市市政投资集中于城市交通，其比例超过了 60%。城市以下的县城、建制镇和乡村的水务固定资产投资发展也较为迅速，如图 3-15 和 3-16 所示。2001 年在 1660 个县，9012 万人口中，市政固定资产投资仅为 337.4 亿元，其中交通道路桥梁的投资占了 1/3，供排水投资为 44 亿元，居于第二位。2018 年在 1519 个县，1.4 亿人口中，市政固定资产投资规模为 3026 亿元，供排水投资为 511.8 亿元，其比例为 16.91%。县级市政固定资产投资中仍以道路交通为投资重点，水务投资仍居于第二位。

建制镇作为县级政府的基层组织，1949 年以来，经过多次变更和整顿，最终被纳入到我国行政管理机构正式编制中。1954 年约有 5400 个镇，到了 2002 年达到了峰值为 2.02 万个。2006 年在我国 1.77 万个建制镇中，市政固定资产投资总规模为 580 亿元，供排水总投资规模为 149.6 亿元，占 25.8%。占比更大的是交通设施（公共交通、道路和桥梁），总投资规模为 261 亿元，占 45.01%，两项投资超过了建制镇市政投资的 60%。2018 年我国建制镇为 1.83 万个，居住总人口为 1.76 亿人，市政固定资产投资规模为 1788.91 亿元，供排

水总投资规模为504.24亿元，占比为28.2%，处于第一位的仍是交通设施，总投资规模为627亿元，占全部建制镇市政总投资规模的35.1%。从供排水比例来看，排水投资规模在2007年超越供水，并且迅速增加。供水投资规模在2013年达到161亿元后，逐步出现平稳状态，但总体上规模不是很大，供排水的投资总规模为百亿级别，如图3-17和图3-18所示。

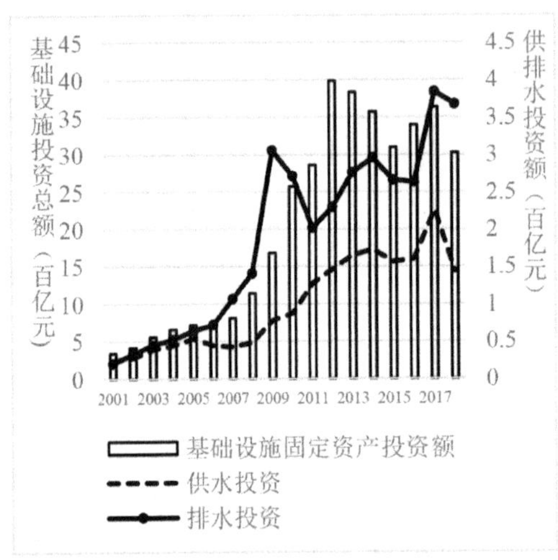

图3-15　县城供排水固定资产投资规模

图3-16　县城供排水和交通投资比例的对比

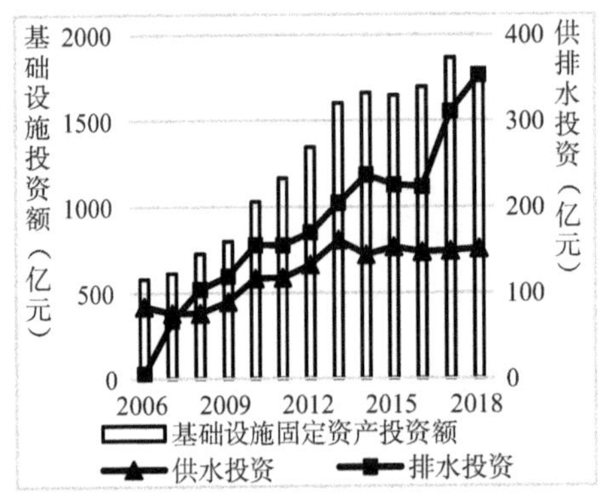

图3-17　镇级供排水固定资产投资额

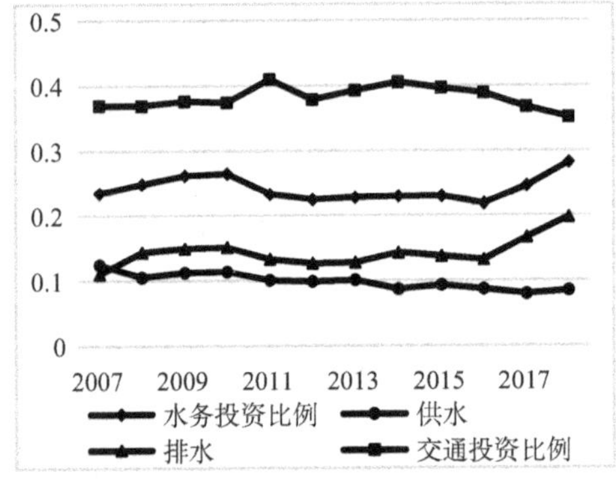

图3-18　镇级供排水和交通投资比例对比

相对于城市、县、镇，乡级别的市政投资规模更小，1990年乡级用于市政固定资产投资仅为7亿元，2018年也仅仅达到了175亿元的水平。相对于建制镇服务人口规模较大，乡的规模较小。2006年，我国乡1.46万个，人口约3500万；2018年乡数量为1.02万个，人口为2490万。从近年来的投资比重来看，交通设施的投资比例仍为第一位，比重几乎与建制镇一致。2018年交通设施的投资

占全部投资的比例为 35.28%，稳居第一位。供排水的固定资产投资始终处于第二位，比例也比较稳定，2006 年为 21.99%，2018 年为 30.84%。从投资规模来看，2006 年为 14.41 亿元，2018 年为 54.05 亿元，11 年间的几何增长率为 11.64%。从供排水内部比例关系来看，排水投资规模在 2017 年首次超过了供水。总体来看，我国乡级别的市政投资仍然以道路等交通设施为中心，供排水投资也非常重视，始终作为第二项重要任务目标。在乡级别的供排水中，供水一直作为重点投资对象，但 2010 年之前增加较为迅速，以后随着乡数量和规模有所收缩，供排水投资规模增长较为稳定。2014 年以后随着新农村建设，投资规模有了一定的增长，如图 3-19 和图 3-20 所示。

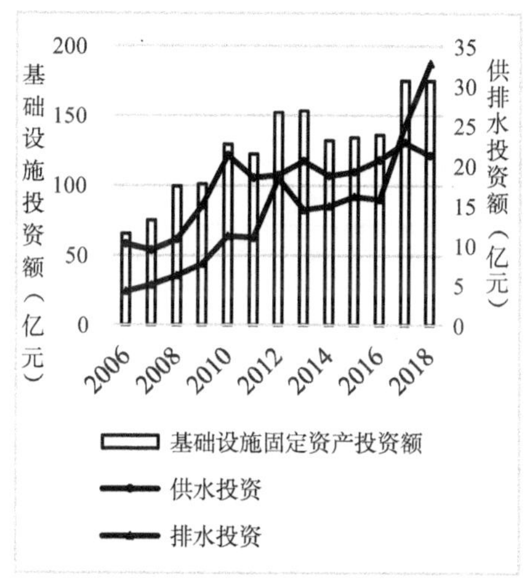

图 3–19　乡级供排水固定资产投资规模（2006–2018）

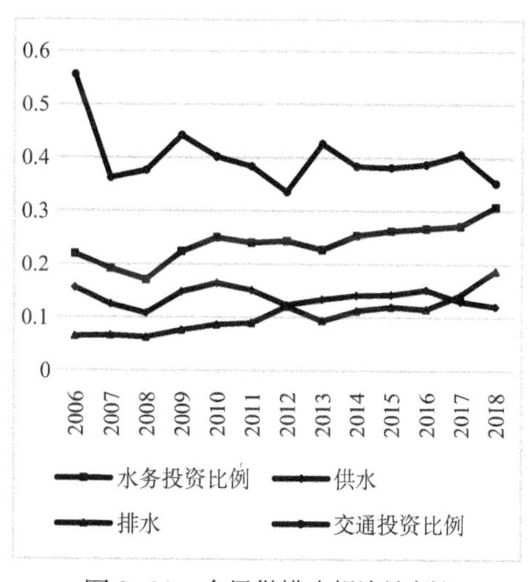

图 3–20　乡级供排水投资比例与交通投资比例的比较

通过对城市、县、建制镇和乡的比较，分析水务固定资产投资的人均、地均和城均的规模，可以从中发现四级城镇之间的相互关系。如表 3-3 所示，从 2006 到 2018 年连续 13 年中，不难发现有这样几个特点。从增长规模来看，城市、县级、建制镇、乡的水务投资平均水平均有所增长，2018 年分别是 2006 年的 3.77，4.73，3.25 和 5.36 倍，乡级增长最快，建制镇增长最慢。从四级城镇之间的差距来看，基本呈现阶梯性的特点，各级别之间约有较大的落差。其中县镇之间的落差最大，最大超过了 18 倍，目前约在 13 倍左右，如图 3-21 所示。在三大阶梯中，只有镇乡之间的落差在逐步缩小，城县之间的落差在 2011 年之前有所缩小，后又有所放大。

表 3-3　四级城镇平均每单位水务固定资产投资比较

年　份	城　市	县　级	建制镇	乡
2006	8179.88	711.93	84.75	9.88
2007	9816.79	913.76	86.30	10.14
2008	12082.44	1158.41	106.19	12.04
2009	16798.40	2346.82	123.74	16.28
2010	20219.18	2199.63	162.06	23.68
2011	18293.76	2023.36	159.30	22.83
2012	16969.56	2316.50	175.99	29.29
2013	19811.55	2734.04	210.02	28.44
2014	21060.59	2936.39	215.50	28.23
2015	24430.15	2692.66	212.73	30.69
2016	26915.62	2756.28	204.86	33.39
2017	29104.39	3998.88	253.85	46.37
2018	30800.89	3368.82	275.54	52.99

注：单位：万元

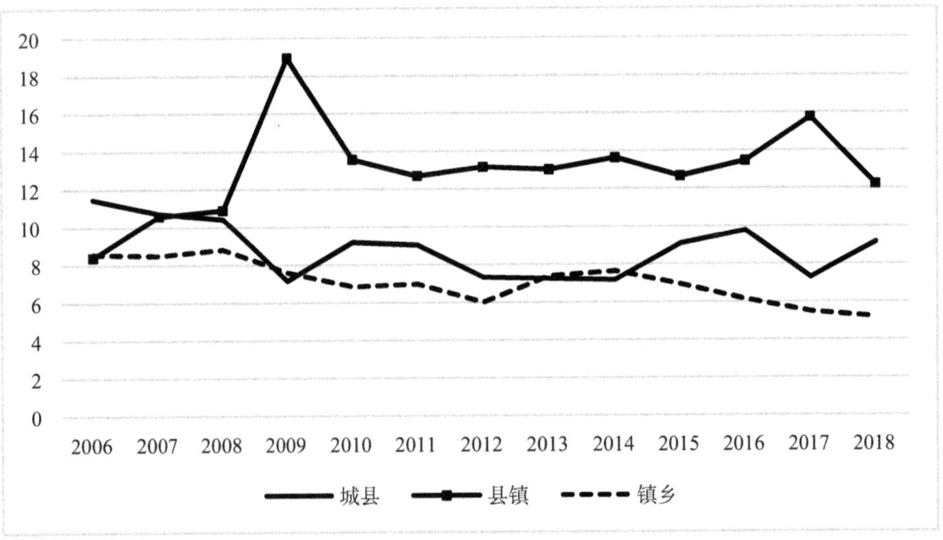

图 3–21　城县、县镇、镇乡之间的水务投资级差变化（2006–2018）

水务投资规模的比较，如表 3-4 所示，能够发现尽管四级城镇水务投资呈

现落差趋势，但四级城镇的每平方公里水务固定资产投资额并没有想象中那么大的落差。从表中可以发现，四级城镇的固定资产投资可以分为两个层次，城市和建制镇的每平方公里投资额基本一致，2018 年为 110 万元 / 平方公里上下；县城与乡每平方公里的投资也基本保持一致,2018 年为 75 万元 / 平方公里上下。两个投资级别相差从约 2.6 倍缩小到 1.4 倍左右。

表 3-4 四级城镇每平方公里水务固定资产投资的比较（2006-2018）

年 份	城市地均	县地均	镇地均	乡地均
2006	32.22	15.21	47.95	15.52
2007	36.52	15.91	50.69	18.97
2008	44.43	14.48	59.86	20.92
2009	62.61	24.83	66.79	29.87
2010	74.34	20.42	85.64	43.20
2011	65.46	35.18	80.45	39.69
2012	60.91	39.67	81.50	46.76
2013	71.07	51.15	99.03	47.47
2014	74.70	58.62	100.51	46.51
2015	83.57	56.14	96.89	50.42
2016	89.23	58.36	93.40	54.08
2017	96.99	85.25	117.03	75.36
2018	103.18	72.73	124.41	82.66

注：单位：万元 / 平方公里。

市政水务的固定资产投资主要来自于政府财政支出。从四级城镇的水务固定资产投资规模、分布和比例关系来看，总体上水务（供排水）固定资产投资规模增长与城镇发展保持一致，增长相对较快，在各级政府的市政固定资产投资中均处于第二位。排水投资近些年发展更为迅速，投资规模已经超过了供水投资规模。从各级城市分布来看，单一级别的水务固定资产投资平均水平存在着级差阶梯式的分布，但地均值（每平方公里）的固定资产投资级差有所缩小。这可能是城市城区面积近年来增长较快，摊薄了日益增长的供排水投资增长，建制镇、县和乡的城区规模有所缩小，但水务固定资产投资规模仍在增加。

相对于市政水务固定资产投资近1500亿水平（2016），整个水生产行业的投资规模达到了近5000亿元，2003—2016年水的生产和供应业的固定资产投资与市政水务投资规模趋势相比几乎是一致的，如图3-22和图3-23所示。当市政水务固定资产投资规模有所减缓时，水务行业的投资规模也有所放缓。

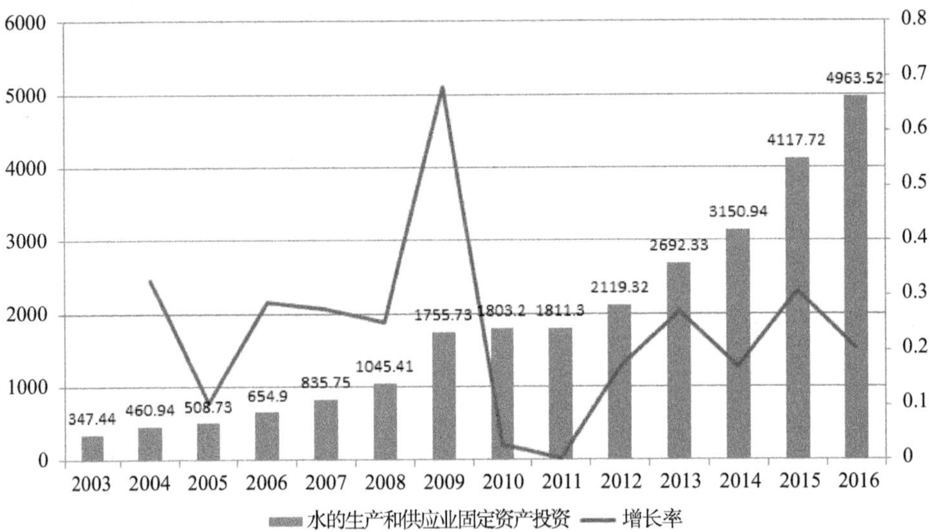

图3-22　2003-2016年水的生产和供应业固定资产投资

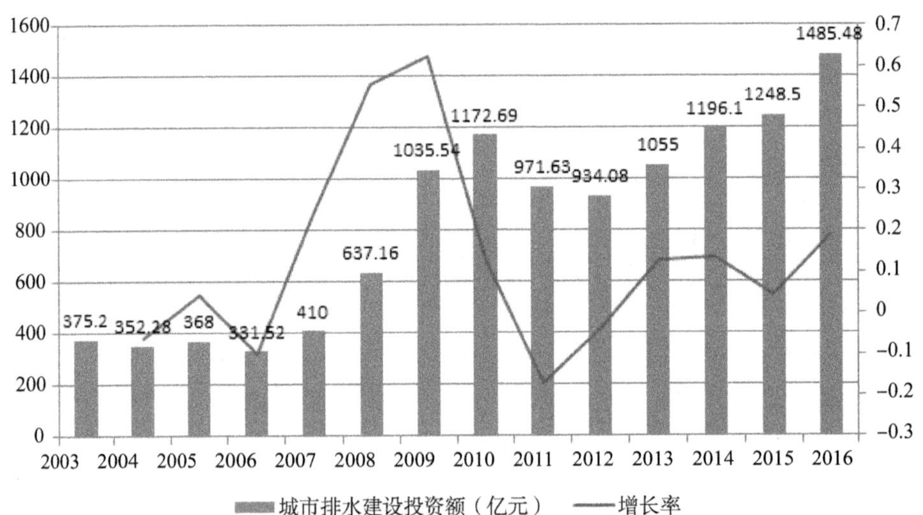

图3-23　城市排水建设投资额及增长率

从投资主体类型来看，以国有控股投资为主，比例达到了 70% 以上，私人控股的固定资产投资占比将近 18%，集体控股的比例较低，如图 3-24 所示。

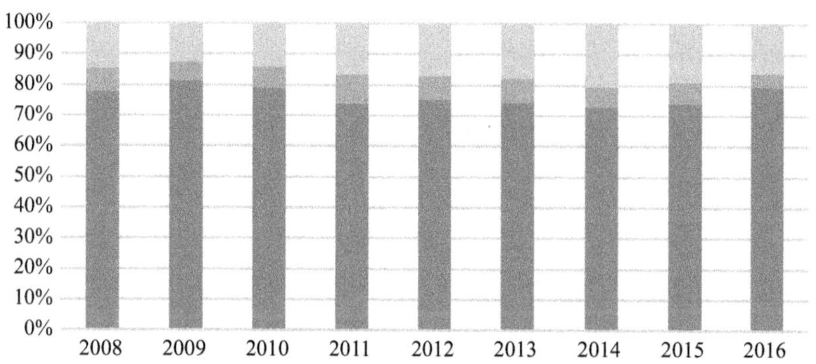

图 3-24　私人控股、集体控股、国有控股在水的生产和供应业固定资产投资所占份额

3.4　城镇水务市场发展状况

城镇水务市场主要包括了建设市场、供排水服务市场以及涉水附加品市场（设备、检测、高端水）等。在城镇公用事业领域，目前逐步形成了建设项目市场和本地化供排水服务等双层市场，前者以招投标市场为主导，市场竞争日趋激烈；后者以供水和排水作为两种产品和服务向本地居民提供，由于其产品的公共性特征，受到了本地政府的各种政策限制。设备领域、检测、高端水（矿泉水）等市场尽管受制于进入条件，但总体上表现为日趋激烈的竞争性市场。

3.4.1　水务的纵向市场结构

前文已经表明水务供应链包括了取水、制水、管网、排水等生产环节，主要是提供有保障的供水和排水服务，涉及整个水务供应链环节，还包括了各类设备、工程、检测以及各类水产品的供应。水务供应链的不同环节构成了竞争程度各不相同的市场，但对于城镇而言，本地供排水务服务是最基本、也是最核心的供应链。

3.4.2 工程项目建设市场

由于水务服务供应链属于重资产部门，必然涉及工程项目建设。工程项目建设市场处于水务的前端位置或者上层位置。在这一市场中，工程项目主要涉及取水、净水和输配水三个环节。水厂（自来水和污水处理）建设、输送、配送环节，地上工程包括泵站、水厂、污水处理设施、雨污收集设施以及建筑物设施等；地下工程主要涉及管道工程。作为甲方委托人提供工程项目，乙方具有工程建设能力和资质，通过招投标方式完成交易的确认，当然建设项目也可能与运营模块结合在一起，形成 BOT、BT 或者 PPP 等多种模式。2017 年财政部 PPP 库中涉及污染治理的项目占 21.55%，涉及水环境治理的超过了这些项目的 80%。2019 年我国重点推进的 70 个重大项目中，涉水项目有 17 项，占 24.29%。目前涉水的工程项目市场的投资规模 2.3 万亿元，其中污水治理投资规模增长迅速，近 1.5 万亿元；供水投资规模稳定在 0.8 万亿元。

目前，涉水工程项目市场竞争激烈，有资质的企业既有国际知名大型企业，如英国泰晤士水务公司、法国威望迪（威立雅环境的前身）和日本丸红等，也有中小企业，如德国柏林水务、美国金州水务、以色列凯丹水务等一批中小型水务企业，还有一批国内迅速成长壮大的国有企业、混合企业和民营企业等。在项目招投标竞争中，这些企业多数采取成本导向的竞争策略。也有一批企业转型专业化领域，为工业污水处理等提供高增值服务。

3.4.3 本地产品和服务市场

本地化的供水和排水服务市场以特许经营的方式向居民和企业等提供稳定、持续不间断和有保障的用水服务。供排水价格因其公共品特征，不完全受市场因素约束。2012 年之前定价机制主要采取的是政府指导性定价原则，从 2012 年之后逐步以阶梯性定价为主。2016 年之后开始普遍实行了阶梯性定价。从定价内容来看，不仅涉及用水价格，也涉及水资源费、污水处理费用等。

1. 居民用水价格分布特征

中国城市供水年鉴 2018 年的 373 家企业的水价数据，如表 3-5 所示，最低价格为 1 元，最高价格为 6.35 元。从价格分布来看，有 163 个企业均价为 1.42 到 2.26 元，占总样本的 43%。在 2016 年前后，绝大多数城市实行了三级阶梯价格，从一级价格与均一价相比来看，基本上具有一致趋势。二级价格和三级价格普遍高于单一均价。

表 3-5　中国城市居民用水价格比较（2018）

水价类型	观测值	均值	中位数	众数	标准差	峰度	偏度	最大值	最小值
单一定价	373	2.33	2.20	1.60	0.87	2.18	1.25	6.35	1.00
一级价格	490	2.16	1.95	2.00	0.77	1.84	1.35	5.10	1.00
二级价格	472	3.14	2.85	3.00	1.07	3.40	1.53	9.20	1.50
三级价格	460	5.34	4.97	4.20	2.06	2.33	1.19	15.00	1.80

从未实行阶梯定价和已经实行阶梯定价分布的比较来看，未实行阶梯定价的均价分布主要集中于 1.42~1.84 元 / 吨和 1.84~2.26 元 / 吨，有大约 150 个城镇，如图 3-25 所示。在实行阶梯定价城市中，一级价格主要分布在 1.68~2.02 元 / 吨，如图 3-26 所示。有大约 135 个城镇，二级定价主要分布在 2.36~2.84 元 / 吨，如图 3-27 所示。有将近 90 个城市三级价格均价主要分布在 4.42~5.36 元 / 吨，如图 3-28 所示。城镇之间定价体现出集中与离散趋势并存。

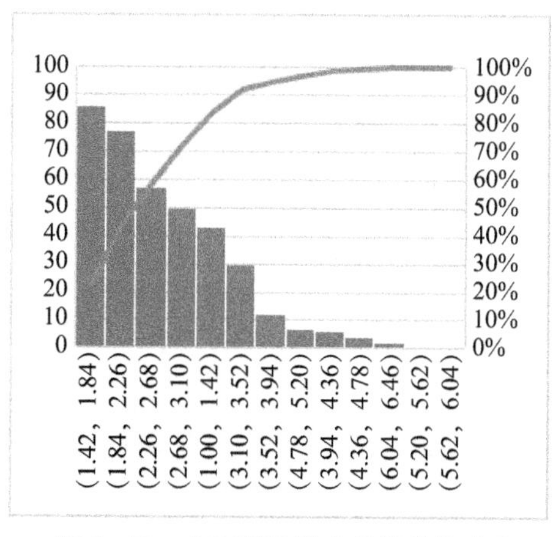

图 3–25　未实行阶梯定价的均价分布

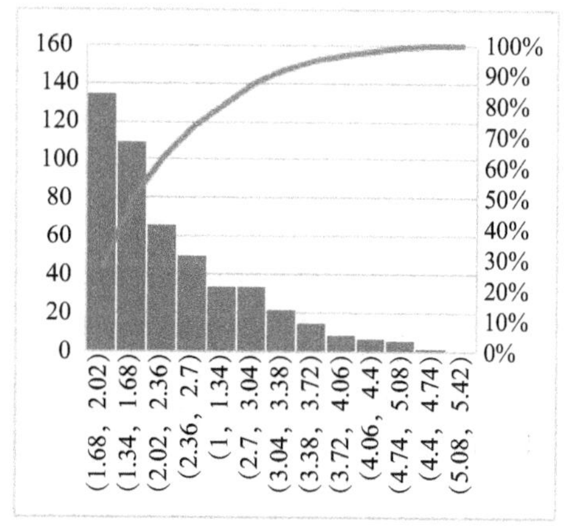

图 3–26　已经实行阶梯定价的第一级价格

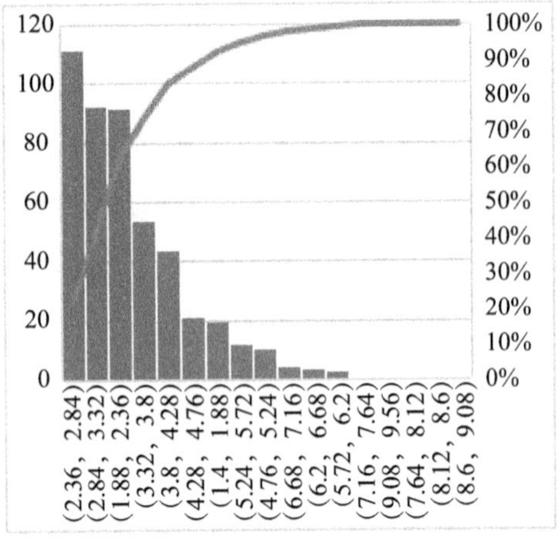

图 3-27　城市居民用水二级价格分布

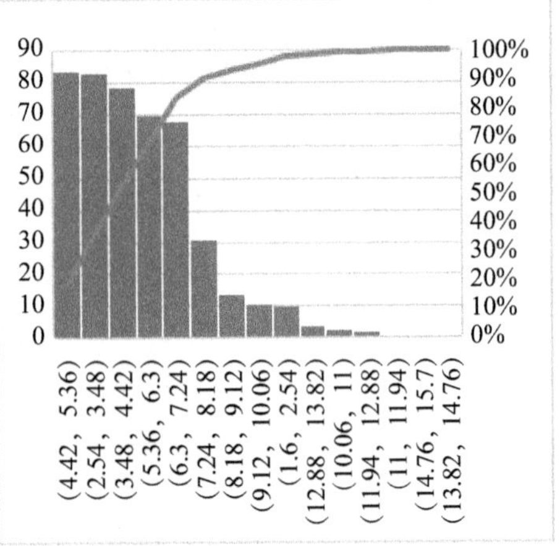

图 3-28　城市居民用水三级价格分布

在三级阶梯性价格中，各级定价都匹配了一定用水量区间。根据 68 个有统计的城市三级价格用水量设定来看，总体一级价格为 2.13 元 / 吨，用水量为 136.28 吨；二级价格为 3.08 元 / 吨，用水量为 209.48 吨；超过这个规模即为三级价格，为 5.17 元 / 吨，如图 3-29 所示。

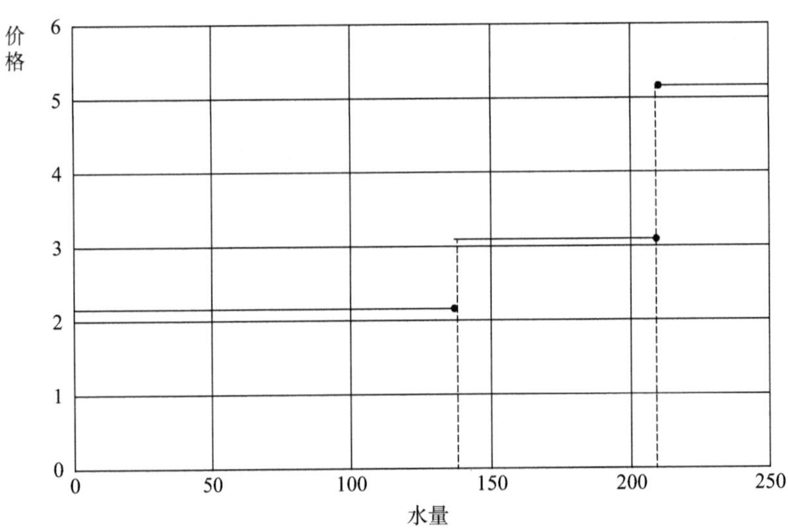

图 3-29　68 个代表性城市居民三级价格用水均值分布

不仅如此，城市用水量限制分布还存在明显的差异。在 68 个样本城市中，有 31 个城市的一级价格的用水容量限制在 60 吨以下，其余均超过了 100 吨。特别地，其中 30 个城市的一级价格的用水容量超过了 200 吨，可能的原因在于各地水资源状况各不相同，丰饶城市的用水量限制较宽松，稀缺城市的用水量限制偏紧。

2. 污水处理和水资源费

根据1996年修订的《水法》要求，污水处理费和水资源费正式纳入征缴范围。从现有的样本数据来看，污水处理费分为居民和非居民两种，在居民方面又分为城市和村镇等不同类型，具体如表 3-6 所示。从收取情况来看，在 555 个样本中，居民生活用水的污水处理费均值为 0.90 元 / 吨。非居民污水处理费为 1.331 元 / 吨，离散程度较大，最小值 0.10 元 / 吨，最大值为 3.6 元 / 吨。水资源费同样如此，有些地区还处于待征收状态，分布也较为离散，从 0.01 元到 3.65 元不等，但绝大多数城市的水资源费为 0.20 元。

表 3-6　中国城市污水处理费和水资源费分布情况（2018）

费用类型	用户类型	样本量	均值	中位数	众数	标准差	峰度	偏度	最小值	最大值
污水处理费	居　民	555	0.901	0.95	0.95	0.227	38.533	3.054	0.1	3.6
	非居民	25	1.331	1.4	1.4	0.164	1.656	-1.23	0.9	1.63
水资源费		414	0.274	0.2	0.2	0.358	39.683	5.447	0.01	3.65

资料来源：中国城市供水年鉴（2018）。

3. 非居民用水价格

目前非居民用水价格更趋向市场化，面向企业、商业和事业单位的水价，其价格水平普遍高于居民水价，如表 3-7 所示。非居民用水费用普遍没有采用三级阶梯性定价方式，而是沿用了原先的单一定价模式。工商业用水基本分布情况一致，特种用水差异较大。

表 3-7　中国城市非居民用水价格分布的基本情况（2018）

费用类型	观测值	均值	中位数	众数	标准差	峰度	偏度	最小值	最大值
工业用水	559	3.637	3.460	4.000	1.668	2.387	1.050	0.700	14.000
商业用水	528	3.944	3.470	4.000	2.177	4.364	1.636	0.700	15.350
特种用水	472	7.683	5.875	3.000	6.471	9.899	2.663	0.950	50.000

资料来源：中国城市供水年鉴（2018）。

3.4.4　附加品市场

附加品市场是围绕着供排水和污水处理相关的衍生服务链，主要涉及涉水供应链的给供水和水处理设备、药剂、水质检测和其他衍生的水品等部分。这些领域总体上在硬件技术上有差异，是一种以技术领先和成本领先为主导的市场竞争结构。从类型来看，设备、药剂、检测装置更类似于涉水投资，处于整个供应链的上游，衍生性水品则作为满足用水需求的替代品而存在，处于供应链的下游。

1. 涉水设备领域

供水、排水和污水处理中所有专用性和非专用性的设备领域构成了涉水的设备供应环节。

供水设备主要功能是给水，用于消防、生活、生产、污水处理四类，工作原理是通过设备保障给水供应稳定和持续，如高层供水、二次供水等。目前市场主要的供水设备分为无负压变频供水设备、无塔变频供水设备、双模变频供水设备、家用一体式供水设备、数控气压供水设备等。早期供水设备主要是通过重力形成的压力模式，通过水池或水箱，利用压力泵传导到水塔（上水池）或水井（下水池）满足给水。目前已经发展到不需要水池或者水箱，与市政管网直连，充分利用市政管网余压，自动增压供水。从我国的技术水平来看，20世纪90年代后，外资进入水务领域带来了大量的供水新设备和理念，国内行业通过学习、模仿、改造和创新，许多技术设备已经达到国际同类设备的水平，实现了自主知识产权、自主研制和制造的全面国产化。一些新技术仍在不断开发和升级，从智能机器人、云平台、大数据等信息技术到轴、叶轮、叶片等精密制造技术，同样为城镇水务供应带来了技术进步。

水处理设备主要是通过各种物理的、化学的手段，使用净化、软化、过滤、消毒以及污水处理等技术，去除水中一些对生产、生活有害的物质，多数设备设施属于涉水领域的专用性投资。从设备类型来看，包括了污水处理、原水处理、净水、过滤和超纯水设备。供水的水处理设备主要是针对原水中的微量有害物质进行净化、过滤和消毒，提供符合质量标准的新水，部分设备对新水进行软化和进一步过滤形成高质量的纯水。污水处理设备主要用于过滤重金属等有害物质。根据不同的技术方法，主要的设备包括反渗透、除垢、软化、清洗和过滤等。总体上技术较为成熟，国内目前技术已经达到国际同行业水平。

从市场竞争格局来看，设备领域中低端市场同质化较为严重，高端市场头部现象较为明显。中低端市场因品牌价值存在一定程度的差异性竞争。

2. 药剂领域

药剂是水处理中的主要原料之一。化学技术作为水处理的主要技术方法之

一，以药剂为添加剂，处理工业、生活用水，主要是通过使用化学药剂来消除及防止结垢、腐蚀和菌藻滋生并进行水质净化。按照生产工艺分类，我国水处理药剂的种类主要有两类：一是有明确的分子结构式及化合物名称的化学品，这一类产品属于精细化学品，一般称之为单剂产品；二是水处理药剂复合配方产品，这一类产品没有明确的分子结构式和化合物名称，一般以其用途、性能特点（常冠以牌号）进行命名，如缓蚀剂、阻垢剂、杀菌剂、絮凝剂、预膜剂等。我国水处理剂的发展要比发达国家晚 30 年，但发展迅速，目前已经形成具有自主知识产权的水处理剂技术体系和产业体系。产品种类有 100 种以上，各种水处理剂从产量到质量已基本满足国内需求，且部分产品出口。从技术上讲，有些产品的生产技术和性能已处于国际领先水平。从市场结构来看，目前有 20 余家较大规模企业、200 余家中小型技术服务型企业，中小型制剂生产企业主要分布于江苏和山东等地，随着环保督察深入，该领域正在逐步整合。主要大型水处理药剂生产企业包括山东省泰和水处理有限公司、河南清水源科技股份有限公司、常州意特化工有限公司（原江海环保股份有限公司）和南通联膦化工有限公司。截至 2018 年末，上述企业产能合计约为 54.1 万吨 / 年，约占全部水处理剂行业产能的 18%。

3. 水质检测设备

水质监测设备主要是检测池水的 pH、余氯、O_3、ORP 等指标，发送给水质监测 / 控制仪，由水质监测 / 控制仪实现自动报警、显示、调整，控制相关设备实现水质维护功能，目前基本完成了通过探头自动检测、对比、识别和报警控制等自动化功能。根据目前我国污水处理领域的迅速发展情况，水质检测设备的发展十分迅速，2015 年 8 月为了加快落实生态环境监测网络建设方案，生态环境部发布了《国家生态环境质量监测事权上收实施方案》，分三步完成大气、水、土壤的环境质量监测事权上收工作，改变了我国原有的监测体制，通过采用第三方运维的模式，实现了由“考核谁，谁监测”到“谁考核，谁监测”的转变。第三方检测市场迅速扩大，刺激了相关的检测设备的需求。

4. 衍生水品

高端水品是市场中包括纯净水、矿泉水为代表的罐装水品，目前这一领域市场发展迅速，竞争日趋激烈。根据欧睿咨询统计数据，2013—2018 年我国瓶装水销售规模逐年增长，由 2013 年 1069.2 亿元增长至 2018 年的 1830.9 亿元，年均复合增长率高达 11.8%。市场份额主要以国内品牌为主导，据尼尔森提供的数据，2018 年 6 月，中国瓶装水市场以农夫山泉、华润怡宝、百岁山和康师傅为主，市场份额分别为 26.4%、20.9%、9.6% 和 9.3%，其市场份额总计达 66.2%。再加上冰露和娃哈哈，它们占据了市场八成左右的份额。

3.5　本章小结

本章从供水、排水、污水处理、基础设施投资以及市场等层面，梳理和分析了我国城镇水务发展的现状与特征。我国城镇年供水能力为 614.6 亿吨，较为平稳，占全国供水总量的 10.22%。排水和污水处理投资规模总体快于供水服务，污水处理设施较多的区域均集中于人口较为密集、经济发展较好的城市区域。从基础设施投资规模和比例来看，供排水建设资金位于各城市预算资金的第二位，其中供水投资规模稳定于 130 亿元左右，城市和村镇排水投资分别于 2006 年和 2016 年取代供水投资位于首位，但城乡和城市之间供排水规模不均衡，有较大差异。课题讨论了水务的工程建设、运营和附加品的纵向市场结构的规模和特征，测算涉水的工程项目市场的投资总体规模约 2.3 万亿元，其中污水治理投资规模增长迅速，近 1.5 万亿元；供水投资规模稳定在 0.8 万亿元左右，项目多采取以 BT、BOT 和 PPP 等为主的招投标竞标方式落地。运营服务方面多以特许经营方式的本地化供排水服务为主导，阶梯性定价的改革是主要影响变量，但各主体之间、城市之间和城乡之间有相当差异。附加品包括水处理设备、药剂、检测和其他衍生的水品，这些市场有一定的技术门槛，但市场竞争处于寡头竞争格局。目前，我国供排水和污水处理领域已经基本完成了城市化布局阶段，尽管村镇的供排水的建设仍存在缺口，但对于绝大多数的城市而言，城市均拥有较为完备的供水、排水和污水处理等相关的设施和网络。在过去的 30 年的快速发展阶段中，供水设施和网络发展迅速，在近 10 年的发展阶段中，排水管网、污水处理等迅速跟进，技术上已经赶上国际同行的先进水平，涉水市场的供应链、生态链等的建设正走向成熟。

随着各种用水矛盾的逐步缓解，原有的“有”和“无”阶段逐步转向多样化需求、高质量需求，为涉水产业的升级提供了机遇和挑战。主要表现为从同质化产品的扁平化产业生态向产品差异化纵向产业生态转化，产业链条不断延

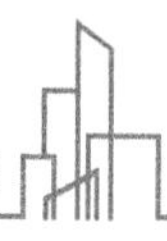

伸和完善，双层市场逐步形成，市场竞争日趋激烈；伴随着城乡一体化发展，城乡供水差距呈现不断缩减的趋势，镇乡用水量逐步提高，污水处理发展迅速，但仍有一定增长空间；随着市场化改革不断深入，事业单位逐步转型企业运营，区域化、专业化水务集团涌现，实现跨区域经营规模化发展，吸收转化外资企业带来的领先技术和行业经验，提升服务质量，满足人们日益增长的用水需求；水务活动中的环境保护问题日益被重视，排水、污水处理能力飞速发展，投入不断增加，力求实现处理设施由规模增长向提质增效转变；市场竞争和巨大的市场需求诱发了水处理的各类设备和设施的技术不断演进和深化，为形成良性的产业生态循环提供了重要的物质保障和技术基础。

第 4 章　中国城镇水务体制演变的基本逻辑

本章着重讨论水务改革。改革主要是针对水务领域相关制度的安排变化，包括了管理体制和运行机制。一般意义上，管理体制是指针对水务领域各项事务宏观和中观层面的计划、指导、组织、协调和运行的制度安排，运行机制则更多是微观主体提供各项水务服务活动过程中各种功能、结构和因素之间的相互作用关系和条件。管理体制和运行机制是公共品产业正常运行的基本条件，为避免相互重复，课题组将管理体制定义为宏观层次，主要涉及公共品（准公共品）的项目规划、投资、审批和管理等职能构架，以及针对产业层次的监管；将运营层次视为微观层次，即公共品提供者提供的产品和服务。由于目前城镇水务管理仍存在国家（中央）、地方（省级）和本地（城市、镇和乡村）之间的级别差异。因此，宏观层次上将涉及中央、地方和本地的职能构架问题。

4.1　水务体制改革的演变特征和现状

用一句话概括我国水务领域的制度变化,就是从“普惠制”到“半市场化”。所谓普惠制，简单意义上就是政府作为水务的提供方，以接近免费的价格向全社会提供水务服务，也有观点认为这就是计划体制在公共服务的体现。但实际上，改革之前所形成的供排水服务的资源配置模式，绝不仅仅等同于计划体制。

4.1.1　城市水务服务的传统体制

严格来说，从 1949 年之后到改革开放之前，多数城市所形成水务体制统称为传统体制。这种体制在“计划经济”背景的影响下，不可避免具有计划体制的某些特征。

1. 微观主体采取的是事业单位运营形式

传统体制并不建立独立的、自负盈亏性质的企业来维持水务服务，全国多数城市实行的是事业编制单位运营。这种单位体制基本上不负责成本核算，原材料和运营费用全部由国家下拨和平调。

2. 廉价

有文献认为在 1965 年之前，水利工程多数还是以收费的方式提供供水服务（贾绍凤，2015）[①]。1965 年中央政府颁布《水利工程水费征收和管理试行办法》，明确规定了水利工程水费的征收方式，但 1965 年之后由于"文革"的影响，近 10 年间水利和城市供水服务发展处于停滞状态。对于大多数城市家庭而言，一家一户水表还较为少见，绝大多数都是以集体形式存在的共用水表。在这种情况下，水费基本上变成了免费或者由供水单位向其他用水单位收取的事业费形式。

3. 单一的管理机构

传统的管理部门主要是国家基本建设委员会，由它负责城市基础设施的建设、运营和管理。1958 年基本建设委员会成立，前身是 1954 年成立的国家建设委员会，1961 年撤销，1965 年重新恢复，1979 年新成立国家城市建设总局，由国家基本建设委员会代管。1982 年，国家城市建设总局、国家建筑工程总局、国家测绘总局、国家基本建设委员会和国务院环境保护领导小组办公室合并，成立城乡建设环境保护部；1988 年 5 月，城乡建设环境保护部改称建设部，并把国家计委主管的基本建设方面的勘察设计、建筑施工、标准定额工作及其机构划归建设部，同时，环境保护部门分出成立国家环境保护总局；2008 年 3 月，建设部改为目前的住房和城乡建设部。从职能来看，它主要负责城市和乡镇的建设和管理工作。

当时的水利部与电力部于 1958 年合并成为水利电力部，主要承担国家能源供应职能。成立之后在许多流域中修建了水利工程，进行了防洪流域治理等，与城乡水务建设的职能关系并不密切。

4. 投融资体制

传统城市建设的水务基础设施投资基本上都是国家财政统一安排，由于当

① 贾绍凤 . 中国水价政策与价格水平的演变（1949-2006）[C]. 中国水论坛学术研讨会，2006.

时对城市建设的重视程度远远小于其他国民经济的基本建设部门（如工业体系等），因此，每年的投入规模和投入分布都集中于少数大城市和新兴的工业城市。乡镇的水利设施的建设除少数属于国家工程的水利枢纽之外，许多水利设施和工程的建设通常是由国家投资部分材料，乡镇投入劳力和其余必要部分。著名的“红旗渠”水利工程，从太行山腰修建的引漳入林，共有干渠、分干渠 10 条，总长 304.1 公里；支渠 51 条，总长 524.1 公里；斗渠 290 条，总长 697.3 公里；农渠 4281 条，总长 2488 公里。工程总投资 1.2 亿元，其中国家投资 4625 万元，占 37%，社队投资 7878 万元，占 63%。乡镇共动员 7 万人参与建设。如此巨大的工程仅花费了国家投资 4625 万元，这在现在是难以想象的。

总体来看，早期城市水务建设和运营主体较为单一，国家财政统筹安排项目和资金，城市将水务交办事业单位，以行政事业费的形式，为城市提供廉价的用水供应。由于资金规模较小、设计标准较低且主要集中于少数省会城市，谈不上服务质量和服务范围。

4.1.2 改革切入点和历程

进入中国经济改革阶段，调动微观主体的能动性，提高效率，扩大产品供给，缓解短缺是最初的导向，整个 20 世纪 80 年代是中国经济改革的“试水期”。改革最初主要涉及竞争性领域，城市水务部门作为事业单位、垄断性部门，在改革初期并没有被深度触及，主要的举措就是事业单位变成了企业单位，但仍然是以事业单位性质运营，部分城市开始普及独立水表，对用水单位实行收费管理。随着中国社会主义市场经济体制逐步确立，国有企业改革的目标日益明确，处于竞争性领域的企业向公司制转型，部分事业单位开始向企业转制，核心是让微观主体成为“自负盈亏、自我发展”的独立主体。20 世纪 90 年代，绝大多数水务部门面临着从事业单位性质的企业向国有股份公司转型的重要任务。

在 20 世纪 90 年代大规模国有企业转制背景下，水务部门逐步走向改革的前台。1992 年第一家外资企业利用世行贷款进入中山坦洲镇自来水厂，通常将这一事件作为水务部门改革的起点。其背景是中山地区有大量的外地劳务人员涌入，城市基础设施建设急需大量资金，但中央财政无法为县级城市大规模的基础设施建设提供足够的资金，利用外资（亚行和世行的贷款）就成为地方政府解决问题的有效途径。不仅如此，在 20 世纪 90 年代初中期，重庆、沈阳、

天津、上海等地都先后引入了外资或者国外著名的水务公司，如法国的威立雅、日本的丸红、英国泰晤士等。从项目类型来看，这一期间的多数项目仅涉及自来水供应、污水处理设施等单一项目的建设和运营，对整个水务市场的影响较小，到 2000 年外资项目合计供水量仅占全部供水量的 8% 左右。外企进入不仅带来了资金，也带来了先进的管理技术、工艺经验，为相对闭塞的水务部门打开了一扇通向世界的学习之门。

外资进入也给水务领域带来了诸多问题。1992—2002 年地方政府与外资的合同大多数是以财政兜底的方式承诺了外资收益（14%~20%），还带来了如外资高溢价收购、管网质量、供水安全等问题。为解决市政公用事业领域的诸多难题，原住建部一方面叫停了较为混乱的固定回报保底合同。另一方面，2002 年国务院颁布《外商投资产业指导目录》，明确了基础设施投资和建设的市场化改革方向，在这个背景下，原建设部于当年颁布了《关于加快市政公用行业市场化进程的意见》，提出了开放市政公用行业市场，建立公用行业特许经营制度，形成国有资本、民营资本和国外资本共同参与的多元化投资格局。2004 年颁布了《市政公用事业特许经营管理办法》，以规范市政公用事业特许经营活动，加强市场监管，保障社会公共利益和公共安全，促进市政公用事业健康发展。

这两份文件的出台一方面结束了市政公用事业和基础设施行业是否应引入外资的方向性争论，还扫清了外商投资、运营城市供排水管网的障碍，使得国有水务企业引入外国战略投资者、实现产权多元化成为可能，也为实现有限、有序的水务市场竞争格局奠定了基础。

21 世纪最初的几年被视为外资进入整固阶段，大量的外资收购项目因为各种不规范的合同受到限制，部分外资退出供排水领域。另一方面，国有企业和民营企业在完成转型和改制之后逐步进入市场，成为新一轮市场力量的代表。在这一阶段，民营资本相对比较活跃，据全国工商联环境服务业商会统计，截止到 2008 年，私人部门参与各类水务项目的比例已接近 20%。随着 2014 年财政部实施 PPP 模式，国有股份公司获得了相当的合同份额。目前形成了国有股份公司为主导，民营企业和外资参与竞争的市场格局，市场范围涉及城市供水、排水和污水处理等市政领域。2015 年，约有 30 家以城市供排水和污水处理为主营业务的沪深上市公司，平均总资产规模 85.41 亿元，年平均利润增长率为 26.4%。在这一阶段中，国有公司和规模较大的民营企业共同主导了城镇供排水和污水处理的服务，但外资并没有因此退出这一市场，反而转向了更为专业化的工业治污、淤泥处理等细分市场，体现出其技术和专业优势。

总体来看，城镇水务体制改革的切入点是通过引入外资等新的投资主体诱发的一系列趋向市场化的改革，但改革并没有完全市场化，也没有退回到传统体制之中，而是在多元主体共同参与之下，形成了以国有经济为主体、多种利益主体共同参与的格局。保障这一方向的关键点在于伴随着市场逐步有限开放，相关配套体制也在逐步发生变化。水价、政府管理职能以及水务运行机制成为关键性制度因素。

4.1.3 关键性的制度改革

具有公用事业特征的产业运行离不开政府与市场之间的关系重组，从传统体制的“政府包打天下”，到多利益主体共同参与，政府与市场的关系重构成为公用事业部门改革绕不开的焦点。就水务部门而言，水价、政府职能重构、监管制度以及产业运行机制就成为关键性的要素。

1. 水价改革

“低水价”是我国长期以来实行的福利性政策。世界银行的一份报告（2007）显示，我国城镇水价与居民收入比与美国相差 10 倍，与德国相差 7 倍，低水价政策导致了我国节水效率低下，资源浪费严重，运营企业长期亏损，财政负担日益沉重。因此，水价改革势在必行。

从 1949 年开始，起初，水资源在我国是以无偿供应的形式存在，同时我国还兴建了很多水利工程项目，筹建项目的费用以及水利管理单位人员经费、工程项目的维护和保养基本来源于国家的拨款。免费获取致使水资源管理制度在一定程度上不能依靠价格调节，不能提供正确的生产和消费信息，不能培养人们良好的节水意识，水资源浪费严重。

随着社会的发展，人们逐渐意识到水资源的稀缺性。1964 年，由原水利部门主持召开了全国水利会议，制定了《水利工程水费征收、使用和管理试行办法》，首次提出了收取适当水费，至此结束了无偿供水制度。低标准收费在一定程度上对水资源的浪费起到了抑制作用，但是由于缺乏统一的标准，同时没

有较好地考虑成本，导致水价对资源的合理配置并没有得到充分体现。

1985 年国务院颁布的《水利工程水费核订、计收和管理办法》提出，为合理利用水资源，促进节约用水，保证水利工程必需的运行管理、大修和更新改造费用，工业、农业和其他一切用水户都应按规定向水利工程管理单位交付水费，并根据我国的经济水平和各地情况，对各类水资源采用不同的方式分别核算价格。从此，水资源进入成本收费阶段，并延续至今。在市场对资源的调节和配置下，城镇居民用水制度逐渐演变为阶梯式计量水价制度。阶梯型水价是目前城市供水价格主要目标形式，但进展一直较为缓慢。1998 年《城市供水价格管理办法》明确了城市供水价格应遵循补偿成本、合理收益、节约用水、公平负担的原则，并提出了将递增型阶梯水价作为城市居民水价改革的重要政策选择。2000 年 10 月，原国家计委会同水利部、建设部印发了《关于改革水价促进节约用水的指导意见》，提出"适时推进阶梯式水价和两部制水价制度，促进节约用水"。2002 年 4 月，原国家计委、财政部、建设部、水利部、国家环保总局联合发出了《关于进一步推进城市供水价格改革工作的通知》，强调"全国各省辖市以上城市应当创造条件，在 2003 年底以前对城市居民生活用水实行阶梯式计量水价。其他城市也要争取在 2005 年底之前实行"。2013 年 12 月，国家发改委、住建部联合下发了《关于加快建立完善城镇居民用水阶梯价格制度的指导意见》，提出到 2015 年底前所有设市城市原则上要全面实行居民阶梯水价制度，水价阶梯设置应不少于三级，第一级水量标准覆盖人群必须达到 80%，第二级水量原则上覆盖 95% 居民家庭，一、二、三级阶梯水价按不低于 1:1.5:3 的比例安排。至 2015 年，地级市中约有 50% 的城市推行了三级形式的阶梯性水价（王岭，2013）。至此水价调整进入到新的阶段。

从水价改革的历程来看，水价改革主要体现在内容和形式等方面。在价格内容方面将水资源费和污水处理费纳入到水价体系是水价改革的重要进展之一。早期污水处理费仅针对工业企业，1996 年以后《水污染防治法》为向所有连接排水管网用户征收污水处理费提供了合法依据。2006 年 4 月正式生效的《取水许可和水资源费征收管理条例》取代了原有的《取水许可制度实施办法》，规定了水资源费由相关地方政府负责制定，各地区根据不同的水资源现状收取不同的水资源费。

在水价形成机制方面，现实中的水既有公益性，也有商品属性，水价的决

定和构成就显得非常重要，尤其是水价中的公共性成份部分。由于早期中国实施的是福利低水价制度，水价完全背离了供水成本和供水能力，扭曲了用水需求。低水价给用水提供了变相激励，完全忽略了用水过程中的工程代价和环境代价，因此早期文献多从供给角度研究水价构成要素和水价形成机制。汪恕诚（2001）认为水价是水权的价格体现，水价应包括水权费（水资源费）、水的工程费用（生产成本和产权收益）以及水污染处理费。这一概念为水资源费进入水价成本提供了理论依据。傅涛等（2006）进一步将水的工程费用分解为水利工程成本和城市供水成本，并指出资源水价是资源税的体现，体现出资源的稀缺程度，环境水价是用水对环境损失的价格补偿，是政府的事业性收费，对应的是政府的环境治污责任；工程水价的定价基础是全成本核算，全成本核算的工程水价是指以水的社会循环过程中发生的所有成本为基础确定的水价，包括从自然水体取水、输送、净化、分配、使用、污水收集和处理到排入自然水体的整个过程，但目前排水和污水处理并没有纳入到全成本之中。刘世庆等（2012）对水价形成机制、问题和发展路径进行了文献梳理，认为城市水价形成有一定的复杂性和阶段性，就目前来看有供求定价、边际定价（MOC）、平均成本定价和全成本定价等多种形式，认为我国应逐步从平均成本定价向全成本定价过渡，城市水价主要存在结构不合理、形成机制单一、体系不完善、构成要素间比例不合理、水价缺乏激励作用、暗补等问题，使得水价失去了价格调节功能。周芳等（2014）梳理了中国水价政策制定、构成和定价方法，认为水价制定应考虑环境无退化、全成本和商业与公共分置等原则，认为水价管理存在着管理权分散，水费收入与计征水量倒挂，收费标准偏低，行业差别小，监管不严等诸多问题。

以全成本定价考的好处在于不仅企业获得全部的成本补偿，作为资源代理人的政府也能够获得污染治理的资金支持。但全成本定价的一个重要缺陷在于企业的成本信息很难真实有效，基于历史的成本信息难以反映真实的机会成本。事实上城市水务受自然因素和规模因素的限制，本地化垄断特征十分明显，也成为企业合法隐藏成本信息的客观条件。

2. 宏观管理体制改革

宏观上的水务体制改革分为两个层次，从国家部委和省级的机构职能设计来看，国内一直存在着水资源和水务的分离。前者以江河流域、湖泊和地下水为对象，以流域工程建设和治理为主，水利部是主管机构；后者则是以

市政供水和排水（污水处理）工程和管理为对象，住建部（原建设部）是主管部门。2008 年机构调整后，市政供水和排水等城市管理的具体事务交由地方，原则上两部门不再具有直接管理职能。但事实上，两部门在城市水务问题上仍有涉及，且多有交叉。住建部城市建设司对城市供水、节水、污水处理管网建设规划有一定的指导性责任。水利部水资源司的城市水务处负责指导城市供水、排水、节水和污水处理等工作，对城市供水水源规划有指导性责任。在村镇（农村）水务方面，住建部村镇建设司仍负责村镇的住房规划和环境规划，对村镇的水务建设和管理工作有一定的指导责任；水利部农村水利司负责农村饮水安全和村镇供水排水工作。在污水治理方面，不仅该两部门有交叉，其他部门也有介入。水利部对流域的水土流失问题承担行政主管责任；城市水体治理仍是城市管理重点任务，如近期由住建部牵头的“城市黑臭水体治理”；流域的水质监测和污染治理则是环保部主管内容。其他诸如水安全问题、农业灌溉、工业用水等涉水的具体事项，卫计委（原卫生部）、农业部、工业化信息产业部也有一定介入。此外，发改委价格司负责水价管理和项目审核，财政部负责涉水的财政资金管理，加上相应的地方行政管理部门，由此形成了多部门的涉水管理体制。

根据 2008 年和 2016 年机构改革的“三定”方案，水利部原则上成为水资源统一管理的行政主体，负责水资源发展规划、水资源调查、评价、统一管理、水量分配、水源地保护、水利工程、节约用水、行业供水和乡镇供水等，但自然资源部、住建部、环保部、卫生部和农业部等在水权确定、城市水体治理、污染整治、饮水安全和农业灌溉等方面仍有专业管理责任。发改委价格司和基础建设司负责水价管理和项目审核，财政部在涉水公共项目的财政资金管理上也仍有责任。城市具体的供水、排水和污水处理等活动由地方自行选择管理模式和运营构架。作为公用事业部门，水价仍由当地发改委主管，价格部分包括水资源费、供水费和污水处理费仍然按照不同部门的不同规则核发，项目投融资等行为仍受当地财政制约。因此 2016 年的涉水管理制度改革仍然是一种多部门管理体制，但表现出了水资源统一管理的特征。

在城市层面，水务一体化管理探索以 1993 年深圳和陕西洛川成立水务局为标志，试图将地方水资源和城市水务的公共职能实现综合统一管理，以回应“九龙治水”的问题。至 2010 年底，全国约有 1817 个县级以上行政区组建成立水务局并实行水务一体化管理，超过了全国县级以上行政区总数的74.5%（陈慧，2013）。水利部发展研究院钟玉秀等（2010）将此作为中国水务管理体制改革的起点。就改革目标来看，综合一体化管理试图将地方水利和水务公共事务统一结合，实现地区和城市内的流域和管网的规划、指导和管理。从成效来看，有观点认为水务一体化管理改革优化并改善了水利行业的经济结构，拓宽了水务投融资渠道，壮大了水利经济，推动了水利产业从公益性基础产业向经营性产业过渡，强化了政府对水资源的统一管理职能，对所有涉水事务统一进行宏观和微观的调控、配置、监督和管理提高了政府部门的工作效率（陈慧，2013）。但也有观点认为，目前各省改革程度和成效不尽相同，存在着上下不统一、改革缺位、职能调整不到位和落实不力的情况（钟玉秀等，2010）。水利部发展研究中心课题组（2015）分析了中央与地方涉水事权关系，认为存在部分事权不明晰、事权与支出责任不匹配、事权履行能力不足和中央与地方机构不协同等主要问题，建议进一步明确管理权责、统筹平衡涉水事权和支出责任、完善法律法规、理顺各部门涉水事务关系、完善保障机制、制定权力清单和支出责任清单等。除了水务一体化改革思路以外，谢国旺（2013）提出了基于制度背景、水务行业的经济属性以及水务行业的治理制度选择为基础的“多中心”治理体系。

3. 管制改革

与国际独立管制机构不同，我国的产业管制多与多部门管理体制相匹配，形成了不同特征产业管制思路。总体而言，早期管制总体思路是提高效率、放松市场进入，各部门尽管在制定政策上可能存在着相互掣肘，但总体方向基本一致。进入到21世纪后，与早期以效率优先的思路不同，2010年前后，一批文献开始关注水务改革中的公平问题，提出了建立以公共利益为导向的水务管理体制改革目标。

这一问题来自对2006年外资收购本地水务企业以及水价快速上涨现象的思考。章志远（2007）认为公用事业民营化过程中，尤其在实施特许经营之后，面临着公共利益极度虚置的危机，表现为政府的暗箱操作，民众缺乏知情权和参与权。曹现强等（2012）认为市政公用事业的公共利益体现为公平、合理地享受各行业产品与服务，提供服务的质量与数量应得以保证，产品供给应安全可靠，社会生产与生活的正常秩序应得以保障等。在价值层面，市

政公用产品的提供应充分考虑公民权利和伦理价值，在技术层面可以存在一定的差异性，即其价值由生产领域的垄断性与消费领域的公共物品属性共同决定。

在目标选择方面，肖兴志等（2008）将普遍服务概念引入到水务改革领域中，认为需要建立“可接受性和可得性”的普遍服务体制。张丽娜（2010）从政府责任和民生两个层面，认为水务市场化过程过多注意了市场化的资源配置功能，对城市水务服务的质量、价格的变化或对居民公共福利的改善和增加程度没有给予足够的关注。强调政府的公共责任，认为改革应关注公平性、服务均等性以及更多的民生问题。骆梅英（2013）则明确指出我国公用事业监管的目标定位，应当从以“融资”为中心的效率取向转向以普遍服务为中心的权利取向。

也有文献分别从公众和企业不同层面表述了公共利益的概念和隐含的价值。孙华（2012）从法律层面表述了水务领域的公众利益更多地体现在法外实际利益，它们游离于法律文本之外，但确实能够给公众带来实在利益。就城市水务民营化而言，公众的实际利益主要是指在推行民营化以后，公众能够切身享受到安全的水质、合理的水价以及优质的公共服务，城市水务的公共性实际上有增无减。王亦宁（2011）分析了水务领域的公平性问题，认为公用事业市场化的弊端在于将运营、投资和服务责任完全交由市场，这是不恰当的，水务领域各个产业环节（防洪、水源、供水、节水、排水、污水处理与回用、河湖整治等）存在不同程度的公益性质，政府应当根据公益性质不同承担相应的投资责任、运营监管责任和基本公共水服务责任。

一些文献将这种普遍服务提供称为“亲贫规制”（吴绪亮，2003），所谓亲贫规制就是采取有利于穷人的规制措施来保护贫困消费者的利益，而不管他们身处何地，也不管他们是谁。这一概念与普遍服务的概念没有本质区别，可能的区别在于前者表达的是内容，后者表达的是如何执行和实现。许峰（2006）研究了公用事业部门亲贫规制，提出了价格规制中的亲贫式交叉补贴做法。陈剑等（2010）分析了公用事业民营化对贫困群体的直接与间接影响，认为目前公用事业民营化是对贫困群体不利的资源再分配过程。林文豪（2011）在委托代理的框架下讨论了我国供水经营中的亲贫规制问题，认为在委托代理条件下，公众利益可能会受到威胁，需要通过亲贫规制进行矫正。温著彬（2012）认为，普遍服务义务是水务产业的本质要求。水务产业的亲贫规则体现为管网覆盖较为偏远和贫困的地区，自来水供水价格是消费者可以承担的，或者对贫困居民有所补贴。城市供水普及率、供水总量和价格是衡量水务产业普遍服务程度的关键指标，在治理途径方面可以考虑交叉补贴和公共产业基金两种方式。还有学者认为需要改变现有市场化改革目标，将现有的具有公共利益性质的企业转为事业化制度，以解决公共利益失衡问题（陈慧，2014）。

普遍服务的概念在欧美等国家历史悠久，并且已经成为这些国家公用事业改革的建制思路之一，普遍服务具有非排他性、非歧视性、公平性、可得性以及因地制宜性等基本特征（Blackman，1995）。实际上，由普遍服务体现出来的公共利益正是公用事业部门与其他部门最本质的区别，也是导致其管理体制和运行机制与其他部门差异性的根本原因。忽略公共服务和公共利益，任何一种公用事业改革都将面临巨大的风险，世界银行经济学家在总结各国水务部门市场化经验时也指出，南美洲巴西、阿根廷等国家市场化改革导致了公共利益受损，最终使改革走入困境（Marin，2009）。

4. 提供方式：特许经营权和 PPP 模式

水务领域的放松管制主要是进入管制，传统的水务领域属于高进入门槛，尤其是考虑到管网的规模经济性、供水中的公益性等，水务投资、建设、运营等诸多环节受到了政府的严格限制。特许经营权的引入是解决高进入壁垒的重要途径，它试图通过事前竞争替代事后竞争，类似于给愿意以较低价格提供产品或服务的企业的一种奖励（王俊豪等，2014），以实现竞争效率。2002 年 12 月，原建设部发布了《关于加快市政公用行业市场化进程的意见》，鼓励对供水、污水处理等经营性项目的建设采用公开招标的方式，建立特许经营制度。2004 年，进一步发布了《市政公用事业特许经营管理办法》《城市供水特许经营协议示范文件》等法规和文件，对自来水产业的市场化运营提供了法律支持和专业性指导。

许多文献研究了特许经营权的法律性质以及实际操作问题，对特许经营权属于行政许可还是“私法”制度发生了不少争论（薛亮，2014）。有的学者认为，特许经营合同属于行政合同，作为行政合同的特许经营协议，应由行政合同决定相关当事人的权利救济和义务履行；也有人认为特许经营法律关系是一种兼具行政法律关系和民商事法律关系的特殊法律关系（余羚，2007）。有观点认为私人资本进入引起了主体性质的变化，或者说是市场方式的引入改变了

服务供应法律关系的结构，但其提供公共物品的性质并未因此改变（骆梅英，2015）。关于特许经营权的问题，有文献认为由于现有立法没有明确特许经营的合同性质，导致在争端出现以后如何在现有的民事、行政诉讼制度框架下对合同项下的争议进行妥善解决、对当事人的权益给予救济仍存在较大争议（薛亮，2014）。还有文献认为特许经营权制度尽管为引入新资本提供了条件，但地方政府过高的谈判成本、原有的 BOT 制度安排以及政府的多重管理等因素成为新资本进入的主要障碍（孙茂颖，2013）。

关于特许经营权的争议不仅仅体现在其公法还是私法的法权性质，还体现在它与 PPP、政府购买服务的边界方面。有观点认为特许经营权实际上将不可验证的风险全部转嫁给特许经营企业，公私合作制强调了建设和运营等过程性的各种风险控制和分担，政府购买则属于一个契约安排较为简单的合同外包，更适用于社会福利范围（王俊豪等，2014），相当于特许经营制度提供了结果性考核机制，而公私合作制显然更加精细，是过程中治理合作的体现，但最终落脚点主要是在公法与私法的互动与交融以及纠纷争议的解决机制上。

2014 年之后，由财政部推动的 PPP 模式受到了追捧，水务部门 PPP 模式又开始重新活跃。与以前做法不同之处在于法律、政策上均有所准备，实际推进的各种项目安排也更为正式，但项目的风险性仍然不可忽视。有研究认为，PPP 模式是针对未来公用事业产品和服务提供过程中长期性的契约安排，强调收益和风险匹配，风险管理和分担、责任明确和制度透明是关键性的要件（王俊豪等，2014）。在正式制度尚不完备的条件下，PPP 模式会给双方都带来各种机会主义行为的选择，目前的这种安排可能仅仅成为中央为化解地方债务问题的一种转嫁（或者替代性选择）。国际上关于 PPP 模式的评价褒贬不一，有观点认为它是用市场化的方式转嫁了政府的公共服务责任，国内也有类似的看法。实证分析表明，无论是政府支付程度、居民承担代价等都有可能比原先更高，这可能与确保质量条件有关（曹璐等，2016）。刘穷志等（2016）运用世界银行 PPI 数据库，实证研究了制度质量和社会经济环境对 PPP 实施效率的影响，认为完善的法律法规、减少政府干预能够促进 PPP 项目的成功，同时各地的经济发展水平以及财政承受能力是保障 PPP 项目效率的基石。王俊豪等（2016）运用轮流出价合作博弈模型论证了股权契约治理是政府和民营企业契约治理的核心，政府应给予民营企业较大的股权比例，并且形成政府和民营企业股权契约相互制衡机制，才能激励企业家的努力程度，提高 PPP 项目契约治理效率。

总体来看，价格、管理体制构架、运行机制和管制制度安排等均在放松市场进入之后有所变化，改革进程努力适应新体制所带来的变化，有进展、也有矛盾，在不断试错的条件下不断纠偏。全景式的改革路线图如图 4-1 所示。

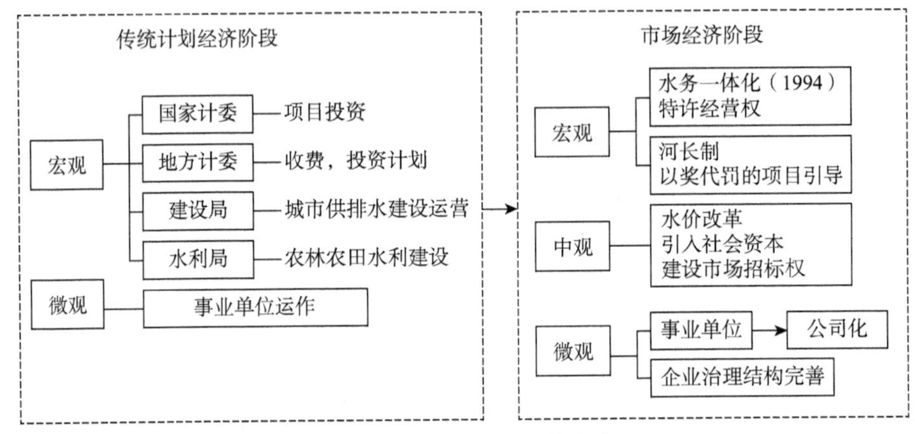

图 4–1　城市水务体制改革线路图

4.1.4　运行和管理体制的特征和现状

从运行环节来看，城市供排水和污水处理初步形成了以投标权和供排水污水处理服务为主导的双层市场。前者是以项目建设为中心，以投标价格为导向。本地政府提出项目需求和注入部分资金，以招投标方式为市场提供建设和运营机会[①]。后者则在建成后，政府通过授权、委托和招标等方式选择运营机构，向用户提供供排水和污水处理服务并收取费用，其收费价格受制于政府监管。从目前各种 BOT、BT 和 PPP 等运行机制来看，多数运行机制将这两层结构结合起来，实现一体化委托建设和运营，避免移交过程中的各种转移代价，PPP 模式作为典型代表之一，其组织和运行图如图 4-2 所示。

① 根据国家法规和相关部委的相关文件，市政水务设施项目可以通过有限度的公开招标实现，目前多数根据财政部《政府和社会资本合作项目财政管理暂行办法》规则进行项目的资质认定、招投标等工作，投资规模、收费模式（投资回收）和运营成本等均通过事前合同商定。投标权市场实现了有限度的竞争，到 2018 年 8 月，财政部 PPP 项目管理库中涉及市政工程的 2998 项，其中污水处理项目为 579 项，涉及金额约 2900 亿元左右。

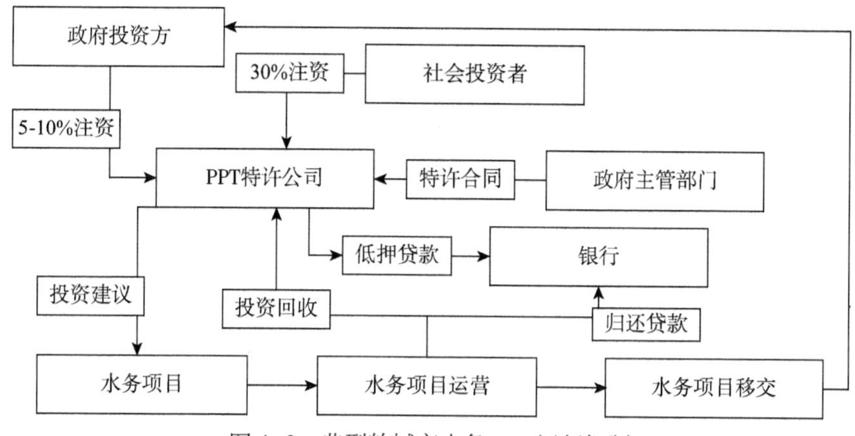

图 4–2　典型的城市水务 PPP 运行机制

水价是配置城市水务资产的重要指示器。长期以来，低福利水价已经不能适应城市和社会发展需要，无法满足人们更高质量的用水需求。在认识水商品性特征（汪恕诚，2001）基础上，相关部委相继颁布了有关法规和办法，明确规定了水资源费[①]、工程成本[②]和污水处理费[③]费率及其征收方式，阶梯定价制度成为城市水价的目标模式[④]。此外，国家发改委、住建部等相关部门不断推进包括水价在内的公用事业部门的价格改革[⑤]，这些改革意见为未来水价制度和水价

① 2006 年《取水许可和水资源费征收管理条例》[国务院令 460] 明确规定了取用水资源的单位和个人，应当申请领取取水许可证，并缴纳水资源费。

② 1998 年《城市供水价格管理办法》第三条明确规定城市供水价格是指城市供水企业通过一定的工程设施，将地表水、地下水进行必要的净化、消毒处理，使水质符合国家规定的标准后供给用户使用的商品水价格。

③《关于制定和调整污水处理收费标准等有关问题的通知》[发改价格〔2015〕119 号] 要求合理制定和调整收费标准，采取差异化收费方式。

④ 2013 年 12 月，国家发展改革委、住建部联合下发了《关于加快建立完善城镇居民用水阶梯价格制度的指导意见》，提出到 2015 年底前所有设市城市原则上要全面实行居民阶梯水价制度，明确了居民阶梯水价的定价制度。

⑤ 2015 年 10 月国务院发布了《推进价格机制改革的若干意见》（中发〔2015〕28 号），进一步提出了要坚持市场决定、放管结合、改革创新、稳步推进的原则，创新公用事业和公益性服务价格管理，区分基本和非基本需求。2017 年国家发展改革委颁布了《关于全面深化价格机制改革的意见》（发改价格〔2017〕1941 号）文件，提出了要进一步理顺城市供水供气供热价格，到 2020 年基本建立以“准许成本 + 合理收益”为核心的政府定价制度。

调整提供了指导性方向。未来的水价将以阶梯定价为目标模式，完善合理的水资源费、供水成本和污水处理的综合水价结构成为必然。

在管理体制方面，尽管水务局的成立覆盖了将近 2/3 的城市，但由于管理职能不到位，效果并不十分显著，2015 年之后这一由水利部推动的水务一体化工作逐步停止，各地根据自己的条件，自行决定水务管理职能构架。在国家级层面，水资源管理和城市水务管理仍然由水利部和住建部分管，水污染防治和检测由环保部管理，城市水务基础设施建设仍属于公共品投资领域，发改委负责审核和批复，水质标准由卫生部参与制定，仍然属于多部门管理的格局。

4.2 主要矛盾和问题

从 1992 年第一家外资企业进入广东省中山市坦洲镇为改革契机，城市水务管理体制经历了水务事业单位企业化、市场化改革、特许经营建章立制、前端招投标市场改革、水价改革以及综合一体化试点等重要事件，尽管改革成果丰硕，但也面临诸如高溢价收购、固定回报率、政府有限承诺、水价快速上涨、普遍服务和公益性监管等问题，这些问题多数也是当下水务管理体制面临的主要难题。以市场化为导向的水务体制改革引发了大量的争议，尽管现有体制并没有完全被“市场化”，但许多观点和争论仍然以城市水务产品性质为理由和基础，认为市场化过快导致了大量公共服务目标流失，使得原有应具备的公共服务功能逐步丧失。

4.2.1 市场化改革

从引入外资和内资、初步构建市场化竞争体系，到价格改革、综合一体化管理体制改革，再到提供方式和亲贫规制等，水务部门改革的举措与国内其他主要改革路线大体上是一脉相承。已有文献研究分析了这一改革带来的影响，也有文献从更宏观的层面分析水务部门的绩效变化、管制改革的作用等。

一些文献对水务改革进程和影响进行了反思，形成了对两个阶段不同的看法，前一阶段以效率评价为主，后一阶段以公共利益为代表。刘世庆（2002）认为供水产业与其他基础领域改革一样面临着两项重大任务，其一是解决长期

以来国有独资垄断、效率低下、供水能力严重不足的缺口问题，需要通过市场化、政府职能转变、政企分离等措施加以解决；其二是满足具有浓厚公共产品特征和部分公益性职能的需要。以国内水务领域市场化为背景，引入竞争、产权多元化是供水产业改革的必然要求，组建大型水务集团实现跨区经营、厂网合一、给排水一体化是实现有效率供水的途径。刘志琪等（2005）和王岭（2013）持有类似的意见，刘志琪等（2005）在总结城市供水 1992—2004 年的改革经验后认为，总体上以市场化为导向的水务改革改变了传统城市供水行业的建设、经营和管理模式，逐步形成了以市场为导向的竞争体系，现代企业制度逐步形成、投资结构多元化、供水企业的市场意识增强、地区封锁已经破除等。市场化价格改革、产权制度、供排一体化管理以及厂网分离、主辅分离是打破垄断的关键性因素，但文章也指出了目前水务改革的主要面临的问题，如推行特许经营权制度需要完善政府监管机制和资信机制，市场化改革不能丢弃水务的准公共性，进一步强化政府的公共责任和监管职能，深化完善产权制度改革等。王岭（2013）在上述基础上，进一步强调了投融资改革的必要性。

不同看法主要是针对民营化过程中出现的一些问题。陈明（2004）认为公用事业民营化过程存在冗员和裁员、失信和守信、控股和不控股、价格调整和普遍服务、特许经营的垄断和竞争、存量资产的低价和溢价、准入门槛的高低、管制的强弱等选择性难题，民营化出现了两难境地。王广起等（2006）以潍坊市水务企业转型改革为案例，认为国有企业整体打包转型为股份公司性质尽管有助于解决经理人激励的问题，但多重委托代理链条可能会导致国有资产流失；特许经营在实际操作过程中受到政府资信、法律性质的诸多限制；监管部门没有完备的监管体系；纵向一体化（给排一体化、给排和管网一体化以及相邻区域一体化等）尽管可以降低交易成本、缓解财政压力、实现规模经济，但一体化经营模式容易形成效率损失，侵害消费者利益。江小国（2011）认为水务行业的市场化可以解决国有垄断的低效率和资金短缺问题，将水务的市场化进程表述为三位一体，即产业重组、经营权外包（BOT、TOT 等）和政府监管，同时认为水务产业市场化存在固有的缺陷，需要政府在市场准入、价格和质量等方面进行实施规制。徐辉等（2012）以兰州模式和西安水务改革为案例，认为目前我国水务改革的缺陷存在于地方政府以融资为目的的水务企业重组和兼并、随意性的水价决策以及立法滞后等方面。

于良春和程谋勇（2013）则考察了地方政府决策在不同利益驱动下对水务产业的组织结构带来的影响，他们利用 Baron et al（1982）和 Vickers（1995）信息不对称条件下的规制假设，建立地方政府追求不同利益目标的管制模型并进行了实证验证，结果发现政府追求融资最大化时，会引发水务行业纵向一体化，而追求社会福利最大化时会引起纵向分离，且在纵向分离下不会导致有效的上游竞争。

也有关于影响效果方面的实证文献。肖兴志等（2011）利用动态面板广义矩方法（GMM-DIFF），以 2000—2009 年的省际数据为基础，研究了市场化背景下规制改革对城市水务产业发展的影响。实证结果认为，只有微弱的证据表明规制改革促进了城市水务产业的总量发展，且受制于政府偏好与战略选择，城市水务产业采取了收益率规制方式，具有较为严重的 A-J 效应，存在着以损害效率为代价的规模化增长。这篇文献对之后的类似研究有一定的影响，主要体现在对管制指标的选取上有一定的独特性，即价格管制选取了资本劳动比作为代理变量，进入管制采取了非国有企业资本占国有企业资本比，之后许多文献均采用类似的指标体现管制的力量。

郭蕾等（2016）采取了类似的指标，从公共福利提升视角，基于 2004—2012 年省际动态面板数据，运用 Logit 模型考察了规制改革的效果。价格规制和进入规制指标的选取采用了与肖兴志等（2011）一致的指标，公共福利性指标则以价格、产量（供水总量）、质量（水安全重大事件）和普及率表示，城市化率和人均 GDP 的对数值作为控制变量，实证表明价格规制和进入规制对公共福利目标并没有显示一致的正向作用，建议回归公益性价值目标。但在他们的另一篇文章中（郭蕾等，2016），结论则略有差异，他们采用了更微观的 CGSS 数据库中的居民幸福感数据作为衡量公共福利的代理变量，实证分析结果表明水务的规制对居民幸福感具有积极的影响，尤其是价格规制对居民的主观幸福感呈现倒 U 型曲线。

运用类似的指标，采用不同的数据库，可能会显示不同的结果。苏晓红等（2012）以 VAR 脉冲响应函数实证研究了 1992—2009 年城市供水行业的政府规制行为与规制效果的动态关系。论文将政府规制行为分为放松准入和价格管制，其指标选择与肖兴志等（2011）一致，规制效果表达为城市供水总量，质量水平采取了供水行业生产成本，城市化水平是其控制变量，结果表现为放松

市场准入的规制和价格规制显著地促进了城市供水总量水平的发展，但长期看来这种促进作用正在逐渐减弱，但价格规制导致行业生产成本上升，降低了生产效率。

总体上，本课题组认为现有文献在规制改革绩效的研究成果主要体现在：（1）对放松管制和价格管制等指标选择和实证方法进行了深入研究。（2）研究了规制改革绩效，主要体现在能力、效率和公共福利等方面。现有文献实证结果的差异性主要体现在数据和样本的选择方面，多数采用省际数据，结果多数显示弱正相关或者不相关，选择更微观化的数据则显著正相关的结果更多。除此之外，课题组认为规制改革还应体现在管理体制改革（监管权的变化）、国有企业变化等方面，规制绩效也应体现出政府行为变化等方面。这可能与实证分析中的遗漏变量有关。

4.2.2　放松进入

外资进入水务市场的争议主要集中于高溢价收购国内水务企业（谢冰，2009）、保底的固定回报率（周耀东等，2005）以及产业安全等问题（朱颂梅，2007）。多数研究认为政府放松进入管制的目的在于弥补建设资金不足、推动地区经济增长以及获取政治利益（王洛忠等，2007）。有观点认为，外资进入给国内水务企业的改革提供了示范性样本，提高了运营效率，改善了融资结构，引导了国内水务市场的开发（李慧，2014），但短期化利益动机十分明显。一旦地方政府换届或财政支付能力难以持续、承诺缺乏一贯性，项目将存在巨大风险（周耀东等，2005）。在高诱惑条件下，外资采取“高溢价”收购进入（闫笑炜，2016）。2004 年原建设部叫停保底承诺后，高溢价行为得到了抑制。产业安全问题来源于两个方面：基础设施的控制权转移和超国民待遇。现有研究认为，外资进入城市水务基础设施部门，总体的产业安全度是稳定的（潘菁等，2012）。超国民待遇问题主要表现为内外资待遇不平等和内资进入困难（朱颂梅，2007）。在超国民待遇条件下，内资不得不联合外资一起共同进行水务投资，以获取更多的优惠政策。内外资平等问题逐步得到化解之后，社会资本进入门槛仍然存在。效率问题是对这种放松管制和社会资本进入行为的结果评价。研究认为，无论是外资还是内资的短期化进入，都没有提升城市水务的效率（肖兴志等，2011）。

2008 年之后外资发展逐步停滞，诸多业务转移给国内企业，原有的跑马圈地、高溢价收购方式受到了抑制，主要原因在于水务市场竞争逐步成熟，国内企业更加熟悉地方公用事业的规则，国外企业还缺乏深耕国内市场的基础和条件，对未来水务盈利模式缺乏明确预期，原有的盈利模式不可存续。实际上公用事业历来就与当地经济、政治甚至舆情呼声有关，长达 25 年以上的重资产运营如果缺乏一个明确的制度承诺，这种重资产的风险性就足以让外资退出日益激烈的竞争市场。未来外资在国内水务市场的主要角色定位可能从原先的公共事业的运营者向专业化细分市场的提供商转变。

20 世纪 80 年代开启的招商引资运动表现为一种“全民性”行为。从现有外资进入城市水务的案例来看，外资和内资进入为城市水务发展带来了短缺的资金、可提升的技术以及新型的运行机制和管理技术，但短期化扭曲了城市水务开放本身的价值与意义。多数城市将外资进入视为招商引资的一种策略，其可持续程度受到本地政府承诺、政治利益以及收购过程中可占用租金的影响。由于缺乏对进入规则以及相应的制度安排的长期稳定策略，这种进入具有间歇性和周期性特点，且缺乏稳定预期。

虽然学术研究成果和我国城镇水务现实经验对放松外资进入的看法略显消极，但对于外资进入水务市场是否能够持续促进行业发展和效率提升的问题均未能得到统一结论，故本课题将放松外资进入作为运行机制市场化的表现之一纳入研究设计，实证探究外资进入对水务行业效率的影响。

4.2.3 水价改革

水价改革一直是水务改革的重要内容之一。从现有的改革各项措施和制度安排来看，水价改革的基本逻辑思路和模式已然明确。关于水价问题的理论争议并不在于水价是否应当调整，而是如何制定合理的水价，以及水价改革和调整的影响效应（北京市价格协会课题组，2012；唐要家，2015；刘婷婷等，2013；方国华等，2013）。这些争议有助于为水价总体调整和目标模式的形成提供理论依据和基础。水价结构不合理是水价问题的核心，水资源费和污水处理费偏低，并没有实现水务环节的全成本核算（傅涛等，2006），但更主要是这种不合理格局可能来自于定价制度，多部门决策是形成这种偏差的重要因素之一。水资源费、供水费和污水处理费等水价的三个部分分别由三个不同级别和层次的法律规章决定，且执行的行政主管部门各不相同，决策时间、程序也

各有差别，这就造成了各地“一城一价”，不同层次、多部门管理的格局。总体来看，定价制度的调整和完善可能是未来水价改革的关键因素，整合统一的水务定价体制和内容，剥离各部门对水务不同环节的过度干预，成为未来水务价格改革的另一个难点和问题。

中国的水价管理体制近 20 年也发生了很大的变化，从早期由部委管理逐步向部委和地方政府共同管理过渡。马中等（2012）分析了我国综合水价的决策和征收体制，认为目前综合水价的决策层级和部门高度分散，由中央、省、市三级政府以及价格、财政、水利、城建、环保、经济贸易等多部门参与定价。其中，污水排污费方面的决策权在中央政府，水资源费的决策权在省级政府，供水价格和污水处理费的决策权在市级政府，但征收部门和征收对象相对集中，由县级及以上政府的相应行政主管部门（包括水行政、市政建设和环保部门）向用水户（包括单位和个人）征收。由此就形成了各地水价标准有较大的差异，有强烈的本地特征（姬鹏程等，2014）。

这种分散的定价权导致水价标准在具体执行过程中差异较大，“一城一价”现象突出，尤其是不同的管理权限激励了地方政府更加重视供水价格和污水处理费，但水资源费和污水排污费定价过低；水价调整困难，难以适应经济条件的变动。总体来看，水价改革是城市水务市场化进程的关键性因素，只有价格成为实现资源配置的有效信号，市场机制才能发挥作用。从目前来看，改革实现了水价形成机制初步框架，但水价制定、监管以及调整还有待于进一步完善。

为了明确水价改革给水务行业带来了何种改变，充分发挥价格这一资源配置有效信号的作用，本课题将水价改革也作为水务运行机制市场化的关键指标之一，探究水价改革对水务行业效率和福利的影响。

4.2.4　融资和经营模式

无论是特许经营还是 PPP 模式都是城市水务提供方式的一种转型。引入特许经营权为解决高进入壁垒提供了有效途径，类似于给愿意以较低价格提供产品或服务的企业的一种奖励（王俊豪等，2014），以实现竞争效率。2002 年 12 月，原建设部发布了《关于加快市政公用行业市场化进程的意见》，鼓励对供水、污水处理等经营性项目的建设采用公开招标的方式，建立特许经营制度。2004 年，进一步发布了《市政公用事业特许经营管理办法》《城市供水特许经营协议示范文件》等法规和文件,对自来水产业的市场化运营提供了法律支持和专业性指导。

关于特许经营权的争议主要在于三个方面。一是规章层次较低，难以实现制衡和指导作用。特许经营权是特定的城市公用事业部门经营模式，是公用事业部门经营模式的顶层规则设计，但仅仅以部门规章的形式发布，法律层次较低。二是其属于行政许可还是民商存在争议（薛亮，2014），焦点在于特许经营权的法律关系较为复杂，是一种行政合同面向市场多元主体形成的民商关系，兼具两者特征（余羚，2007），因此一旦特许经营出现争议，难以单独通过民事或者行政诉讼进行妥善解决。三是概念争议。特许经营权与 PPP、政府购买服务的边界模糊。有观点认为特许经营权实际上将不可预测的风险全部转嫁给特许经营企业，公私合作制（PPP）强调了建设和运营等过程性的各种风险控制和分担，政府购买则属于一个契约安排较为简单的合同外包，更适用于社会福利范围（王俊豪等，2014），相当于特许经营制度提供了结果性考核机制，而公私合作制显然更加精细，是过程治理合作的体现，但最终应落脚在公法与私法互动与争议解决机制上。

公私合作制（PPP）模式最初来自欧洲公用事业部门的市场化运行机制创新，以英国和法国为代表。早在 2004 年，这一制度就已经引入到我国城市水务改革之中（余晖等，2005）。2014 年之后，财政部提出“物有所值”和财政承受能力标准的门槛，为地方政府引入 PPP 确立了门槛。在新一轮 PPP 模式中社会资本已不限于民营资本，其他国有或国有股份公司也可以作为社会资本参与其中。从实际情况来看，主要存在三大问题：一是项目运营的自身风险仍然不容忽视。大部分污水处理项目收入主要来自于地方财政专项支付的污水处理费，支付价格和金额由地方政府财政与项目公司商定。这种过度依赖于政府财政支付的模式受制于地方政府的各种因素，比如政治周期、经济条件、支付条件等。二是融资风险。市政工程项目多数属于长期工程项目，有些项目的运营期限长达 25~30 年，项目公司利用财政底款与部分资本金从银行能够获得项目资金约 65%~70% 的贷款。这实际上为地方政府在平台融资受限后开启了又一种融资渠道。三是效率问题。PPP 模式的核心不仅仅是融资，更在于运营效率改善，但现有的交易合同更多地将 PPP 模式作为一种新型融资对待，交易结构难以体现出其对于经营效率的价值。已有研究认为，PPP 模式是针对未来公用事业产品和服务提供过程中长期性的契约安排，收益和风险匹配、风险管理和

分担、责任明确和制度透明是关键性的要件（王俊豪等，2014）。在正式制度尚不完备的条件下，PPP 模式会给双方带来各种机会主义选择。总体来看，无论运行机制发生何种转变，关键的问题在于，如果行业缺乏可持续的盈利空间和模式，单纯需要通过政府“转手”或者政府直接补贴支持，这种不可持续的经营模式可能是行业最大的风险。

有关特许经营和公私合作制的争论往往集中在法律和概念层面，水务行业特许经营和公私合作模式“有风险，有效果”的特点在多数学者的研究中得到证实（陈富良等，2015；范登云等，2016；王秋雯，2018），即私人资本运营能够给水务行业运转效率带来提高，但同时会带来运营、融资、法律等方面的风险。相关研究在理论推演和现实证据方面均较为充分，故本课题不再过多讨论水务行业特许经营和公私合作模式。

4.2.5　普遍服务的内涵和实现

普遍服务的概念在欧美国家历史悠久，成为这些国家公用事业改革的建制思路之一。普遍服务具有非排他性、非歧视性、公平性、可得性以及因地制宜性等基本特征（Blackman，1995），其公共利益性质正是公用事业部门最本质特征，也是区别于其他部门的本质体现。世界银行经济学家在总结各国水务部门的市场化经验中也指出，南美洲巴西、阿根廷等国家市场化改革导致了公共利益受损，最终使改革走入困境（Marin, 2009）。

我国在城市水务改革过程中普遍服务的概念比较模糊，存在一定的争议（曹现强，2012），但多数研究认为水务市场化过多关注了市场化的资源配置功能，淡化了政府的公共责任，应更多关注公平性、服务均等性及民生问题，建立“亲贫”规制。实际上普遍服务不等于公共产品，普遍服务是公共产品的最基本部分，但公共产品由于不同的竞争性和排他性而呈现出多类型化。城市水务的普遍服务应包括两个层次：一是供水的最低标准，它是针对水质的一种基本保障；二是强调针对中低收入群体和偏远城市群体，在供水服务中应享受基本的用水服务，包括服务人口规模和分布、管网长度、供排水能力和规模和覆盖率等。因此政府理应将城市水务的普遍服务作为其一般责任和义务，由政府承担其成本，并不将普遍服务扩大化。故本课题对我国水务部门普遍服务的可能性不做过多讨论。

4.2.6 综合一体化管理体制改革

综合一体化管理体制的目的是整合地方涉水权利，将水资源和水务统一管理。根据水利部的调查，从实际运行效果来看，优劣参半。改革初衷是加强地区和城市内的流域和管网的统一规划、指导和管理，但实际中却难以实现地方涉水权利重新配置。已有研究认为，障碍主要来自于上下不统一、职能调整不到位和落实不力（钟玉秀等，2010）。也有观点认为，中央与地方事权与支出匹配性不足地方事权履行能力不足及财力有限制约了地方涉水事务的发展（水利部发展研究中心课题组，2015）。

公共事务的权利整合，目的在于提高行政决策和运行效率，防止部门之间相互推诿和掣肘。涉水事务涉及大量公共项目申报、审批和资金运作、收费和补贴，以及相关的规划、评估和监督等工作，政府行政管理权力、公共工程项目建设和运营以及国有资产管理和监督等权力交织一起，如果不进行有效的疏解，大一统的管理模式并不一定有效。综合一体化管理体制是一种地方涉水事权的整合，但如果没有与支出责任相对应，则即使是整合在一起，也会因为各自专项行政费用来自各自归口而各行其是。因此，课题组认为综合一体化管理体制改革问题的根因在于事权和财权不对等。要形成分工合理、责权明确的地方行政管理架构，最终还依赖于中央政府的顶层设计。

4.3 本章小结

本章着重讨论我国城镇水务运行机制、管理体制改革的历程和主要矛盾。我国城镇水务改革的历程可以概括为从“普惠制”到“半市场化”，即从政府作为水务的提供方、以接近免费的价格向全社会提供水务服务的模式，向用水价格乃至运行机制市场化的模式转变。这一过程中，我国城镇水务价格、管理体制构架、运行机制和管制制度安排等均在放松市场进入之后有所变化，改革进程努力适应新体制所带来的变化，有进展也有矛盾，体现出在不断试错条件下不断纠偏的过程。通过分析城镇水务运行机制和管理体制改革的具体举措、作用效果和遭遇的问题，本研究将课题中运行机制改革的研究对象初步框定为外资和内资进入水务市场、供水价格和水价阶梯定价改革，将管理体制改革的研究对象框定为以成立地方水务局为代表的水务综合一体化改革。

第 5 章　水务市场的分割：微观与宏观

似乎所有的矛盾都集中于政府对水务市场的干预权限与市场本身资源配置的匹配程度。显然，水务市场通过价格灵活调节资源配置的功能因其公共品属性不能得到充分的实现，受管制价格势必会影响企业提供供排放等水务活动，即使作为本地唯一一家提供方也会受到政府的约束，存在一定程度的长期亏损局面，我国改革开放前就是这种典型表现。这就意味着，在受管制条件下，企业在能够实现可维持经营水平下，政府对企业存在着边际定价和平均成本定价控制的“两难”选择（Laffont et al，1987），信息不对称加剧了根据历史成本定价的信息租金。因此，在公共部门中企业难以同时实现两个目标。本课题在这一基础上，认为公共部门的目标历来就是多元的，包括普遍服务、可维持条件、环境责任等，这是公共部门的产品性质所决定的。当然这里不排除当地政府对企业提出的更多目标，比如招商引资、经济增长和就业等。在多目标条件下，由于目标信息不明确和不透明，激励、责任和绩效不匹配，只有国有企业具备这样的生存能力，企业通过交叉补贴实现所谓“剃刀性”的多目标权衡，但并不意味着所有目标都能够实现。其他类型的企业由于自身的目标更具有单一性，只能实现单一条件的市场均衡，由此就形成了所谓水务市场的分割。在这种分割的市场条件下，宏观管理部门由于目标相互冲突，形成了相互竞争的“掣肘效应”。

5.1　微观部门：企业的目标与盈利激励

本节从微观的视角，针对我国水务企业所承担的目标，逐一分析水务企业在单一目标、双重目标以及多目标情况下的激励策略。在不同约束条件下，我国水务企业对应政府的激励政策所采取的策略，将影响其在整个水务系统中所扮演的角色。

5.1.1 单一目标下企业的盈利激励

为构造水务企业的利润函数，假定本地只有一家供排水服务企业（纵向一体化），作为垄断者为本地城市提供供排水服务。其基本的约束条件是企业要持续经营，即长期利润大于等于0，如果小于0则退出水务市场。

大部分公共产品理论主要研究的是公共产品的需求问题。按照公共产品供给理论，如果企业提供的是一种公共品，即具有非竞争性和非排他性，单个私人企业是不愿意提供这种公共品的，理由在于公共品中存在着“搭便车”问题引起的“囚徒困境”,即没有人愿意分摊公共品带来的成本,但却想搭其他人的便车（田国强，2016）。在公共品市场中，均衡体现为所有人的边际替代率（MRS）之和等于商品 x 的边际产出的倒数（$1/f'$），等于两种物品的价格比（p_x/p_y），这一条件与完全竞争纯私人物品的市场均衡有很大差异（MRS $=p_1/p_2$）。在公共品的市场需求曲线上的价格，是给定产出水平上每多一个单位的产出等于所有消费者的边际价值之和。在其他条件不变的情况下，林达尔均衡提供了一种在竞争市场上提供公共品的可行机制，即林达尔认为不同消费者的边际替代率可以视为消费者的购买意愿，如果他能够真实地表达为自愿支付的程度，那么这一均衡就能够实现。他把这种自愿支付的程度映射到税收比例上。即：

$$\mathrm{MRS}_1+\mathrm{MARS}_2=(\alpha^1+\alpha^2)/f'=1/f' \tag{5-1}$$

如果其给出的支付正好能够充分购买公共产品，这一均衡就是有效的。但自愿提供税负水平严重依赖于每一个人自愿的真实报价。在搭便车条件下，真实信息的激励被大大降低了，每一个人都有意愿提供更低的偏好信息，这一均衡条件难以被满足。

威克瑞－克拉克－格罗夫斯（Vickey-Clark-Groves）提供了需求显示机制来解决公共品的有效供给问题。这一机制表明，如果个人利益与社会利益充分一致，那么每一个人就愿意提供真实的净价值信息。其背后的逻辑是要使得每一个表达真实的净价值信息，必须有足够的激励促使其采取“讲真话”的行动，即真实的价值函数与回报的价值函数一致，社会给其提供的转移支付与其意愿支付一致（即个人支付的代价与其所获得的收益一致）。VCG机制提供了一个

标准的“中枢机制”，这一付费机制主要是针对非排他性的公共产品在无法针对消费者定价的条件下实施的一种可行的支付条件，并没有讨论企业能否提供“真实的成本信息”，即非竞争条件。

实际上，从前文讨论的水务服务特征来看，供水服务的最终商品可以由消费者按照水量付费，而不是一种非排他性产品。在其他条件给定的情况下，消费者意愿支付水平与水量大小有关，消费的水量越多，支付代价越大。每增加一单位水量意愿的支付等于每增加一单位的供给代价（$MRS=P_X/P_Y$）。从消费者角度来看，不存在“搭便车”行为，当然如果没有针对每户居民的计量表（水表），这种搭便车的行为仍然会存在。

从供给端来看，供水部门根据自身的成本状况提供边际产品。大多数水务部门所提供的服务具有非竞争性。由于缺乏市场竞争，本地垄断化部门可能利用其垄断地位，隐藏真实成本信息、提高要价，榨取消费者剩余，这可能是供水部门均衡问题的关键。

关于供给端被管制企业的最优生产问题，早期植草益（1987）[①] 提到了两个条件，其一是长期可维持条件，其二是强调了企业必须在可维持条件下才能生存。将信息问题纳入到被管制企业之中的是 Loeb et al（1979），之后 Vogelsang et al（1979）、Sappington et al（1988）都从不同角度深化了对该问题的认识。拉丰和蒂罗尔（Laffont et al，1993）初步构建了这一问题的完整框架。

假设企业能够提供其真实的成本信息，由于供水部门具有管网建设较高的固定投入和较低的边际成本特征，单纯地通过边际成本定价难以满足企业的可维持条件。通过平均成本定价将能够满足企业可维持条件，社会也能够在可容忍的范围内接受这一定价水平。拉姆齐定价更强调了针对管网的固定投入和边际成本进行分别定价以实现接近最优的水平，即允许向某些用户索取高价而保持对低收入用户实行低价格，以二部定价的形式，通过交叉补贴来弥补低需求造成的损失。

如果引入信息问题，即企业提供真实信息是有代价的，或者企业会隐藏自己的真实信息。在这一条件下，诱导企业提供真实信息就成为实现可维持条件的关键。Laffont et al（1993）认为，如果企业隐藏真实信息，最优定价形式一

① 植草益 . 微观规制经济学 [M]. 北京：中国发展出版社，1992.

定包括了企业的信息租金。这意味着如果要接受企业可维持条件，必须忍受企业因信息租金带来的高额补贴或者要价。但水务活动相对于努力信息而言，更复杂的条件在于，管制者不仅不能识别企业的真实努力信息，而且管制者的目标也不一定明确。尽管理论上可以假设社会福利最大化目标，但现实过程中，这种社会福利最大化被细化为经济增长、就业、质量因素、环境保护等，对于水务企业而言，最为基本的目标至少有自身的可维持生存、公共服务（普遍服务）和环境责任，但本地政府会对企业存在更多的社会经济诉求，包括经济增长所引发的招商引资、就业以及国有资产保值增值等。这些目标有些是明确可识别的，有些则难以明确或无法实现责任、激励和任务匹配，有些是短期目标，有些是长期目标，而且目标之间相互冲突。这就加重了原先因为努力信息扭曲带来的问题，成为在我国水务市场中市场分割的直接因素。

1. 不考虑信息条件下企业单一目标的可维持条件

假定水务市场是可收费市场，其收费价格与消费者消费的水量有关，消费者的效用函数为 $U(x,y)$，x 为水务产品和服务，y 为其他商品。作为一体化的供水企业，其成本函数包括了固定投入和可变投入，固定投入主要包括了管网和供水设备，可变投入包括了用于维持供水的物料和人工费用。假设本地只有一家供水企业。在这样的条件下，水务企业作为垄断企业选择定价水平，根据其边际收益等于边际成本，在长期条件下，其长期边际收益等于边际成本等于长期平均成本。这时候，企业的长期利润等于零。如果小于零，其会选择退出市场或者减少固定投入。如果高固定成本不变，长期条件下，企业可能由于亏损导致退出市场。

在垄断条件下，企业提供的供水服务水平要低于竞争性市场，但要价更高。这是由于在高固定投入下，企业享受到规模经济带来的垄断租金。在竞争性市场，企业进行更高固定投入从而获得更低的资本边际生产率。

假设供水企业的生产函数为：

$$q=f(k,\ l) \tag{5-2}$$

供水企业的实际资本收益率为：

$$s=\frac{pf\left(k,l\right)-wl}{k} \tag{5-3}$$

供水企业提供生活用水的价格为 p，产出为 q，劳动投入工资率为 w，政府

对水务企业规定的收益率为s^*，则供水企业利润最大化求解方程为：

$$\max\pi = pf\left(k,l\right) - wl - vk \tag{5-4}$$

$$s.t.\ s \leqslant s^*$$

构建拉格朗格表达式为：

$$L = pf\left(k,l\right) - wl - vk + \lambda[wl + s^*k - pf\left(k,l\right)] \tag{5-5}$$

对上式分别求k，l，λ的偏导数，可得：

$$pf_l = w; \tag{5-6}$$

上式对任何利润最大化的企业均成立。

$$pf_k = \frac{v - \lambda s^*}{1 - \lambda}; \tag{5-7}$$

由于$\lambda = 0$时政府未对水务企业进行管制，$\lambda = 1$时水务企业投入的资本不受限制，这两种情况均不适合实际情况：

$$0 < \lambda < 1\text{；可得：}pf_k < v; \tag{5-8}$$

考虑到居民效用的情况，政府对供水企业的收益率进行管制，如果供水企业获取更低的资本边际生产率，则需要更多的资本投入。结合城市水务实际情况，在供排水等环节，需要进行大量固定资产投入，收益低的环节只有资本实力较强的国有、民营和外资水务企业或者通过资本联合才能参与水务提供，规模较小的企业只能通过产业链纵向分工实现有限度的参与。

2. 考虑信息条件企业单一目标的可维持条件

上述讨论并没有完全将企业的激励纳入到研究中。Laffont et al（1993）研究发现，在被管制企业之中，管制者面临企业成本信息问题而存在两难选择，即企业成本信息限制了管制者对被管制企业的控制。他们提出了“激励约束”方式，即管制者为避免价格的扭曲，采取生产成本会计衡量法，他们把企业边际成本定义为企业逆向选择参数与企业为降低成本所付出的努力之差，其中逆向选择参数是企业的私有信息，假设管制者的目标函数为社会福利最大化，在企业激励约束的条件下，研究水务企业可维持发展的条件，并提出在单一目标下，管制者对水务企业的最优的管制激励设计机制，因此有必要给予微观企业一定的激励条件，刺激其在实现自身利益最大化的同时，不损害社会公共利益。

因此，Laffont 提出激励与价格脱钩，公共服务目标可以通过其他方式由企业提供服务而实现，价格由企业主导。由此提出以下模型假设。

受管制水务企业的总成本函数为：$C=C[\beta,\ E(C,\ q),\ q]=\beta-E$。其中$\beta$是利润参数；$E$是水务企业以成本$C$生产$q$所需要的努力，$E_C<0$，$E_q>0$；$q$是水务企业的产量，同时$C_q>0$；水务企业提供服务产生的消费者剩余为$S(q)$。政府为保证居民的基本用水服务，要求水务企业提供的产品必须达到最低的需求，既$q\geqslant q_l$；同时水务企业要为经济发展、资产的保值增值、环境保护等目标付出努力。管制者对水务企业进行补偿，假设t表示管制者给水务企业的净货币转移支付，$\psi(*)$表示努力的负效应，那么水务企业的目标函数为：

$$U=t-\psi(E) \tag{5-9}$$

在政府管制下，当且仅当$U\geqslant 0$时，水务企业才能维持发展。

根据以上假设，社会的福利函数是：

$$W=S(q)-(1+\lambda)[\psi(E)+\beta-E]-\lambda U \tag{5-10}$$

（1）完全信息条件

在完全信息条件下，政府能够完全获得以成本C生产q所需要的努力E^*；那么政府在追求社会福利最大化的求解方程为：

$$\max_{\{U,E\}}\left\{S(q)-(1+\lambda)[\psi(E)+\beta-E]-\lambda U\right\} \tag{5-11}$$

$$s.t.\ U\geqslant 0$$

规划求解可得：

$$\psi'(E)=1\text{或}E=E^* \tag{5-12}$$

$$U=0\text{或}t=\psi'(E^*) \tag{5-13}$$

水务企业以成本C生产q所需要的努力边际负效应$\psi'(E)$必须等于边际的成本节约，政府没有留给水务企业任何租金。在完全信息条件下，企业的利润率β不会影响管制者的激励策略，即在完全信息条件下，国有水务企业和其他类

型企业面临同样的激励。

（2）不完全信息条件

在不完全信息条件下，管制者不能够完全获得以成本C生产q所需要的努力E；管制者能够观察到β的利润率，$\beta \in \{\beta_1, \beta_2\}$；管制者能够观察到水务企业生产所投入的成本$C$，并给水务企业净转移支付$t$。其中：$C_2 \geqslant C_1$，$U_1$，$U_2 \geqslant 0$。管制者在水务企业事后的社会福利函数为：

$$W(\beta) = S-(1+\lambda)\left[t(\beta)+C(\beta)\right]+t(\beta)-\psi\left[\beta-C(\beta)\right]$$

$$= S-(1+\lambda)\left[C(\beta)+\psi(\beta)-C(\beta)\right]-\lambda U(\beta) \qquad (5\text{-}14)$$

管制者对水务企业的利润率β值有一个先验的概率分布：

$$v = Pr(\beta=\beta_1) \qquad (5\text{-}15)$$

其在激励相容和个体理性约束下的社会福利为$W = vW(\beta_1)+(1-v)\ W(\beta_2)$最大化策略，管制者最优化的求解如下：

$$\max_{\{C_1,C_2,U_1,U_2\}} v\left[S-(1+\lambda)\left[C_1+\psi(\beta_1-C_1)\right]-\lambda U_1\right]$$

$$+(1-v)\left[S-(1+\lambda)\left[C_2+\psi(\beta_2-C_2)\right]-\lambda U_2\right] \qquad (5\text{-}16)$$

$$s.t.\ U_1 \geqslant t_1-\psi\left(\beta_1-C_2\right) \geqslant U_2+\psi\left(\beta_2-C_2\right)-\psi\left(\beta_2-C_2-\Delta\beta\right)$$

$$C_2 \geqslant C_1\ ;$$

$$U_1,\ U_2 \geqslant 0;$$

构建拉格朗格表达式并求解可得：

$\psi'\left(\beta_1-C_1\right)=1$ 或 者 $E_1 = E^*$，$E_2 < E^*$；由 约 束 条 件：$U_1 \geqslant U_2+\psi\left(\beta_2-C_2\right)-\psi\left(\beta_2-C_2-\Delta\beta\right)$可得：

$$E_2 < E_1; \qquad (5\text{-}17)$$

由上式可知，由于存在信息不对称，对于管制者给出的回报率激励约束，效率较低的企业存在正的租金，也愿意付出更多的努力，而效率高的企业也存在同样的租金，但难以优胜劣汰（棘轮效应），市场存在着效率低和效率高的企业的混同均衡。即在信息不对称的条件下，管制者设计的激励机制对低效率的企业更有吸引力。对于高效率企业，由于市场价格不能体现出优化信号，引起高效率企业被边缘化或者高效率企业向低效率转化。因此，Laffont et al（1993）提出了将激励和补贴分离，通过结果识别企业努力还是不努力的问题，但总体上，这种激励仍然是一种将激励、责任和任务匹配的设计，即如果存在一种将责任、任务和激励匹配的运行机制，即使不考察企业信息是否真实和容忍部分的租金，企业仍能够为社会做出必要的贡献。

5.1.2 双重目标下企业的盈利激励

上节主要讨论微观企业在单一目标下，管制者给与水务企业的激励策略。根据目前的市场状况，假定由一家国有企业提供城市水务服务，假定不考虑其业务类型（全类型），在现有的约束条件下，企业要维持其运营，势必要实现其盈亏平衡,否则无法维持。由于水务企业的特殊性,必须承担公共服务的功能;作为国有企业，同时必须承担起国有资产保值增值的功能；为促进城市经济的发展，企业要为政府实现年度发展目标做出贡献；此外，企业还有为促进环境改善，承担环境保护的责任。本节主要讨论企业在面临双重目标情况下，企业目标实现的可行性。

在模型设计方面，考虑到水务企业的性质，选择管制者的目标函数为社会福利最大化，那么水务企业面临的双重目标具有以下三种情况：①企业盈利和经济增长；②企业盈利和国有资产保值增值；③企业盈利和环境控制。在考虑到信息的情况下，管制者对水务企业的最优激励机制设计如下：

受管制水务企业的总成本函数为：$C=C\left(E(C,q),\ E_1,\ q\right)=\beta-E-E_1$；

E是水务企业以成本C生产q所需要的努力，$E_C<0$，$E_q>0$；E_1为水务企业为实现另外一个目标做出的努力。

q是水务企业的产量，同时$C_q>0$；水务企业提供服务产生的消费者为$S(q)$。

那么政府在追求社会福利最大化的求解方程为：

$$\max_{\{U,E,E_1\}}\left\{S(q)-(1+\lambda)(\psi\left(E+E_1\right)+\beta-E-E_1)-\lambda U\right\} \tag{5-18}$$

1. 完全信息条件下企业双重目标的可维持条件

在完全信息条件下，假设管制者的目标函数为社会福利最大化，水务企业在双重目标下具备可维持条件。

在完全信息条件下，政府能够完全获得以成本C生产q所需要的努力E^*和实现另外一个目标付出的努力E_1^*，那么政府在追求社会福利最大化的求解方程为：

$$\max_{\{U,E,E_1\}}\left\{S(q)-(1+\lambda)(\psi\left(E+E_1\right)+\beta-E-E_1)-\lambda U\right\} \tag{5-19}$$

$$s.t.\ U\geqslant 0$$

$$C=w_1 q+w_2 E(C,\ q)+w_3 E_1\ ;$$

规划求解可得：

$$\psi'\left(E+E_1\right)=1\text{或}E+E_1=E^*+E_1^* \tag{5-20}$$

$$U=0\text{或}t=\psi'\left(E^*\right)+\psi'\left(E_1^*\right) \tag{5-21}$$

水务企业以成本C生产q所需要的努力边际负效应$\psi'(E^*)$与实现另一个目标付出努力的负效应$\psi'(E_1^*)$之和必须等于边际的成本节约；政府没有留给水务企业任何租金。在完全信息条件下，企业的利润率β受企业的边际成本和努力因素影响，当努力可识别时，政府可以对是否努力采取必要的激励和约束，对于不努力的企业进行干预，对于努力的企业提供必要的奖励，但没有因努力无法识别形成的信息租金。

在完全信息条件下，对于国有水务企业而言，在提供公共服务的前提下，可以实现以下三种双重目标权衡：①企业盈利和经济增长；②企业盈利和国有资产保值增值；③企业盈利和环境控制。任何一种情况在信息完全条件下，政府均不会给水务企业留下租金，通过边际化定价，促使企业能够实现三种双重目标的权衡。

2. 不完全信息条件下企业双重目标的可维持条件

在不完全信息条件下，管制者不能够完全获得以成本C生产q所需要的努力E以及为实现另外一个目标所付出E_1之信息。根据单一目标不完全信息条件的结论，效率低和效率高的企业混同均衡，获得同样的租金（Milgrom et al, 1982）①，导致高效率企业不愿投入努力。这意味着低效率成为努力不可识别信息的支付代价。即使政府通过资本回报率的激励性合同，也无法筛选出高效率企业，只能导致企业进行过度资本投资的 A-J 效应。假设水务企业为低效率企业，那么$\beta=\beta_1$；管制者能够观察到水务企业生产所投入的成本C，并给水务企业净转移支付t。

在不完全信息条件下，政府由于无法识别其努力而支付更高租金，企业是否可能实现：①企业盈利和经济增长；②企业盈利和国有资产保值增值；③企业盈利和环境控制。这三种双重目标最优激励机制如下：

企业盈利和经济增长的双重目标。政府为实现经济持续增长的目标需要进行投资，不可能无限制为水务企业进行转移支付，既$t\leqslant t_{\max}$。

$$\max_{\{U,E,E_1,t\}}\left\{S(q)-(1+\lambda)(\psi\left(E+E_1\right)+\beta-E-E_1)-\lambda U\right\} \tag{5-22}$$

$$s.t.\ U\geqslant 0;$$

$$t\leqslant t_{\max};$$

$$C=w_1q+w_2E(C,q)+w_3E_1;$$

可以得出：$U'(t)=-\frac{1}{\lambda}\psi'\left(E+E_1\right)$

由于$\lambda>0$，即$U'(t)>0$，即企业的租金随着投资的增加而上升。政府通过投资实现经济增长，水务企业为实现利润最大化需要资本投入。由于低效率的水务企业租金为正，愿意付出更多的努力，因此在信息不对称的条件下，水务企业为获得租金、扩大投资付出更多的努力，如通过招投标获取更多的投资项目，以获取更多的租金。

企业盈利和国有资产保值增值的双重目标。国有水务企业属于国有资产，国资委要求国有企业经营要实现国有资产的保值增值，国资委会对国有水务集

① Milgrom P, Roberts J. Limit Pricing and Entry Under Incomplete Information: An Equilibrium Analysis[J]. Econometrica, 1982(50):443-460.

团提出具体的经营目标，即在不对称信息条件下，企业盈利和国有资产保值增值的目标是一致的。

$$\max_{\{U,E,E_1\}}\left\{S(q)-(1+\lambda)(\psi\left(E+E_1\right)+\beta-E-E_1)-\lambda U\right\} \tag{5-23}$$

$$s.t.\ U \geqslant U_{\min};$$

$$C = w_1 q + w_2 E(C,q) + w_3 E_1;$$

求解可得：$\psi'\left(E+E_1\right)=1/_{1+\lambda}>0$

由上节可知，由于此时企业盈利和国有资产保值增值的目标是一致的，国有水务企业为获取更多的租金付出努力。

企业盈利和环境控制的双重目标。水务企业履行环境保护等社会责任必须投入一定的成本，可能还存在对水务企业履行的环境保护职责缺乏监管的情况，在信息不对称的条件下，水务企业可能没有履行环境保护的职责，节约这部分开支以获取更多的租金。

$$\max_{\{U,E,E_2\}}\left\{S(q)-(1+\lambda)(\psi\left(E+E_2\right)+\beta-E-E_2)-\lambda U\right\} \tag{5-24}$$

$$s.t.\ U \geqslant U_{\min}\text{，即}\, t-\psi(E) \geqslant U_{\min}$$

$$C = w_1 q + w_2 E(C,q) + w_3 E_2$$

求解可得：$\psi'\left(E+E_2\right)=1/_{1+\lambda}>0$

在缺失环境保护监管的情况下，水务企业为实现企业利润最大化，减少对环境保护的投入，同时为获取更多的租金，企业可能存在瞒报等欺骗政府的行为，如不履行环境保护的责任等。短期看企业有可能实现双重目标，但长期伴随着环境灾害可证实性，在效率和环境投入目标相互冲突且目标约束硬化的条件下，企业只能通过增加环境治理替代短期效率或者改善生产条件，实现清洁生产，推动可持续的发展，实现效率和环境之间的统一。

总体上在双重目标条件下，如果目标同向而行，尤其与自身的可维持目标一致，当努力信息无法识别，政府作为公共利益代理人为这部分无法识别的努力信息支付信息租金，将促使企业完成双重目标。如果目标之间相互冲突，尤其是环境目标和可维持目标，只有在目标、激励和责任相匹配条件下，企业才有可能通过改善自身的生存条件，实现清洁生存，让目标相互兼容。如果目标不明确，或者责任、激励和目标不匹配，企业有可能通过交叉补贴，对两个目标的实现进行权衡，或者扭曲信息，弱化某一目标的实现程度。

5.1.3 多目标下企业的盈利激励

以上两节讨论了企业在单一目标、双重目标下的企业盈利激励，本节将讨论多目标条件下企业的盈利激励。根据目前的市场状况，假定由一家国有企业提供城市水务服务，不考虑其业务类型（全类型），在现有的约束条件下，企业要维持其运营，势必要实现其盈亏平衡，否则无法维持。由于水务企业的特殊性，企业承担公共服务、经济增长、国有资产的保值增值、环境控制等责任。以下在这种多个目标条件下，研究管制者对水务企业的最优激励设计机制。

假设受管制水务企业的总成本函数为：$C=C(E(C,q),E_1,E_2,E_3,q)$，其中：$E$是水务企业以成本$C$生产$q$所需要的努力，$E_C<0$，$E_q>0$；$E_1$，$E_2$，$E_3$为水务企业为实现另外三个目标做出的努力。

q是水务企业的产量，同时$C_q>0$；水务企业提供服务产生的消费者剩余为$S(q)$。

政府为保证居民的基本用水服务和保护环境，要求水务企业提供的产品必须达到最低的需求，既$q\geqslant q_l$；政府对企业进行补偿，假设t表示政府给水务企业的净货币转移支付，$\psi(*)$表示表示努力的负效应，那么水务企业的目标函数为：

$$U=t-\psi(E,E_1,E_2,E_3) \tag{5-25}$$

在政府管制下，当且仅当$U\geqslant 0$时，水务企业才能维持发展；当U达到或超过政府下达给水务企业经营指标$U_{\min}$时，水务企业可实现国有资产的保值增值。地方政府还有保持经济持续增长的目标，政府需要进行投资，不可能无限制地为水务企业进行转移支付，既$t\leqslant t_{\max}$。

根据以上假设，社会的福利函数是：

$$W = S(q) - (1+\lambda)\Big(\psi\big(E, E_1, E_2, E_3\big) + C(E(C,q), E_1, E_2, E_3, q)\Big) - \lambda U \quad (5\text{-}26)$$

在水务企业要保持国有资产增值，政府要实现经济增长以及对环境控制的前提下，政府追求社会福利最大化的求解方程为：

$$\max_{\{U, E, E_1, E_2, E_3\}} W \quad (5\text{-}27)$$

$$s.t.\ U \geqslant U_{\min};$$

$$t \leqslant t_{\max};$$

$$C = w_1 q + w_2 E(C,q) + w_3 E_1 + w_4 E_2 + w_5 E_2$$

求解这个最大化问题，利用 Lagrange 乘数法，构建 Lagrange 方程式 F，引入λ_1，λ_2，λ_3。

$$F = S(q) - (1+\lambda)\big(\psi(E) + C(E(C,q),q)\big)$$

$$-\lambda U + \lambda_1\big(t - \psi\big(E\big) - U_{\min}\big) + \lambda_2\big[t - t_{\max}\big] + \lambda_3 \delta q_2 \quad (5\text{-}28)$$

$$+\lambda_4\big(C - w_1 q - w_2 E(C,q) - w_3 E_1 - w_4 E_2 - w_5 E_3\big)$$

下面将分别讨论在完全信息和不完全信息条件下，水务企业完成多目标任务的可维持条件。

1. 完全信息下企业多目标的可维持条件

在完全信息条件下，政府能够完全获得以成本C生产q所需要的努力E^*，以及为实现经济增长、国有资产的保值增值、环境控制等目标所付出的努力分别为E_1^*，E_2^*，E_3^*，由求解式 5-28 可得：

$$\begin{cases} \psi'\big(E + E_1 + E_2 + E_3\big) = 1 \\ E + E_1 + E_2 + E_3 = E^* + E_1^* + E_2^* + E_3^* \end{cases} \quad (5\text{-}29)$$

$$\begin{cases} U = 0 \\ t = \psi'\big(E^*\big) + \psi'\big(E_1^*\big) + \psi'\big(E_2^*\big) + \psi'\big(E_3^*\big) \end{cases} \quad (5\text{-}30)$$

水务企业以成本C生产q所需要的努力边际负效应$\psi'\big(E^*\big)$与实现其余三个目标付出努力的负效应$\psi'\big(E_1^*\big)$，$\psi'\big(E_2^*\big)$，$\psi'\big(E_3^*\big)$之和必须等于边际的成本节约，政府没有留给水务企业任何租金。

2. 不完全信息条件下企业多目标的可维持条件

在不完全信息条件下，管制者不清楚水务企业为实现目标所付出的努力，但如果目标所设计的激励、责任和任务是匹配的、可识别的，通过结果来考核企业的多目标性，那么式（5-27）在求解过程中存在一个多付激励租金的次优解。在存在竞争压力条件下，这部分租金接近市场均衡条件。但是，并非所有目标都是清晰、可识别的，当管制者在不了解水务企业所付出的努力，其设定的各种目标不能清晰可见，目标、激励和责任不匹配，水务企业的多目标实现就变得不可行。即多目标条件下，企业要么就是在长期亏损下维持，要么就是企业退出这一领域。因此，在多目标条件下，水务企业会根据考核等要求选择性实现部分目标，如基本的用水服务，国有资产的保值增值，经济增长等；对于一些考核目标不明确的任务，企业会选择性放弃或延缓实施，这就需要管制者与被管制企业签订新的激励合约。

在完全信息条件下，企业的多目标最终还是可能实现的，这是由于所有的目标都是激励和责任匹配的。信息是完全的，激励是可识别的，在这种条件下，即使存在相互冲突的目标，也是短期冲突，比如环境和效率，最终企业会采取一种可行的方式实现相互冲突目标的权衡。但在不完全信息条件下，企业的努力、责任、甚至成果在短期内难以识别。在这种条件下，即使是政府提供了激励性合同，为多目标向企业支付高额租金，但由于难以识别努力、责任和效果，终将导致企业多目标实现的不可能。

5.2　新型城镇化下水务企业市场化的影响机制

水务市场化改革主要是通过两条路径实施的，第一条就是通过引入 FDI 激活水务市场，随着供水规模逐步扩大，大量的民营资本和国营资本纷纷加入，从供水到水处理，业务不断扩展，形成了多层次、多产品、多供应链的巨大市场。第二条是伴随着市场的激活，价格改革逐步提上议程，价格的逐步调整为进一步激发产业活力提供了重要的动力支撑。资本进入和价格改革作为运行机制改革的重要手段，使得供水企业的市场化特征更加突出，市场化特征意味着水务

企业的运营有了更加明确的绩效目标。本节重点分析水务领域的资本进入和价格改革对企业效率和社会福利的影响机制。

5.2.1　市场化对水务企业效率的影响机理

1. 放松资本进入

放松资本进入是水务运行机制改革的重要途径，通过引进国内外资本，强化其市场化特征，增强运营企业活力和生产效率。我国水务领域先后经历了外资进入和国内资本进入两次重要改革。外资进入水务市场的争议集中于高溢价收购国内水务企业（谢冰，2009）、保底的固定回报率（周耀东等，2005）以及产业安全等问题（朱颂梅，2007）。在水务领域的资本进入与城镇水务市场化和城市化快速发展的过程中，这些问题尤为突出。到目前为止，外资进入城镇水务大体上可以分为四个阶段。第一阶段为 1992 年到 2002 年，其特征是外资试探性进入。外资合同大多数是当地政府以财政兜底的方式承诺了外资收益（14%~20%）（朱颂梅，2007），但双方对各自的权益表达模糊。随着政府补贴增加，到 2002 年多数协议因这种固定回报率被叫停而中止。第二阶段为 2002 年到 2004 年，其特征是整顿，部分外资撤出。原住建部在这一阶段相继出台了更为规范的关于市政公用行业的投资、建设和运营文件，特许经营和招标文件也逐步到位。更为规范和理性的投资再一次进入中国的城镇水务是在 2005 年以后，此第三阶段特征是再进入和高溢价，外资不仅进入中国一线城市，而且深入到二、三线城市，外资大多采用了高估值的方式收购当地水务企业，水务合作的形式也趋于多样化。第四阶段为 2009 年之后，随着国内关于水务产业安全问题的讨论，外资进入逐步陷入停滞。

围绕资本进入对本国产业影响的研究已有大量成果，但多数是针对制造业。Caves（1974）最早提出了资本进入之外溢机制的示范效应与竞争效应，Blomstrom et al（2001）提出模仿效应和竞争效应。国内普遍认为引入资本所带来的好处大于代价，主要的原因在于引进资本的同时能够带来技术、知识和管理经验，能够提供更多的就业机会，并且有效地弥补供给不足（江小涓，2004）。也有文献认为外资进入可能对本国产业带来冲击，利用其绝对优势占据本国市场的高端产品份额，通过价值链延伸榨取本国产业更多的剩余，对本国（当地）产业的安全具有一定的威胁（郭丽，2014）。

伴随着对国内水务产业安全的讨论，运行机制改革的重心转移至国内企业，原有的跑马圈地、高溢价收购方式受到了抑制，主要原因在于水务市场竞争逐步成熟，国内企业更加熟悉地方公用事业的规则，国外企业还缺乏深耕国内市场的基础和条件，加之对未来水务盈利模式缺乏明确预期，原有的盈利模式不可存续等。实际上公用事业历来就与当地经济、政治甚至舆情呼声有关，长达25年以上的重资产运营如果缺乏一个明确的制度承诺，这种重资产的风险性就足够让外资退出日益激烈的竞争市场。未来资本进入在国内水务市场主要角色定位可能从原先的公共事业的运营者转向高技术和专业化细分市场的提供商。因此，探究资本进入引致的所有制变化对于水务企业生产效率的影响十分重要。

正如本文5.1.1中对单一目标下盈利激励的讨论，资本进入无疑强化了水务运营企业的市场特性，为企业带来了明确的业绩要求，企业的绩效目标受到重视，并以此作为水务企业单一目标进行了讨论。运行机制的变化使得水务企业的生产效率和利润在一定程度上会发生改变，假定本地只有一家供排水服务企业，作为垄断者为本地城市提供供排水服务，以此为基础构造水务企业的利润函数。其基本的约束条件是企业要持续经营，即长期利润大于等于0，如果小于0，则退出水务市场。在此绩效的激励下，企业会明确经营方向并为之努力，以下根据此基本假设对资本进入引致的生产效率的改变做出进一步分析。

Laffont et al（1993）研究发现，企业成本信息限制了管制者对被管制企业的控制，这使得管制者面临企业成本信息问题的两难选择。由此提出了“激励约束”方式，假设管制者的目标函数为社会福利最大化，在水务企业可维持发展的情况下，给出企业激励约束条件，并提出在单一目标下管制者对水务企业的最优管制激励设计机制，因此有必要刺激微观企业在实现自身利益最大化的同时不损害社会公共利益。根据本部分描述和前文推导可知，在完全信息条件下和非完全信息条件下，水务企业追求社会福利最大化目标函数和激励策略有所差别。

$$\max_{\{U,E\}}\left\{S(q)-(1+\lambda)\big(\psi(E)+\beta-E\big)-\lambda U\right\} \tag{5-11}$$

$$\psi'(E)=1\text{或}E=E^{*} \tag{5-12}$$

$$U=0\text{或}t=\psi'(E^{*}) \tag{5-13}$$

根据 5.1.1 节单一目标下企业的盈利激励，在完全信息条件下，政府实现社会福利最大化问题的目标函数，约束条件和最优解可以表达为公式（5-11）、（5-12）和（5-13）。这意味着，政府为了社会福利最大化目标，应当确保激励目标能够使得水务企业以成本C生产q所需要的努力边际负效应$\psi'(E)$等于边际的成本节约。此时，管制者的激励策略不受企业利润率的影响，即在此条件下，国有水务企业和其他类型企业面临同样的激励，能够更好地实现绩效目标。

$$\max_{\{C_1,C_2,U_1,U_2\}} v\left[S-(1+\lambda)\left[C_1+\psi(\beta_1-C_1)\right]-\lambda U_1\right]$$

$$+(1-v)\left[S-(1+\lambda)\left[C_2+\psi(\beta_2-C_2)\right]-\lambda U_2\right] \tag{5-16}$$

$$E_2<E_1; \tag{5-17}$$

在不完全信息条件下，激励相容和个体理性约束下的社会福利最大化目标和最优解分别表示为（5-16）和（5-17）。这表明，由于存在信息不对称，面对管制者给出的同样回报率激励约束，效率较低的企业存在正租金，也愿意付出更多的努力，而效率高的企业虽然同样存在正租金，但难以优胜劣汰（棘轮效应），市场存在着效率低和效率高的企业的混同均衡。即在信息不对称的条件下，激励机制对低效率的企业更有吸引力；由于市场价格并未体现出优化信号，容易引起高效率企业被边缘化或者高效率企业向低效率转化。

综上，在单一目标、完全信息的条件下，无论高效率还是低效率的水务企业都将面临资本进入的刺激。激励引导下，低效率企业将会更加注重精益生产以提升企业的生产率；而高效率企业为避免被边缘化甚至转化为低效率企业，也将在此激励下努力生产以提高绩效。

城镇水务产业总体上属于公用事业部门，业务主要涉及取水、制水、供水、管网配送、废水处理等环节，产业的特殊性（自然垄断、本地化、城市基础设施和网络化）、服务的多样性（公共性和商品性）和产品的复合性（水量和水质）等特征决定了其治理机制要比一般竞争性市场更为复杂：该产业一方面在进入条件、价格、质量以及社会服务等方面接受政府管制；另一方面，在成本选择、规模和范围、服务等方面又完全自主决策，通过有限度的竞争（标尺竞争）获取竞争效率。

根据以上逻辑，资本进入对城市水务的影响途径可以表达为以下几类。

（1）“示范”效应。资本进入带来的技术、知识和管理经验对本地企业具有溢出效应，影响企业的投入产出变化，表现为本地企业因这种示范效应在成本和收益方面获得了同样多的好处。在新型城镇化背景下，我国放松资本进入水务行业的改革极大地改进了水务企业的运行机制，资本注入到水务企业的同时也带来了先进的技术，企业利用“逆向工程”对技术进行模仿和复制，极大扩展了企业的技术选择范围，使得示范作用更加明显。通过观察和学习，内化于企业自身生产，提高企业竞争能力的同时对企业生产效率的提升起到促进作用。

（2）市场效应。资本进入对水务市场的资源配置效率产生了一定的冲击，其可以通过市场效率和市场势力两个不同侧面对水务市场形成作用。市场效率改善有利于提高城市供水能力和水平，促进城市用水供需平衡；作为公共事业，水务企业具有一定的市场势力，市场势力提高表明市场集中度提高，企业的话语权增强，市场规模扩大，溢价能力加强，对消费者福利具有潜在的威胁，需要政府加强反垄断治理。

（3）发展效应。水务企业作为公共事业，占据着日常生活的重要地位，资本的进入不仅会对企业自身的成长有较大的作用，还会对社会整体的发展水平产生影响。具体来看，资本进入将对城市居民用水普及率和安全以及城镇的发展带来一定影响，尤其是基础设施和城镇总供水效率。从水务层面来看，城市社会发展水平的变化主要表现为城市水务基础设施的改善、用水效率的提高。

2. 水价改革

1949年开始实施水价改革，从最开始水资源的无偿供应到低标准收费，再到阶梯式计量水价制度，水价改革一直是我国城镇水务运行机制改革的重中之重。从现有改革的各项措施和制度安排来看，水价改革的基本逻辑思路和模式已然明确，因此需要进一步分析水价改革在完成节约用水的表层目标的同时，如何推动我国城镇水务运行机制变革，提高水务企业的生产运营效率。

价格变动对水务企业效率的影响。价格机制作为价值规律的具体表现形式和作用形式，在市场机制中占有核心的地位。水价的变化将不可避免地导致水务市场供需变化，而供需变化又会反作用于价格的上涨和下跌。在市场经济下，价格是实现再生产过程的重要因素之一，定价会直接影响消费者的购买和企业的销售。对于多数企业来讲，价格作为外生变量通常会在其经营过程中对生产效率产生冲击。对于垄断竞争市场，短期内价格的变化不一定对企业全要素生产率带来影响，但是长期来看会产生一定的影响，具体分析如下。

在短期，由微观经济学垄断竞争厂商利润最大化条件可得，Q_0为利润最大化供水量，其对应的市场价格为P_0，成本价格为P_1（$P_0 > P_1$），阴影面积为水务企业所获利润，如图 5-1 所示。在成本和需求不变的情况下，水价上涨，涉水企业所获得的短期利润也会增大，但一般来讲需求会因价格上升而下降。因此，价格上涨是否能够给涉水企业带来利润，取决于价格上涨和相应的需求量的下降所产生的净收益的变化。净收益的变化与需求弹性的变化有关，如果需求弹性大于 1，价格的上涨可能会造成利润的损失。在短期需求规模不变条件下，企业通过临时性涨价会增加利润。长期条件下，因竞争者进入和需求波动影响，长期利润为零。对于水务企业的效率来说，生产效率和配置效率主要来自于要素的配比关系变化，在一定程度上受价格波动的影响，但效率受长期条件影响更大。因此，无论是短期还是长期周期性的价格波动，在竞争性市场中并未改善水务企业的效率。

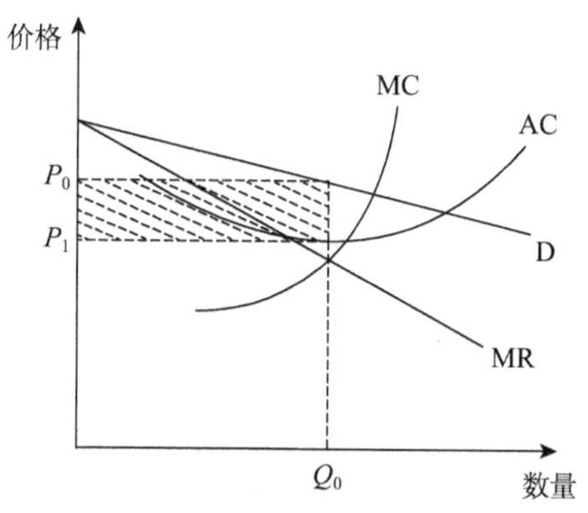

图 5–1　垄断竞争厂商短期均衡

公用事业价格变动对水务企业效率的影响。公用事业多涉及水务、电力、煤气、供热等资源相对稀缺但消耗严重的行业，同时又关系到国计民生，长期以来全部由地方政府所有、投资以及运营。水务企业价格的每次调整，都会对其他部门的生产经营产生影响，但因为和人们日常生活息息相关，且带有社会福利性色彩，因此其价格的变动通常不是涉水企业为谋利而采用的高定价，也不是市场自发形成的均衡定价，而是受政府管控而采取的低水平定价。

如果水务企业能够做到自负盈亏，其价格和产量处于“盈亏平衡点”。在此情况下，水价上升而企业总成本不变，由于水务行业属于资源相对垄断的行业，价格需求弹性较小，需求量不变，因此企业的利润会增长。但是利润的增长不一定带来生产效率的提高，因为涉水企业可能选择在此状态下维持经营。当价格上升，企业的意愿产出增加，而由此带来的效率增加也可能会因为市场需求和要素价格的变化受到抑制。水务企业也有可能在利润丰厚的情况下，为改良产品或长期发展而增加技术投入，提高生产效率，因此水价的变动对生产效率提高的影响呈中性。

如果在当前价格条件下，涉水企业长期处于亏损状态，导致生产效率下降，这时价格上涨对企业效率的改善就存在非中性特征。如图 5-2 所示，当利润最大化产量对应的水价小于 AC 的时候，企业的利润为负，当价格上升，虽然对利润的影响不能判断，但会对水务企业的生产效率产生一定的弥补 。因为在亏损的条件下，供给量与企业成本无关，价格上升可能带来意愿产出增加，即单位投入带来的产出增加，水务企业生产效率提高。

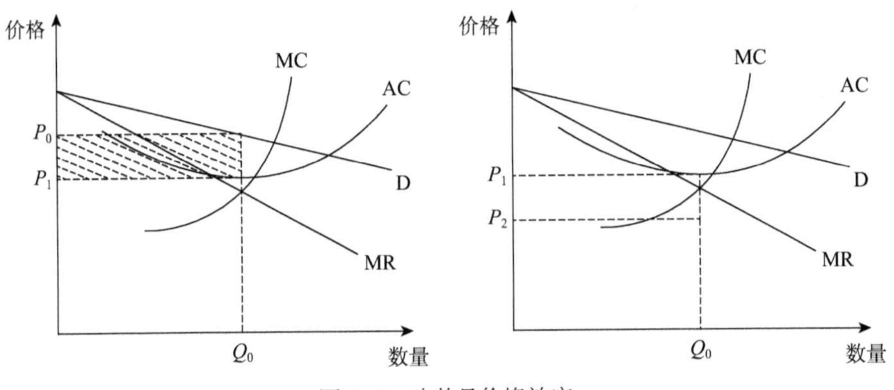

图 5–2　公共品价格效应

从水务行业作为公用事业部门的价格变动趋势来看，我国水价一直为福利性定价，价格低于企业的全成本，单位收益并不能弥补单位成本，企业处于亏损或保本经营的状态，并不符合价格变动的中性影响作用，价格变动对于亏损状态下的企业供给会产生激励性作用。在水价低于均衡价格的情况下，水价上升，水务企业的意愿供水量增加，单位投入所带来的产出增加，生产效率提高。并且，结合 5.1.1 资本进入的机制分析来看，价格改革同样可以释放出优化信号，避免高效率企业边缘化或高效率企业转变为低效率企业，同时这种优化信号对于低效率企业来说也是一种激励机制，促使低效率企业以价格改革作为出发点，利用水价的变化促进企业效率的提高。

5.2.2　市场化对社会福利的影响机理

一般而言，任何一种水价政策，包括定价方式、价格水平和价格体系等都有着多重政策目标。水务企业在实施水价政策时一般会考虑以下几种目标：其一是经济绩效目标，水价必须向用户发出正确的信号，在满足市场合理需求的同时要保证水务企业能够回收一定的成本和获取盈利，维持其基本运营，这是水务企业最基础的目标，如果不能实现盈亏平衡，企业将无法维持运营。与此同时也要保证水务企业能够实现上级单位或合作资本要求的一系列经济绩效要求。其二是宏观经济发展目标，水务企业作为国有企业，必须承担推进城市经济发展的责任，为政府实现年度发展目标做出贡献。其三是资源环境目标，水务企业有为促进环境改善而承担环境保护的责任，合理的水价结构应使得消费者不过度消费或浪费水，从而造成水资源缺失和环境恶化。其四是社会目标，水务企业要保证为消费者提供公平、普惠、有质量的基本生活用水服务，使得不同收入层级的消费者都有能力承担生活必需的用水费用，同时也要保证不同用途（如生活用水、工业用水、生态用水等）的用水之间能够得到有效率的配置，实现利益均衡。

从社会视角出发，供水定价是否合理取决于各重要目标之间的最佳权衡，一般要根据社会所判定的水价多重政策目标的优先性或重要性的权重来判断，是政府、消费者和企业三方利益的均衡（傅涛等，2006）。从现实出发，虽然运行机制改革一定程度上强化了水务企业的市场特性，但作为公共服务部门，水务企业必然要关注经济绩效目标、宏观经济发展目标、资源环境目标、社会目标等多重目标，水价政策的各个目标之间可能会相互冲突。因此，社会最优水价的制定实际上就是上述不同目标涉及的利益主体之间进行博弈以寻求均衡的过程，不同目标的权衡与抉择是影响社会福利变化的关键因素。本节分别考虑在双重目标和多重目标下，水价运行机制改革是否存在提高社会福利的可能。

1. 运行机制改革具备提高社会福利的能力

本章 5.1.2 节中对双重目标下企业的盈利激励展开了分析，确定政府和合作资本为企业确定的社会福利最大化的求解方程为：

$$\max_{\{U,E,E_1\}}\left\{S(q)-(1+\lambda)\left(\psi(E+E_1)+\beta-E-E_1\right)-\lambda U\right\} \quad (5\text{-}18)$$

其中，E是水务企业以成本C生产q，即为实现经济绩效目标所需要的努力，E_1为水务企业为实现另外一个目标做出的努力，$S(q)$为水务企业提供服务产生的消费者，q是水务企业的产量。

在完全信息条件下，政府能够完全获得实现经济绩效目标所需要的努力E^*和实现另外一个目标付出的努力E_1^*。此时政府在水务行业追求社会福利最大化的要求为：

$$\psi'(E+E_1)=1 \text{或} E+E_1=E^*+E_1^* \tag{5-20}$$

$$U=0 \text{或} t=\psi'(E^*)+\psi'(E^*) \tag{5-21}$$

即当水务企业实现经济绩效目标所需要的努力边际负效应$\psi'(E^*)$与实现另一个目标付出努力的负效应$\psi'(E_1^*)$之和等于边际的成本节约时，政府没有给水务企业留下任何租金，企业不需要考虑寻租，因此也不需要为寻租付出额外的成本。在完全信息条件下，影响水务企业利润率β的主要因素为企业的边际成本和努力因素，在努力可识别的基础下，政府可以通过运行机制改革对企业是否努力采取必要的激励和约束，通过边际化定价，促使企业能够实现双重目标的权衡，提高水务行业的生产者剩余，实现经济效率的同时也有提高社会福利的可能。

在不完全信息条件下，政府无法完全获得实现经济绩效目标所需要的努力E，以及为实现另外一个目标所付出E_1之信息。根据单一目标不完全信息条件的结论，市场存在着效率低和效率高的企业混同均衡，两类企业获得的租金是相同的（Milgrom et al，1982）[①]，高效率企业没有足够的激励投入努力，逐渐向边缘化或向低效率企业转变，低效率成为努力不可识别信息的支付代价，政府难以通过激励政策筛选出高效率企业，导致企业产生过度资本投资的 A-J 效应。

根据 5.1.2 节双重目标下企业的盈利激励中的假设，企业为低效率企业，在完全信息条件下，政府能够观察到水务企业生产所投入的成本C，并给水务企业净转移支付t；在不完全信息条件下，政府由于无法识别其努力而支付更高租金，考虑如下两种情况：①企业权衡经济效率目标和宏观经济增长目标；②企业权衡经济效率目标和资源环境目标。其双重目标最优激励机制如下。

① Milgrom P, Roberts J. Limit Pricing and Entry Under Incomplete Information: An Equilibrium Analysis[J]. Econometrica, 1982(50):443-460.

企业权衡经济绩效目标和宏观经济增长目标。政府为实现经济持续增长的目标，需要进行一系列投资，不可能无限制为水务企业进行转移支付。因此，水务企业获得的转移支付小于其在单一目标下获取的转移支付最大值，即 $t \leqslant t_{max}$。由双重目标下企业的盈利激励推导结果可知，当企业综合考虑经济绩效目标和宏观经济增长目标时，社会福利最大化的目标函数为：

$$\max_{\{U,E,E_1,t\}} \left\{S(q)-(1+\lambda)\left(\psi\left(E+E_1\right)+\beta-E-E_1\right)-\lambda U\right\} \tag{5-22}$$

可以得出：$U'(t)=-\frac{1}{\lambda}\psi'(E+E_1)$

由于$\lambda>0$，$U'(t)>0$，企业的租金与投资的变化成正比，租金会随着投资的增加而提高。因此，当面临实现宏观经济增长目标和经济绩效目标双重目标时，水务企业需要资本进入以获取更多利益，实现利润最大化。由于低效率水务企业租金为正，因此他们有更多的动力为获取租金、扩大投资付出努力。

企业权衡经济绩效目标和资源环境目标。一方面，水务企业在承担环境保护等职责、实现资源环境目标时必须投入一定的成本；另一方面，政府可能对水务企业是否履行环境保护职责缺乏相应的监管和约束。因此，当政府和水务企业之间存在信息不对称时，水务企业可能会脱离政府的监管，没有履行环境保护的职责，减少为实现资源环境目标的投资，节约这部分成本以获取更多的租金，将重心转移到实现经济绩效目标上。

由双重目标下企业的盈利激励推导结果可知，当水务企业考虑环境控制时，社会福利最大化的目标函数如下：

$$\max_{\{U,E,E_1\}} \left\{S(q)-(1+\lambda)\left(\psi\left(E+E_1\right)+\beta-E-E_1\right)-\lambda U\right\} \tag{5-23}$$

最优解为：$\psi'\left(E+E_1\right)=\frac{1}{1+\lambda}>0$

由此可知，在信息不对称情况下，水务企业有足够的动力为实现利润最大化而减少对环境保护的投入。同时，为了获取更多的租金，在缺乏政府环境监管的情况下，可能会不履行环境保护职责，在权衡经济绩效目标和资源环境目标时优先考虑经济绩效目标，放弃资源环境目标，实施瞒报等欺骗政府的行为。但是从长期来看，环境灾害具有可证实性，当经济绩效目标与资源环境目标存在冲突时，实现社会福利最大化的目标约束条件硬化，企业为进一步推动可持续发展，只能加强环境治理，履行环境保护的职责，通过环境控制替代短期效率，或者改善生产条件，实现清洁生产，实现经济绩效目标与资源环境目标的统一。

综上，在水务企业提供公共服务的基础上，当实现经济绩效和宏观经济增长的双重目标一致时，如果企业为实现双重目标所付出的努力无法识别，政府可实施为这些努力支付信息租金的激励机制促使企业完成目标。如果双重目标之间有冲突，比如经济绩效目标与资源环境目标相冲突时，只有当政府的激励政策与企业的目标责任相匹配时，企业才有足够的动力改善自身的经营状况和条件，实现目标之间的权衡和相互兼容。如果政府的激励政策与企业的目标责任不相匹配或企业的目标不够明确时，水务企业可能会实施运行机制改革，通过交叉补贴在两个目标之间进行权衡，实行合理区间内的水价调整，减少因水价高于市场均衡价格时销量减少产生的社会福利损失，同时在进行水价改革的基础上改善自己的人员、生产结构，提高自身运营的效率，将福利损失转化成企业利润，从而降低运营的无谓损失，有效提高社会整体福利。即运行机制改革具备提高社会福利的能力，可以兼顾效率与福利的实现。

2. 运行机制改革可能不利于福利改善

从现实情况出发，水务企业实施运行机制改革时需要权衡的目标是综合且多元的，必然要综合权衡经济绩效目标、宏观经济发展目标、资源环境目标、社会目标等多重目标。5.1.3 中对多重目标下水务企业的盈利激励展开了分析，在考虑了水务企业供给、政府转移支付、政府投资等影响因素后，确定了社会福利函数为：

$$W = S(q) - (1+\lambda)\left(\psi(E, E_1, E_2, E_3) + C(E(C,q), E_1, E_2, E_3,)\right) - \lambda U \quad (5\text{-}26)$$

在完全信息条件下，政府能够完全获得实现经济绩效目标所需要的努力E^*，以及为实现宏观经济增长目标、资源环境目标、社会目标等所付出的努力分别为E_1^*，E_2^*，E_3^*，通过求解社会福利最大化目标函数为：

$$\begin{cases} \psi'\left(E + E_1 + E_2 + E_3\right) = 1 \\ E + E_1 + E_2 + E_3 = E^* + E_1^* + E_2^* + E_3^* \end{cases} \quad (5\text{-}29)$$

$$\begin{cases} U = 0 \\ t = \psi'\left(E^*\right) + \psi'\left(E_1^*\right) + \psi'\left(E_2^*\right) + \psi'\left(E_3^*\right) \end{cases} \quad (5\text{-}30)$$

即水务企业实现经济绩效目标所需要的努力边际负效应$\psi'\left(E^*\right)$与为实现宏观经济增长目标、资源环境目标、社会目标付出努力的负效应$\psi'\left(E_1^*\right)$，$\psi'\left(E_2^*\right)$，$\psi'\left(E_3^*\right)$之和必须等于边际的成本节约，此时政府没有给水务企业留下任何租金。

在不完全信息条件下，政府无法识别水务企业为实现多重目标所付出的努力，但是可以通过设计与企业责任和目标相匹配的激励制度，从而通过可识别的结果来考核水务企业的多目标性。此时求解多重目标下的社会福利最大化目标函数，可以得到一个多付激励租金的次优解，当存在市场竞争时，这部分激励租金与市场均衡条件相接近。但由于目标的综合性和多重性，水务企业实施运行机制改革时需要权衡的目标并不是完全清晰和可识别的，在信息不对称的情况下，政府由于不能完全掌握水务企业为实现各类目标而付出的努力程度，因此其设定的激励政策可能会与企业的目标实现和责任不匹配，水务企业的多重目标可行性大幅降低，面临着在长期亏损的情境下维持经营或直接退出市场的困境。因此，当企业实现多重目标的压力较大时，可能会选择优先实现部分目标，如维持企业盈利的经济绩效目标、保障居民用水的社会目标等，而对于要求不明确的目标如资源环境目标等，企业可能会选择放弃或暂缓实施，从而减少相应成本，将更多的资源转移到优先级更高的目标上。

综上，在完全信息条件下，由于企业为实现多重目标的努力是可识别的，政府的激励政策与企业职责相匹配，即使存在多重目标间互相冲突，企业也有足够的动力通过运行机制改革权衡冲突目标，实现利益均衡，改善社会福利。但是在不完全信息条件下，企业为实现经济绩效目标、宏观经济目标、社会目标、资源环境目标等多重目标所付出的努力和成果在短期内难以得到有效识别，政府提供的激励政策与企业承担的责任不相匹配，从而导致水务企业权衡并实现多重目标的可能性降低，企业可能更多运用运行机制改革带来的成果激励经济绩效目标的实现，而忽略了社会目标和资源环境目标的实现，从而造成社会福利的损失。具体而言可能有以下两方面可能：一方面，当水务企业着重关注经济绩效目标时，企业会以盈利为首要目的，实施运行机制改革时水务企业会将水价设定在国家规定价格范围内的最高值，高水价意味着偏离市场均衡价格，使得生产者剩余提高，社会福利受损。另一方面，当水务企业实现多目标压力较大时，会对目标进行优先级排序，如优先重视经济绩效目标，忽视资源环境

目标。由于企业与政府或合作资本之间信息不对称，为明确双方的目标要求，企业会为此付出相应的隐形成本。此外，当多重目标之间发生冲突时，为更好地权衡目标利益之间的关系，企业也会为此付出相应的交易成本。交易成本增加会进一步导致企业经营的低效率等问题，造成水务行业社会福利损失增加。

综上，当考虑水务企业不同目标及信息状况时，分析发现城镇水务运行机制改革对社会福利的影响存在较大的不确定性，可能会产生正向的促进作用，也可能产生不利影响。具体而言，在完全信息条件下，当政府和合作资本对水务企业运营的多重目标（经济绩效目标、宏观经济增长目标、社会目标、资源环境目标等）具有相同认识时，政府和合作资本的激励政策与水务企业的目标实现相匹配，企业能够通过运行机制改革，合理地制定阶梯价格，获挽回一部分因定价失去的销售量，攫取其对应的利润，使得消费者剩余不变而生产者剩余提升，从而有效提高了总剩余。与此同时，企业调整自身生产结构和人员结构，改善了生产经营中的低效率问题，提高了水务行业的社会福利。当信息不完全时，政府和合作资本与水务企业的多重目标发生冲突，水务企业实现多重目标的压力较大，在识别目标和把握目标重要性上遇到困难，出于企业获得利润的原始动机，水务企业可能会选择有限完成经济绩效目标，忽略对宏观经济增长目标、社会目标、资源环境目标的实现，此时水务企业可能会将阶梯水价的各阶段价格设置为国家规定价格范围内的最高值，以提高企业盈利，完成政府和合作资本均关注的经济绩效目标，而较高的阶梯价格会造成用水总量的减少，带来无谓损失，且识别政府和合作资本对价格改革的意图本身就会增加水务企业的交易成本，造成企业运营的非效率，不利于社会总福利的提升。

5.3 宏观管理部门：多部门下的“掣肘效应”

5.3.1 涉水企业管理部门职责分工

从宏观管理方面来讲，我国政府对涉水企业管理覆盖企业的取水、供水、排水、水质安全、水价、企业资产管理、环境保护等各个环节，形成了由卫生健康委员会、市场监督管理总局、发改委、国资委、自然资源部、生态环境部、水利部、城市管理局或水务局、住建部 9 部门及地方机构共同对涉水企业进行监管的管理体系，具体管理职责分工如表 5-1 所示。

表 5-1　涉水企业管理职责分工

部　门	职　责
卫生健康委员会	1. 制定饮用水安全标准；2. 饮用水卫生监督检查，对各类供水单位的供水水质进行卫生监督、监测，卫生监督的水质监测范围、项目、频率由当地市级以上卫生行政部门确定。
市场监督管理总局	1. 承担落实饮用水安全标准的相关工作；2. 协助组织查处违反强制性国家标准等重大违法行为；3. 涉水产品质量监管；4. 水质监测实验室计量认证认可与管理等。
发改委	1. 统筹提出国民经济和社会发展主要目标，监测预测预警宏观经济和社会发展态势趋势，提出宏观调控政策建议；（发展目标最终分解落实到企业）2. 监测预测预警价格变动，提出价格调控目标和政策建议。（核定水价）
国资委	1. 监督所监管企业国有资产保值增值，建立和完善国有资产保值增值指标体系；2. 制订考核标准，通过统计、稽核对所监管企业国有资产的保值增值情况进行监管；3. 负责所监管企业工资分配管理工作，制定所监管企业负责人收入分配政策并组织实施。
自然资源部	1. 管制水资源用途；2. 开展水资源的调查监测评价工作；3. 负责水资源有偿使用工作。
生态环境部	1. 负责全国地表水生态环境监管工作；2. 监督管理饮用水水源地、国家重大工程水生态环境保护和水污染源排放管控工作，指导入河排污口设置。
水利部	1. 组织开展水资源评价有关工作，按规定组织开展水资源承载能力预警工作，指导水资源监控能力建设；2. 组织实施取水许可、水资源论证等制度；3. 指导开展水资源有偿使用工作，指导水权制度建设；4. 按规定指导城市水务方面的有关工作；5. 指导入河排污口设置管理工作；6. 承担实施最严格水资源管理制度相关工作，负责最严格水资源管理制度考核。
城市管理局或水务局	1. 城市供水、排水相关管理工作；2. 城市供水、污水处理、中水利用、排污许可证的发放；3. 城市供水和排水水质监管。
住建部	指导城市供水工作、城镇污水处理设施和管网配套建设等工作。

如上表所示，涉水诸多业务被分割，由多个管理部门对涉水业务进行管理。宏观部门的目标多元化，分散到不同管理部门，即每一个部门有一个目标，宏观管理部门的目标最终会通过各种形式转移到水务企业之中，如图 5-3 所示。

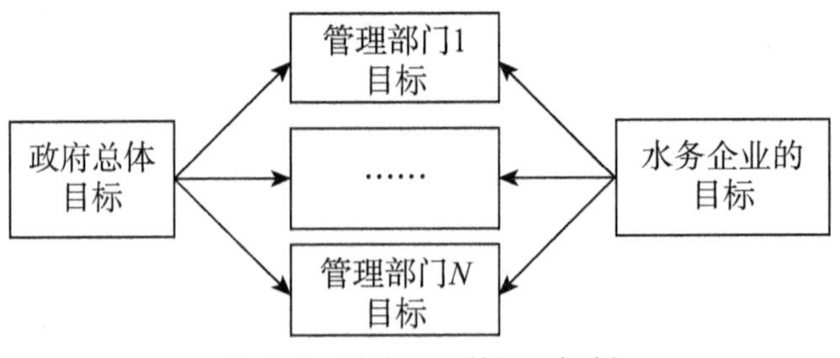

图 5–3　政府目标的传导机制

5.3.2　完全信息条件下宏观部门目标实现条件

假设在完全信息条件下，政府、管理部门以及水务企业之间的信息是完全的，且目标之间不相互冲突，那么：

水务企业效用为：

$$U=\sum_1^n t_i-\psi(E_1,\ldots\ldots,E_n); \tag{5-31}$$

$t=\sum_1^n t_i$为政府转移支付；t_i为管理部门 i 保证水务企业实现其目标的支付成本；E_i为水务企业为实现部门 i 的目标所付出的努力。

政府的目标函数为：

$$W=S-(1+\lambda)(t+C)+U; \tag{5-32}$$

由以上假设可得：在管理部门目标不冲突且信息完全的条件下，此时对水务企业没有任何激励约束，那么式 5-31 有最优解的条件是，管理部门为完成目标所申请的预算刚好等于水务企业为完成这些目标的支付成本，即水务企业可以完成多部门的任务，存在一个完成多目标任务的最优解。

5.3.3　不完全信息条件下宏观部门目标实现条件

在信息不对称条件下，政府、管理部门以及水务企业之间的信息是不对称的。

假设本地只有一家供排水服务企业，水务企业的利润率为β，受管制水务企业的总成本函数为：

$$C=C\left(E(C，q),E_1，q\right)=\beta-E-\sum E_i \tag{5-33}$$

E是水务企业以成本C生产q所需要的努力，$E_C<0$，$E_q>0$；E_i为水务企业为实现管理部门目标做出的努力。

企业的效用水平为：

$$U=\sum_1^n t_i-\psi\left(E+\sum E_1\right)=t-\psi\left(\beta-C\right) \tag{5-34}$$

社会福利函数为：

$$S(q)-(1+\lambda)\left(\beta-E(E_i)+\psi(E+\sum E_1)\right)-\lambda U \tag{5-35}$$

激励相容的约束条件为：

对任何E_i，都有：

$$\dot{U}\left(E_i\right)=-\psi'\left(E\right) \tag{5-36}$$

$$\dot{C}\left(E_i\right)\geqslant 0 \tag{5-37}$$

$$U\left(\beta\right)\geqslant 0 \tag{5-38}$$

通过构建海塞矩阵，求解可得：

$$U(E_i)=\psi'\left(E(E_i)\right) \tag{5-39}$$

结果表明企业为实现不同目标所付出的努力不同，从而得到不对称的信息租金，即多管理部门在实现各自目标过程中存在着激励扭曲，水务企业为实现自己利益最大化，进行交叉补贴维持生存。以下分两种情况进行讨论。

部门之间的目标相互不冲突。若管理部门之间的目标不相互冲突，管理部门仍能够实现部门目标，但需要付出更多的代价（信息租金），为此部门之间面临的最大问题是预算的竞争。各部门为实现各自目标提出一个高于边际成本和信息租金的预算，反过来也导致了部门之间的预算竞争。由于预算本身的限制，导致必然有一部分的预算资金难以满足目标，由此导致多目标难以实现。

部门之间的目标相互冲突。即使在预算可以保证的条件下，如果部门目标之间存在相互冲突，也会导致多目标难以同时实现。首先，水务企业可能在目标之间进行替代性选择，水务企业根据不同管理部门或者社会环境给出的约束条件进行选择，比如在经济增长和环境保护这两个目标之间，选择经济增长，牺牲环境，这样导致管理部门要实现其各自目标就需要加大惩罚和激励力度；其次，对水务企业而言存在不可能实现定理，即在信息不对称条件下不可能同时完成全部目标，同样不同管理部门的目标也难以同时实现。因此，在这种条件下，政府以各种理由干预企业行为，才能保证实现其制定的目标。在这种情况下，只有能够迅速接受指令的国有企业才有可能承担这种复合目标行为。

水务企业的努力信息被扭曲导致管制者支付更高的租金，这是公共品市场本身的一种特征，这意味着社会为此支付代价。我国分割市场具有更为特殊的特征，其形成既在于水务公共领域多目标本身，更在于这种多目标难以完全识别。当多目标难以完全进行每一目标的责任、目标和任务匹配时，只有承担多目标任务的国有部门才可能充当这一角色，这就导致了在水务领域只有国有部门作为主体性和基础性承担者，其他类型的企业只能在单一目标下提供单一菜单性合同服务。市场隐性的分割带来的问题是多方面的，低效率垄断化维持是最主要的问题。多目标任务为在位企业提供了一种隐性垄断的可能，这种隐性垄断为企业之后进一步提高要价提供了可能。其次是对于统一市场形成的阻碍，难以明确化的多目标为本地碎片化的国有部门的生存提供了空间，形成了市场分割。因此打破这种分割市场，关键在于多目标需要与多目标的责任、目标和任务匹配，只有多目标的相互协同，才可能为企业提供一致性的激励，为企业实现多目标提供可能。通过激励、任务和责任匹配，也促进了市场竞争的可能，为管制者或者社会降低租金压力提供了可能。

5.4 新型城镇化下水务管理体制改革的影响机制

5.4.1 水务一体化改革对行业生产效率的影响机制

考察水务行业管理体制改革的影响效果，首先要看管理体制的演变是否有效提高了行业运行效率，即分析水务部门综合一体化改革能否克服“九龙治水”下多部门监管对行业运行的不利影响，提高行业的全要素生产率。梳理我国水务管理体制的演变，发现我国水务服务的上层管理部门由 1958 年成立的国家基本建设委员会发展到如今的九大部门共同管理，水务行业特别是城市水务在供水、排水、水利、防洪等方面取得了可喜的成果，但随着新型城镇化的推进，社会对城镇化水务的需求与日俱增，新型城镇化下水务行业发展不仅要保证供

水总量，更要实现供水质量、普及率、价格乃至节约能源、环境保护等方面的全新目标，现有的“九龙治水”管理体制可能会为监管部门和涉水企业带来较高的交易成本，造成水务行业的低效率甚至无效率，不利于水务城镇化的推进。

而水务综合一体化改革则从地方管理体制出发，将地方水利工作和水务公共事务统一结合，以成立地方水务局等形式实现对地区和城市内水利、供水、排水、防洪、治理、节约用水等要求的统筹兼顾。从与水务企业直接接触的地方监管机构入手，解决水务企业面临的信息不对称问题、资源重复消耗问题和多部门多元目标压力，能够有效提升水务行业的生产效率，具体包括以下三个路径。

1. 消除水务企业自我定位冲突的信息成本

个体内部冲突是管理学中冲突理论的重要组成部分，此类冲突通常由个人工作角色或工作负荷的不确定性引起，也称为角色冲突或负载冲突。角色或负载冲突可以以多种方式表现出来，通常由以下一种或多种情况产生的压力引起，当一个人扮演两个或更多角色时，会发生角色间冲突。当个人面临多种不相容的或互相排斥的动机时，很难同时完成所有目标，当以人为单位的个体面临个体内部冲突时，可能会出现侵略性、固执己见或逃避等心态，导致情绪行为、非理性思维以及经常的破坏性行为，此时个体可能出现争吵、忽略其他目标乃至辞职等行为（Kiitam，2016），不利于组织效率的提升。

在传统的多部门多元目标水务体系中，作为水务服务直接执行者的水务企业也面临类似情况。首先，地方水务企业要对其出资单位或直管单位负责，实现企业的正常运营，满足企业本身的绩效目标；其次，水务企业还要接受发改委、国资委等部门的指导，以确保水价稳定，配合行业的发展规划，满足社会目标；再次，水务企业也要接受卫健委、环境部门的监督，以保障用水质量，满足环境目标；最后，企业自身的发展、建设规划也受到水利部门、自然资源管理部门和住建部门的监管，扩大生产、拓展客户群体等其他行业常见市场行为也受到一定约束。面对多管理部门的绩效目标、社会目标、环境目标以及生产经营的监管约束，水务企业很难同时完成多元目标，甚至要付出许多努力区分目标的轻重缓急，即存在较高的信息成本，水务企业可能陷入自我定位冲突。

水务综合一体化改革则有效改善了这一局面，自 1993 年深圳市成立我国第一家地方水务局开始，我国各地方开展了地区层面的水务综合一体化改革，将水务领域供水、排水、环境保护、资源节约、卫生质量监管等职能合并，有效缓解了水务企业自我定位冲突的情况。具体而言，地方水务局成立后，原有的多管理部门多元目标不再直接传递到水务企业，而是下发至地方水务局，由水务局协调把握多元目标，结合当地现实状况确定水务行业的发展目标和监管内容，最终传递到水务企业。此时水务企业仅需在保证生产的同时，积极与水务局沟通，免除了区分管理目标重要程度以及与多管理部门沟通博弈的信息成本，疏解了水务体系执行端的阻碍，极大提高了一线水务企业的生产效率。

2. 缓和管理部门多元目标的激励扭曲与互斥

传统多管理部门多元目标的水务管理体制可能遇到目标冲突的情况，如发改委对供水价格调控以实现稳定水价的目标，可能与国资委国有资产保值的目标存在冲突。崔金琳（2019）以“多头领导”为例强调了管理部门多元目标冲突的危害，认为在管理部门目标差异过大时可能会导致关系紧张和恶化，组织极易陷入多头领导的困局，会使组织成员迷失正确的工作方向，还会造成组织运转体系各环节的倦怠。一方面，管理部门相互掣肘容易导致组织工作的混乱，特别是影响总体目标的执行，组织成员面临组织中的多头领导时，往往难以应对繁杂和高度模糊化的工作任务，而选择仅完成某一或某几个管理部门的目标，导致部分成员不能找到正确有效的努力方向，不利于总体目标的实现；另一方面，长时间的“多头领导”还可能导致组织成员的职业倦怠，面对多个管理部门的监管，组织成员往往需要花费较多精力应对不同管理部门的要求，很难有效发挥自身的主观能动性，导致本该成为组织中活跃因素的成员产生消极工作状态，甚至离开组织，从根本上削弱组织的发展能力。多头领导现象在我国许多组织中均有所体现，这种管理模式降低了组织管理效率，使组织管理产生混乱（李文凯，2013）。

本章 5.3 节比较了管理部门目标相容与冲突情景下，管理部门和水务企业的最优决策。在理想条件下，即假设管理部门、地方政府和水务企业间满足完全信息条件且不存在目标冲突时水务企业和政府的效用函数为（5-31）和（5-32），在理想条件下的水务体系中，二者互为约束条件，此时水务管理部门的预算恰好满足水务企业完成多管理部门多元目标的成本，水务企业也刚好完成所有不存在冲突的管理目标。

$$U=\sum_{1}^{n}t_i-\psi\left(E_1,\ldots\ldots,E_n\right);\tag{5-31}$$

$$W=S-\left(1+\lambda\right)\left(t+C\right)+U;\tag{5-32}$$

（1）激励扭曲。在现实情况下，水务企业和水务管理部门间存在多级地方分支机构，难以满足完全信息假设，在不完全信息条件下，理论推导得到的最优策略表达为（5-39）。这意味着水务企业为实现多管理部门多元目标的成本不再等于水务管理部门的预算总和，而是受到信息不对称的影响增加出信息租金部分，此时管理部门推动自身目标需要付出相应的补贴，以克服信息不对称条件下的激励扭曲。

$$U(E_i)=\psi'\left(E(E_i)\right)\tag{5-39}$$

当部门之间的目标不相互冲突时，各管理部门为了克服激励扭曲所提供的信息租金不会相互影响，仍能够顺利实现监管目标，且水务企业既能顺利完成管理部门的监管要求，也可以从多部门获得补贴；同时，各管理部门为保证水务企业优先实现自身目标，可能会提出一个高出边际成本和信息租金的补贴，甚至给出高额罚金，这会导致管理部门间的预算竞争或罚金竞争。在这一过程中，不论是水务企业获得的补贴，还是管理部门的超额补贴或罚金，均是信息不对称带来的激励扭曲，为水务体系的运行增加了交易成本，不论是完成目标的及时性还是投入产出效率均会受到消极影响。

（2）激励互斥。当水务管理部门的目标之间发生冲突时，即使管理部门可以提高预算以克服激励扭曲，多部门多元目标仍无法同时实现。此时，水务企业面临着无法满足多元目标的情景，必然会根据管理部门的超额补贴或惩罚进行替代性选择，优先满足超额补贴多或惩罚更严厉的监管目标，如在绩效增长和产能节约两个目标之间选择绩效增长，放弃节约用水的目标，水务企业的替代性选择会加剧管理部门间补贴或惩罚力度的竞争，导致水务运行体系中交易成本进一步增加，此时激励互斥不仅导致水务行业整体成本激增，还必然导致部分管理目标的失败，对水务行业效率的消极影响强烈。

水务综合一体化改革为激励扭曲和激励互斥提供了另一种解决方法。通过成立地方水务局等行政机关，统一梳理上级管理部门监管目标和当地政府发展需求，形成符合地方现实请假的综合管理目标传递给地方水务企业，有效缓和了上级管理部门多元目标的激励扭曲和互斥。具体而言，地方水务局作为行政机关，一定程度切断了多管理部门直接向水务企业发放超额补贴的路径，避免了管理部门间激励的竞争，降低了水务体系运行的交易成本；同时，地方水务局能够更全面地了解地区涉水企业的现状和发展环境，信息不对称程度较低，能够进一步降低激励扭曲的不利影响；最后，水务局成为串联水务管理部门之间以及地方政府的纽带，能够更好地权衡绩效目标、社会目标、环境目标等水务企业无法处理的多目标，降低激励互斥发生的可能性，保障水务体系的有效运行，提高行业效率。

3. 消除管理部门职能交叉的不利影响

对传统水务管理体制多元目标的认识不应仅仅停留在目标间冲突上，还应重视水务管理部门在监管目标和职能上的交叉，如卫生健康委员会、市场监督管理总局均具有监督饮用水质量的职能。梳理行政体制的重复和低效率问题，发现管理部门间职责划分不明确、工作协调无效率都会导致部门严重的内部利益导向，这种内部利益可能会导致管理部门在部门利益和公共利益间优先保障部门利益，产生部门间日益增高的预算需求和面向行业的重复管理，导致管理体制产出的总体不足或相对过剩，无法实现对行业发展的有效监管和服务（Tjosvold，1988；唐任伍等，2009）。

（1）政出多门。水务管理部门之间以及水务管理部门和地方政府的职能交叉可能带来行业标准上的“政出多门”。在我国水务体系中，虽然《水法》《水污染防治法》《城市供水价格管理办法》等法律法规对供水、排水、水价、水资源保护、污染治理等方面进行了统一规定，然而仅靠几部法律法规难以覆盖水务行业运行中所遇到的所有实际问题，且法律的修订存在时间成本，这就导致部分水务管理需要各管理部门自行决策，此时职能交叉的管理部门往往会执行最有利于部门利益的行为，地方政府也会采取更有利于区域利益的决策，导致同一问题出现不同的处理标准，进而造成水务企业生产经营中的无所适从，不利于水务行业规范、高效发展。

（2）重复监管。水务管理部门职能交叉也会给水务企业带来重复监管的压力。重复监管也可以理解为管理部门服务供给过剩，以饮用水质量为例，地方水务企业在饮用水质量上同时面临卫健委和市场局的监管，不论是报送材料还是迎接监督检查，水务企业都要完成内容相近的两次准备，增加了水务企业的负担，不利于行业效率的提升。

（3）监管缺失。权责不明确或交叉的另一可能是导致监管部门间“踢皮球”。当行业遭遇执法成本较高、管理收益不明确的问题时，具有相似职能的管理部门出于保障部门效益的目的，可能会选择不监管，而希望另一部门履行监管责任，导致监管部门间互相推诿的现象。水务管理部门间存在的职能交叉，同样可能导致高执法成本的监管缺失，行业某一部分监管的缺失不利于水务体系运行效率的提升。

通过综合一体化改革，地方水务局成为水务企业的直接管理机构，上级管理部门的监管政策均要经过地方水务局的汇总、领会才能实际作用于水务企业，避免了管理法规的政出多门；同时，水务局可以承担水务企业和地方涉水信息的收集、汇总职能，可以有效统一监管标准，避免了水务企业面临重复监管的尴尬；最后，地方水务局对涉水问题具有直接管理责任，因此多部门监管时可能发生的监管缺失问题同样得到解决，确保了水务行业有序运行。

综上，水务一体化改革立足于整合相关部门涉水事务管理职能，组建水务局或由水利局承担水务管理职能，理顺各相关部门之间的关系，实现了水资源的统一规划、统一管理和优化配置，有效缓解了涉水行业的供需矛盾，一定程度上理顺了水务管理部门的关系，通过消除水务企业自我定位冲突的信息成本，缓和管理部门多元目标的激励扭曲与互斥，削弱管理部门职能交叉的不利影响三条现实路径，有效提高了水务行业效率。

5.4.2　水务一体化改革对社会福利的影响机制

作为重要的公共服务部门，水务行业的管理体制改革不仅要保证行业的快速有序发展，实现经济绩效、生产效率、产品质量的提升，还要重视公共服务部门为社会公众参与社会经济、政治、文化活动等提供保障的基本职能，实现用水普及率、缺水地区用水乃至社会福利的全面提升。因此，探究水务管理综合一体化改革的影响，还需要分析一体化改革能否对社会福利带来积极影响。以下从行业效率提升的效果、一体化改革的程度和管理部门的协作三个角度展开分析。

1. 水务行业效率提升为社会福利增加提供了保障

本文在对管理体制改革与水务行业效率的分析中，阐述了水务管理综合一体化改革消除水务企业自我定位冲突的信息成本，缓和管理部门多元目标的激

励扭曲与互斥，削弱管理部门职能交叉的不利影响，提高水务行业运营效率的作用机理。运营效率的提升，使得水务企业在同等条件下提供更高供水的能力，社会供水总量更能够满足用水需求，使得供水不足的地区市场均衡产量向右移动，供水充足的地区市场产量不变，总体上看社会总供水量更接近全市场均衡产量，社会总剩余增加，能够有效提高社会福利；在行业运营效率整体提高的背景下，供水企业避免了许多“九龙治水”体制下多管理部门沟通博弈带来的信息成本，企业用于生产相关的资源增加，可以有效提高供水企业在生产、经营、销售等各环节的生产效率，降低企业经营、销售等环节的隐含成本带来非效率的可能，为提高水务行业福利提供了保障。

2. 水务一体化改革并未消除多元管理目标的冲突

水务综合一体化改革促使地方成立具备多方面涉水职责的水务局，有效降低了水务企业与多管理部门沟通和博弈的压力，解放了水务企业的生产效率，使得我国水务体系执行端的运行更加顺畅，为水务行业福利打开上升通道。但是，从地方层面成立综合一体化的水务机构，并非是对水务管理体制自上而下的改革，水务行业绩效目标、社会目标、环境目标等多元监管目标的差异并未消失，各部门管理目标不一致乃至冲突的可能仍然存在，与水务行业管理部门博弈的压力只是从水务企业转移到地方水务局，水务局能否以更低的信息成本理清监管目标的轻重缓急，协调好上级水务管理部门的管理关系，对水务行业整体运行效果和社会福利有着重要影响，为综合一体化提高水务行业福利带来了较大的不确定性。

3. 未得到配套政策的水务局可能沦为水务多元管理的新一极

唐任伍等（2009）在讨论我国行政管理体制改革低效率重复问题时，发现管理体制改革本身也会在某种程度上造成管理体制的低效率重复，水务管理体制一体化改革也可能出现此类情况。在 2012 年底，我国拥有水务综合管理职能的县级以上行政区迅速达到了 1923 个，此后水务综合一体化在地方上推动逐渐缓慢，甚至出现部分水务局重组为多个水务管理机构的现象，引发对水务综合一体化问题的讨论。由地方政府主管的水务局，其管理目标可能更多地向地方政府规划倾斜，往往意味着更加关注经济绩效或社会整体经济绩效，当绩效目标与环保目标发生冲突时，水务企业可能倾向于完成绩效目标而忽视环保目标，对社会福利造成损害；且当地方水务局过度配合地方政府规划而忽视其

他管理部门监管目标时，可能导致上级水务管理部门的不信任，造成各水务管理部门对涉水权限的回收，如水务设施建设维护资金投入中断、环保部门越过水务局收取排污费（钟玉秀等，2010）等，水务局可能逐渐由水务管理体系的一个整体环节变为地方水务管理的一部分，无法有效降低水务管理体制运行的行政成本。因此，水务局能否得到地方政府的配套政策，能否获得各上级管理部门的充分授权，能否与城建系统、环保系统妥善分工协作，均决定了水务综合一体化改革对社会福利的影响效果。

综上，水务行业综合一体化改革对社会福利的影响存在较大的不确定性。首先，水务综合一体化改革能够提高行业各环节的运营效率，通过满足供水不足地区用水需求和消除水务企业隐含的非效率问题，为社会福利增加带来了可能；其次，水务综合一体化改革并未自上而下地改变水务管理体制，“九龙治水”格局下多元管理目标的压力只是由水务企业转移到地方水务局，是否实际减弱了水务体系运行中的交易成本还有待研究；最后，地方水务局主要在地方政府的指导下开展工作，当地方政府规划和上级水务管理部门目标不一致时，地方水务局存在失去部分管理权限的可能，此时水务一体化改革同样不能起到提高社会福利的作用。

5.5　本章小结

本章首先从微观和宏观的视角来讨论水务活动的具体形态。从企业的微观角度来看，由于水务活动本身的多目标性、本地政府对企业的更高诉求，水务企业具有较为复杂的活动形态，但即使在多目标和不完全信息条件下，只要目标是明确的、可识别的，管制者就可以通过一个可以识别的筛选机制，让低效率企业退出，让高效率企业获取高激励租金。从宏观管理部门来看，由于多部门的管理模式，在完全信息条件下，管理部门为完成目标所申请的预算刚好支付水务企业的成本，水务企业就可以实现多重任务，存在一个完成多目标任务的最优解。在不完全信息条件下，多管理部门在实现各自目标过程中存在着激励扭曲，当部门之间的目标不冲突时，管理部门将为实现部门目标付出更多的代价（信息租金），部门之间的竞争表现为预算竞争。当部门之间的目标相互冲突时，部门之间不仅表现为预算竞争，而且还表现为掣肘效应，即目标之间相互冲突导致的目标难以同时实现。

进一步分析我国城镇水务运行机制市场化和管理体制改革的影响机理。在水务运行机制市场化对行业效率影响的讨论中，一般认为放松外资和国内资本进入水务市场能够通过“示范”效应、市场效应和发展效应改善水务市场资源配资效率，价格改革则成为管理部门对水务行业的优化信号，促进低效率企业向高效率转变，两者均能有效提高水务行业效率。城镇水务运行机制改革对社会福利的影响存在较大的不确定性，企业能够通过运行机制改革合理地制定阶梯价格，获取一部分定价损失的销售量及其对应的利润，同时市场化改革有助于调整企业生产结构和人员结构，改善生产经营中的低效率问题，以此提高水务行业的社会福利；然而当政府或合作资本与水务企业的多重目标发生冲突时，出于企业获得利润的原始动机，水务企业可能会选择优先完成经济绩效目标，因此将阶梯水价的各阶段价格设置为国家规定价格范围内的最高值而损害社会福利，且识别政府和合作资本对价格改革的意图本身就增加水务企业的交易成本，造成企业运营的非效率，不利于社会总福利的提升。在多种可能路径的共同作用下，水务市场化改革对福利的影响还有待证实。

在城镇水务管理体制改革中，水务综合一体化改革能够通过消除水务企业自我定位冲突的信息成本，缓和管理部门多元目标的激励扭曲与互斥，削减管理部门职能交叉的不利影响，有效提高水务行业效率。对社会福利的影响则存在较大不确定性：一方面，水务综合一体化改革能够提高行业各环节的运营效率，通过满足供水不足地区用水需求和消除水务企业隐含的非效率问题，这为社会福利增加带来了可能；另一方面，水务综合一体化改革并未自上而下地改变水务管理体制，“九龙治水”格局下多元管理目标的压力只是由水务企业转移到地方水务局，且地方水务局主要在地方政府的指导下开展工作，当地方政府规划和上级水务管理部门目标不一致时，地方水务局存在部分管理受限的可能，此时水务一体化改革可能难以起到提高社会福利的作用。

第6章　城镇水务效率与福利的指标估算

随着我国新型城镇化各项要求的逐步落实，社会的水务需求也在不断改变。人们对水产品的数量和质量均有了更高的需求，表现为对提高水务行业效率和福利的殷切期盼。随着供水规模的不断扩大、国内外资本进入国内水务市场以及水务产品的多样化，水务服务的效率和福利逐渐成为社会关注和研究的焦点。本章主要围绕城市水务部门公共服务的效率和福利估算展开，使用由 OP、LP 方法测算的全要素生产率和由 DEA 方法测度的综合效率来估算水务效率，并结合垄断行业福利损失经典理论估算我国城镇水务福利损失下限和上限。

6.1　水务企业全要素生产率估算

6.1.1　全要素生产率估算方法

全要素生产率通常被解释为总产出中不能被要素投入解释的部分，用于衡量技术进步、制度变化等非生产性投入对产出增长的贡献。目前的估计方法大致可分为 3 类：第一类是参数法，先要对生产函数进行设定，利用成本最小化或者计量回归来估计产出弹性，然后通过 OLS 方法计算索洛残值。这类方法的生产函数通常设定为 Cobb-Douglas 生产函数，较为简单，有直观的经济学含义，但是需要假定规模报酬和产出弹性不变。第二类是非参数法，包括数据包络法 DEA、Malmquist 指数法和随机边界法，这类方法不需要设定生产函数，直接利用线性规划技术对观察到的数据规划边界，再对应每个企业与生产边界的距离作为效率值，但是这类方法没有考虑到样本的随机因素，且其规划边界的时候人为地设定了误差项的分布概率。第三类是半参数法，即将生产函数估计和非参数估计结合起来的 OP 方法（Olley et al，1996）、LP 方法（Levinsohn

Petrin 法），该方法也运用 CD 生产函数，但其优点是运用投资作为代理变量消除了同时性偏差和样本选择偏差。考虑到本节使用的样本是跨期 17 年的全国地级市企业层面的数据，企业的进入和退出较为频繁，且企业之间存在异质性，样本随机性较大，因此选取 OP、LP 方法测算我国水务企业的全要素生产率，并与参数法所得结果进行比对。

1. Olley–Pakes 方法

OP 法是 Olley et al（1996）提出的基于一致半参数估计方法，相对于传统的 OLS 法可以消除同时性偏差和样本选择性偏差。Cobb-Douglas 生产函数结构简约易用，测度直观，是估计全要素生产率时最为常用的函数形式，其对数形式为：

$$y_{it} = \alpha l_{it} + \beta k_{it} + \epsilon_{it} \tag{6-1}$$

所谓同时性偏差是指扰动项和解释变量相关，使得估计量有偏差。在企业生产过程中，有一部分效率是可以观测到的，企业为追求利润最大化会及时调整当期的要素投入组合，残差项和回归项是相关的。为解决这一问题，OP 将残差项进行分离：

$$y_{it} = \alpha l_{it} + \beta k_{it} + \omega_{it} + \eta_{it} \tag{6-2}$$

其中，η_{it}是真正的残差项，ω_{it}是可以被企业观测到的会影响企业决策的残差项。由于当期资本等于上期资本折旧后存量与当期投资之和，且企业可观察到的残差项冲击会影响企业投资，所以企业的投资与企业资本和可观察到冲击项有关。反函数可得：

$$\omega_{it} = h_t(i_{it}, k_{it}) \tag{6-3}$$

将其带入残差项分离后的方程，可估计出劳动投入项系数。

课题组在实际的样本选取中发现，面对生产率冲击时，规模较大、资本存量较高的企业，往往具备更高的应对能力，更容易留在市场上，生产率较低的企业自动退出市场，导致留在市场上的往往是生产率较高的企业，进而高估企业的全要素生产率。这就是 Olley et al（1996）提到的样本选择性问题。

鉴于此，OP 方法引入了生存概率来估计企业的进入和退出。企业在初期要决定继续留在市场还是退出，若决定退出市场，则可以获得Φ单位的清偿。

$$V_{it}(k_{it}, a_{it}, \omega_{it}) = \max[\Phi, sup\Pi_{it} - C + \rho E\left\{V_{i,t+1}\left(k_{i,t+1}, a_{i,t+1}, \omega_{i,t+1}\right) | J_{it}\right\}] \tag{6-4}$$

其中，Π_{it}表示利润函数，C 为成本，ρ为贴现因子，J_{it}为 t 时期可获得的全部信息，$J_{it}\geqslant 0$。Bellman 方程表示，当企业的清算价值Φ超过其预期回报时，企业将退出市场，故可以得出退出方程：

$$\chi_{it}=\begin{cases}1,\text{若}\ \omega_{it}\geqslant\omega_{it}(k_{it},a_{it})\\ \quad 0,\text{其他}\end{cases} \tag{6-5}$$

用 Probit 模型来刻画上述决策机制，最后用非最小二乘法估计得到资本投入系数。综上，可以得到 TFP 的值：

$$\ln\text{TFP}_{it}=\ln Y_{it}-\beta\ln K_{it}-\alpha\ln L_{it} \tag{6-6}$$

2. Levinsohn–Petrin *方法*

OP 方法在测算全要素生产率时采取了以投资作为生产率的代理变量，然而一方面投资的调整往往包含成本的增加，会造成生产率估计不准确。另一方面，对于一些经营状况并不乐观的企业来说，投资并不是连续的，某些年份可能并不会有投资，因此会存在投资值缺失或者为零的情形，进而导致生产率估计存在偏差。基于此，Levinsohn et al（2003）将中间品投入取代投资作为代理变量，发展了一种全新的方法，其生产函数方程为：

$$y_{it}=\beta_0+\beta_l l_{it}+\beta_m m_{it}+\beta_k k_{it}+\omega_{it}+\eta_{it} \tag{6-7}$$

其中，m_{it}表示中间投入，中间投入受生产率冲击和资本存量的影响，同样可得$\omega_{it}=h(m_{it},k_{it})$。在估计劳动系数时，Petrin et al 采用了三阶多项式逼近法进行估计。其余过程和 OP 方法类似。

6.1.2　水务企业全要素生产率模型的构建

根据 Olley et al（1996）的基本思路以及水务企业自身特点，结合鲁晓东等（2012）的工业企业全要素生产率测算模型，本文采用以下模型来测算水务企业全要素生产率：

$$\ln Y\_\text{add}_{it}=\beta_0+\beta_k\ln K_{it}+\beta_k\ln L_{it}+\beta_g\ \text{Lngdp}+\beta_p\ \text{segdp}+\sum_m\delta_m\ \text{year}_m+\epsilon_0 \tag{6-8}$$

其中，i 表示企业，t 表示时间，其他变量的含义同上。为了避免最小二乘法计算过程中出现的同时性偏差和样本选择性偏差，课题组采用 Olley-Pakes

的半参数三步估计法。其中状态变量（state）为 LnK，代理变量（proxy）为 LnI，其他变量如 LnL、Lngdp 及 segdp 均为自由变量（free）；而退出变量（exit）为 exit，该变量根据企业的生存经营情况生成。有一点值得指出，用工业增加值作为被解释变量而不是总产出，是因为增加值并不包含中间投入，主要反映的是企业的最终生产能力，因此更为贴切。

LP 方法与 OP 方法最大的不同在于，前者采用中间投入品作为代理变量，通过替换变量的方式解决了样本损失问题；后者采用投资作为代理变量，同时解决了同时性和样本选择性偏差问题。在本课题中 LP 方法将以中间投入代替投资，在上述 OP 模型中加入$\beta_m \mathrm{Lnm}_{it}$变量，中间投入则用水务企业的耗电总量进行度量，因为电作为电力公司的产品被投入水务企业进行生产，所以选取水务企业耗电总量作为中间投入的代理变量。最后将 OP 法、LP 法进行对比分析。

6.1.3 数据处理和指标选择

本文数据主要来源于 2002—2018 年《中国城市供水统计年鉴》，该年鉴收录了 300 多家水务企业的相关数据。为了保证结果的可靠性，本文对数据做了如下筛选：第一步，由于本节使用的是面板数据，要对缺失以及断档数据进行剔除；第二步，大城市由于其自身的特点较为明显，人口较多、经济发展较为稳定，水价变动的影响可能微乎其微，不适合作为变量选取，相比来说地级市数据更有意义；第三步，水务年鉴以地级市名字进行水务企业的命名，所以需要对重叠或分散部分进行整合。最后经过筛选，保留 29 个省份 253 个地级市 17 年的数据。

对于水务企业固定资本存量的核算，本节采用《中国城市供水统计年鉴》中“供水财务经济”所提供的固定资产合计指标作为基础。通常情况下固定资产包括房屋、机械、运输工具、建筑物等为企业生产提供保障的非货币性资产，因而相对准确地刻画了企业的资本状况。由于《中国城市供水统计年鉴》中没有固定资产投资这一指标，本节参照了宏观的资本存量的核算方法，根据$I_t = K_t - K_{t-1} + D_t$进行估算，其中 K 表示固定资产总值，D 为固定资产折旧，折旧率采用 15%（向娟，2011）。

为了客观反映资本和劳动对于经济增长的贡献，样本中所有名义变量都是以 2002 年为基期的实际值。为了较为准确地测算企业的全要素生产率，课题组选取了各地级市工业生产总值、第二产业占比作为控制变量，其中工业生产总值、第二产业占比数据来自《城市建设投资年鉴》。根据 Olley et al（1996）的基本思路及水务企业自身特点，具体变量的选取如表 6-1 所示。

表 6-1　全要素生产率测算指标选取

变　量	变量名称	变量类型	变量解释
总产出	LnY	被解释变量	供水总量
总产出增加值	LnY_add	被解释变量	当期总产出 -（t–1）期总产出
资本	LnK	状态变量	水务企业固定资本
劳动力	LnL	自由变量	企业人员数量
投资（OP）	LnI	代理变量	当期资本存量 -（1– 折旧率）×（t–1）期资本存量
中间投入(LP)	LnM	代理变量	水务企业的耗电总量
工业生产总值	Lngdp	自由变量	衡量地级市的经济状况
第二产业占比	se/gdp	自由变量	第二产业主要为工业用水

数据描述性统计，在对各地区水务企业全要素生产率进行测算之前，首先对各项指标进行描述性统计，具体选取了 2002—2018 年的数据，统计结果如表 6-2 所示。

表 6-2　主要变量的描述性统计

变　量	变量名称	最大值	最小值	均　值	标准差	观察值数
总产出增加值	LnY_add	13.317	–1.568	8.748	1.204	4301
资本	LnK	17.102	0.151	10.274	1.388	4301
劳动力	LnL	12.585	–3.943	6.527	1.035	4301
投资（OP）	LnI	17.099	–1.826	9.392	1.595	4301
中间投入 (LP)	LnM	14.022	–2.809	7.570	1.209	4301
工业生产总值	Lngdp	19.605	5.027	15.972	1.127	4301

6.1.4　估算结果

在估算企业的全要素生产率之前，首先对生产函数的各项指标进行平稳性检验，所得结果如表 6-3 所示，所有变量均在 1% 的水平下通过了稳健性检验。

表 6-3 主要变量平稳性检验

LnY_add	LnK	LnL	LnI	LnM	Lngdp
0.000***	0.000***	0.055***	0.000***	0.000***	0.000***
(–6.942)	(–35.047)	(–78.074)	(–32.120)	(–10.258)	(–26.518)

注：***、**、* 分别表示在 1%、5%、10% 的显著性水平下通过检验。

进一步地，课题组分别采用 OP、LP 方法测算水务企业的全要素生产率，通过 StataMP 软件对 2002 年至 2018 年全国 253 个地级市进行测算。根据表 6-4 可知，除了 LnL 系数在 LP 检验时显著为负，其他变量的系数在 LP 方法和 OP 方法检验中都显著为正。LnL 系数为负的原因可能在于，当劳动力和电量作为投入品被使用时，在其他投入品和环境等因素不变的条件下，劳动力的增加一定程度上可以减少用电量。

表 6-4 OP、LP 方法测算全要素生产率结果

变量	OP		LP	
	系数 Coef	*P* 值	系数 Coef	*P* 值
LnK	0.342***	0.000	0.314***	0.000
LnL	0.149***	0.000	–0.3594***	0.000
Lngdp			0.263***	0.000

注：***、**、* 分别表示在 1%、5%、10% 的显著性水平下通过检验。

对比可得，OP、LP 方法测算得到的劳动力、工业生产总值以及资本系数均稍有差别。由公式$\ln \mathrm{TFP}_{it} = \ln Y_{it} - \beta \ln K_{it} - \alpha \ln L_{it}$计算可得全要素生产率。测算结果如下表所示，其中针对具体地级市，由于时间跨度较长、地级市数量较多导致了数据量较大，因此只选取了包括金华、宝鸡、东莞等在内的 15 个城市 8 年的数据进行列示，如表 6-5 和表 6-6 所示。数据显示，大部分城市全要素生产率随时间的变化趋势表现为逐年上升，但少部分城市由于经济发展、地理区位或国家相关政策等原因，其全要素生产率呈现稳定甚至下降的状态。

表 6-5 Olley-Pakes 方法测算全要素生产率（%）

地级市	2004	2006	2008	2010	2012	2014	2016	2018
抚顺	4.532	4.617	4.930	4.852	4.827	4.895	4.459	4.497
四平	2.790	3.077	2.927	3.481	3.576	4.636	3.793	3.945
鹤岗	2.779	3.947	3.630	3.666	3.777	3.868	4.072	4.148

续表

地级市	2004	2006	2008	2010	2012	2014	2016	2018
佳木斯	4.322	4.448	3.524	3.496	4.258	4.555	4.356	4.340
南通	5.147	5.223	5.241	5.229	5.368	5.514	3.987	5.919
金华	4.613	4.655	4.888	5.007	5.095	5.278	5.256	4.993
宜春	4.352	4.344	4.463	4.617	4.781	4.662	4.741	4.780
新乡	4.158	4.231	4.500	4.464	4.501	4.418	4.628	4.880
焦作	4.272	4.161	4.237	4.208	4.324	4.228	4.275	4.283
清远	4.181	4.676	4.594	4.648	4.736	5.058	4.779	4.854
中山	5.642	5.589	5.599	5.416	5.452	4.800	5.482	5.695
宝鸡	3.896	3.602	3.768	3.744	3.842	4.209	4.239	4.030
鞍山	4.455	4.492	4.626	4.639	4.726	4.544	4.560	4.653
成都	5.145	5.198	5.389	5.449	5.669	6.251	5.761	5.809
东莞	4.786	6.115	6.291	6.055	6.066	6.515	6.029	6.117

表 6-6　Levinsohn-Petrin 方法测算全要素生产率（%）

地级市	2004	2006	2008	2010	2012	2014	2016	2018
抚顺	12.132	12.321	15.393	13.056	11.683	10.838	8.491	8.345
四平	1.674	1.794	1.465	2.422	2.446	5.981	2.944	3.521
鹤岗	2.042	7.175	4.839	4.646	4.751	5.350	6.549	5.067
佳木斯	8.609	8.697	3.393	3.126	5.538	6.715	5.701	5.393
南通	14.153	14.129	13.194	12.218	13.254	13.672	1.912	16.729
金华	8.429	8.475	9.854	10.664	10.862	12.411	11.802	8.984
宜春	7.094	6.528	7.623	7.888	8.558	7.330	7.406	7.307
新乡	6.989	6.895	7.984	7.364	7.016	6.389	6.660	8.498
焦作	7.860	6.376	5.795	5.513	5.814	5.020	5.012	4.937
清远	6.789	9.407	7.713	7.327	7.822	10.476	7.622	7.966
中山	21.468	17.900	17.188	13.372	12.743	8.795	16.668	17.963
宝鸡	4.559	3.171	3.387	3.279	3.294	4.720	5.064	2.900
鞍山	9.413	9.219	9.544	8.974	9.407	7.592	8.223	8.505
成都	13.969	14.161	15.180	15.016	17.069	25.866	16.725	17.421
东莞	11.502	29.420	34.481	26.369	24.886	31.974	24.194	25.293

表6-7给出了2002—2018年全要素生产率的全国平均值。自2002年水价改革以来，随着新型城镇化的提出和稳步推进，全要素生产率呈现逐步增长的趋势。LP法和OP法测算的全要素生产率在2003年和2005年有较大的波动，可能是因为水价改革工作要求全国各省辖市以上城市须在2003年底前实行阶梯水价，而在2005年底前其他城市也要实行阶梯水价，处于改革工作的关键时期可能是导致全要素生产率在这两年产生变化的主要原因。

表6-7　OP、LP方法测算全要素生产率全国平均值

时　间	OP法	LP法	时　间	OP法	LP法
2002	4.027	7.669	2011	4.273	6.635
2003	4.556	10.540	2012	4.323	7.000
2004	4.080	7.432	2013	4.329	7.768
2005	4.149	16.928	2014	4.341	7.240
2006	4.077	7.130	2015	4.355	6.414
2007	4.135	7.184	2016	4.330	6.276
2008	4.194	7.062	2017	4.394	7.147
2009	4.200	6.867	2018	4.447	6.669
2010	4.235	6.741			

上述三张表格结合并对比来看，OP、LP方法所得全要素生产率结果存在一定的差距。由于OP方法中，代理变量LnI的弹性相对于LP方法中的代理变量LnM较好，且OP法可同时消除同时性和样本选择性偏差，所以本课题选取OP方法计算所得的全要素生产率作为测度水价影响的被解释变量，并在后续实证过程中，使用LP方法进行稳健性检验。

6.2　水务行业DEA效率测算

6.2.1　DEA模型

数据包络分析方法（Data Envelopment Analysis，DEA）于1978年由Charnes等学者提出，至今已有四十多年的历史。在此期间，有上千篇专门研究DEA模型的文章、报告等出版发表，DEA模型也越来越被学术界接受。我

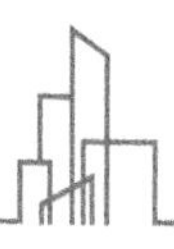

国对 DEA 的研究及使用相较于国外要稍晚一些，始于 1986 年，并于 1988 年发表了第一本关于 DEA 模型的专著，1996 年发表了第二本。近些年来，DEA 方法风靡全世界的学术圈，尤其在数学、管理学、经济学等领域发挥着重要的作用，成为一个十分重要且方便的研究模型。数据包络分析的基础是相对效率，以数学线性规划方法为主要工具，以优化为目标，运用多项投入和产出指标对投入与产出进行分析，进而得到各决策单元的综合效率值。DEA 方法的本质是将各决策单位和生产前沿面进行对比，看其是否处在前沿面上。自 1978 年著名的运筹学家 Charnes、Rohode 和 Cooper 率先提出 CCR 模型来测算各部门之间的相对效率以来，DEA 方法逐渐被大众接受，在实际研究中得到越来越普遍的应用。CCR 和 BCC 是最常用的两种 DEA 模型，两者的区别在于 CCR 的模型假设规模报酬不变，而 BCC 的模型假设则为规模报酬可变。

DEA 模型把单输出与单输入的工程效率的概念扩展到了多输出和多输入，尤其是多输出的决策单元（Decision-Making Units，DMU）。DEA 利用数学线性规划模型来评估具有多输出与多输入的单位的相对效率值，依据 DMU 的各个样本观察数据来判断其是否有效，本质上是判断决策单元是否能到达前沿面。因此 DEA 是一种非参数的估计方法，用来研究多输入与输出且可以不设置生产函数形式，这个特点方便了很多不容易确定生产函数模型情况的效率测定。

具体的数学模型是，假设有 n 家水务企业（n 个决策单元），每个决策单元的投入与产出项的种类为 m 种和 p 种。$X_j=(x_{1j},x_{2j},\ldots,x_{mj})$ 是第 j 家水务单位的投入项，$Y_j=(y_{1j},y_{2j},\cdots,y_{pj})$ 是第 j 家水务单位的产出项。用 (X_j,Y_j) 表示第 j 家水务企业的 DMU_j，$V=(V_1,V_2,\ldots,V_m)^T$,$U=(U_1,U_2,\ldots,U_p)^T$ 代表相应的权重系数，总能选出权数 v 和 u，使得 $u^TY_j/v^TX_j\leqslant 1$，$j=1,2,\ldots,n$，构建如下原始 CCR 模型。

$$\max\frac{u^TY_0}{v^TX_0}$$

$$s.t.\frac{u^TY_j}{v^TX_j}\leqslant 1,\ j=1,2\ldots,n \tag{6-9}$$

$$u\geqslant 0,\ v\geqslant 0$$

利用 Charnes-Cooper 变换与对偶变换，加入松弛变量 S^+,S^-（S^+为产出不足，S^{-}为投入亢余），再引入非阿基米德无穷小量ϵ，并添加对权重的凸性约束：$\sum_1^n \varphi_j = 1$，则以投入导向的 DEA 模型（BCC 模型）为：

$$\min\left[\theta - \epsilon\left(e'^{T}s^{-} + e^{T}s^{+}\right)\right]$$

$$s.t.\sum_{j=1}^{n} X_j\varphi_j + S^{-} = \theta X_0$$

$$\sum\nolimits_{j=1}^{n} Y_j\varphi_j - S^{+} = Y_0 \tag{6-10}$$

$$\varphi_j \geqslant 0,\ j = 1,\ldots,n$$

$$S^{-} \geqslant 0,\ S^{+} \geqslant 0$$

其中，$e'^{T} = (1,1,\ldots,1) \in R^m, e^{T} = (1,1,\ldots,1) \in R^m$，BCC 模型考察决策单元是否有技术效率，并假定 BCC 模型的最优解为$\left(\varphi_j^0(\forall j), S^{-0}, S^{+0}, \theta^0\right)$，若$\theta^0 = 1$，并且$S^{-0}, S^{+0}$两项也同时为零，则可以说决策单元 DMU_0 为效率单元。

DEA 是非常重要的评价效率的方法，如今该方法被各个领域广泛应用，尤其是在水务领域。首先，水务行业的绩效和效率指标复杂，需要包含多个投入与产出指标，而 DEA 模型正适用于多投入多产出的模型效率测算。其次，运用 DEA 方法无须确定生产和成本函数的形式，简化了研究过程。最后 DEA 的非效率决策单元也有利于研究者根据结果提出建议和改进目标。因此在研究水务行业效率等问题上，DEA 方法具有显著优势。

本章采用法雷尔对于效率的定义。研究对象为 DEA 模型测算出的技术效率、纯技术效率和规模效率。技术效率反映的是在给定投入的情况下最大产出能力或给定产出的情况下最小投入成本的能力，代表一种综合效率。当规模报酬可变时，纯技术效率表示一个决策单元（一个地区的水务数据）实际的产出投入状况与有效率的生产前沿面的距离。水务企业的规模效率表示规模报酬可变下的规模情况与规模报酬不变情况的距离。实际中，企业规模往往是存在差异的，这种差异既可能由技术差异引起，也可能由规模不同造成。一般来讲，当企业产出的增加比例大于投入增加的比例时，规模报酬递增；产出增加比例小于投入增加比例时，规模报酬递减。纯技术效率反映的是在不考虑规模的情况下，企业对产出投入控制的合理性，包括投资选择、组织管理能力及成本管控能力等。

图 6-1（a）更直观地表述了 TE、AE、PTE、SE 的概念及其差异。如图所示，假定企业投入了 X_1 单位的要素 1，X_2 单位的要素 2，产出 Q 单位。图中 SS'表示完全效率厂商的等产量线，AA'代表等成本线，企业开始以 P 点的要素组合进行生产，当投入从 P 下降到 Q 时，可以发现，投入要素减少，但产量并没有降低，说明 QP 是技术无效率的。QP/OP 代表达到技术效率降低的投入比例。法雷尔将技术效率定义为 TE=OQ/OP。配置效率将价格因素纳入了考虑范围，AA'的斜率指投入要素的价格之比，表示为 AE=OR/OQ。图 6-1(b) 中 VRS 前沿指的是规模报酬可变的情况，CRS 表示的是规模报酬不变的情况。在规模报酬不变的情形下，行业内全部企业的生产都会控制在 CRS 前沿及其下方区域。纯技术效率指在规模报酬可变的情况下，实际的企业产出与有效生产前沿的差距。规模效率是指生产前沿在规模报酬不变与规模报酬可变两种情形之间的距离。企业在 D 位置生产时，如果从 D 移动到 E，就能达到 VRS 前沿，纯技术效率就会提高；再由 E 移向 B，规模效率会提高。其中，定义纯技术效率 PTE=GE/GD，规模效率 SE=GF/GE。因此当企业的生产位于 CRS 前沿时，具有规模效率，反之则为无效率。

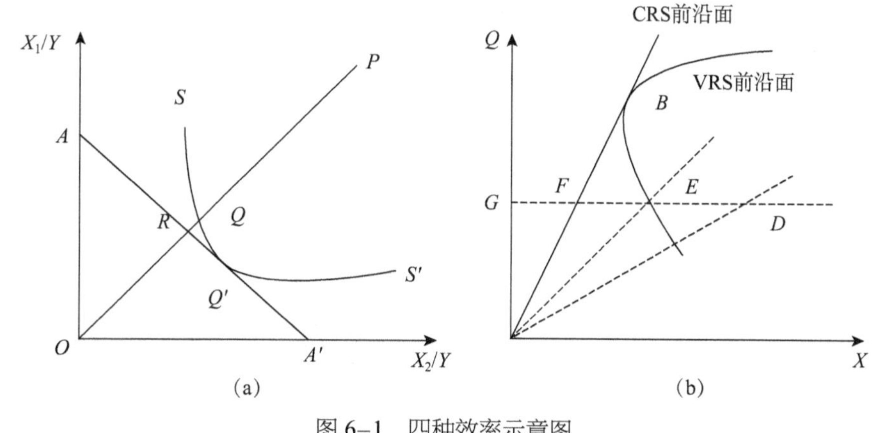

图 6–1　四种效率示意图

6.2.2　变量选择与数据来源

在水务行业效率的研究中，由于 DEA 方法突出的优势，很多学者选择此方法来测算效率。Romano et al（2017）在没有质量因素调整的模型中，投入变量为生产成本和劳动成本，产出项为售水数量和服务人口。在质量调整的模型中，又加入了一些衡量质量的产出变量，如完成新管道连接的目标时间、维修日常破损的目标时间。Lin（2005）设置投入项为工资和资本价格，产出项为售水量和服务客户人数。Kumar et al（2010）设定了三个产出项，分别为供水量，供水时间和水质，投入项为管理费用和股本价格。Picazo-Tadeo et al（2008）将产出项表达为服务人口数量、供水量、处理污水量和漏水量（衡量质量），投入项为管网长度、污水处理管网长度、劳动工人数量和运营成本。Molinos-Senante et al（2016b）将供水量作为一个正常的产出项，将书面投诉、非计划中断以及低于参考水平的属性作为衡量质量调整的另一个产出项，投入项则为股权价格、运营成本。于良春和程谋勇（2013）在利用 DEA 模型测算我国水务行业效率时，将供水人口和供水总量作为产出变量，主营业务成本和日供水能力作为投入变量。

本节将利用 2002 年至 2018 年《城市供水统计年鉴》的相关数据来完成对我国水务行业的效率测算。水务行业具有自然垄断性，拥有巨大的固定成本，因此固定成本因素是水务行业成本的重要组成部分，由于《中国城市供水统计年鉴》中没有固定资产投资这一指标，本节采用当期固定资产原值与上期固定资产净值的差值衡量投资。另外,考虑到可变成本因素,根据水务行业业务特征，选取管网长度和耗电总量作为另外两个投入指标。最后，考虑人力资本和人工成本因素，选取单位从业人员和工资总额来衡量，作为第四个和第五个投入项。由于水务行业的主要产品是水，因此供水总量可以衡量水务行业的产出。供水服务的收入也是衡量水务服务产出的一个指标，因此选择销售收入作为产出项。具体 DEA 方法的投入与产出指标设置见表 6-8。

表 6-8　投入产出指标

指标类型	指　标
投入项	固定资产投资（当期固定资产原值 – 上期固定资产净值）
	工资总额
	单位从业人员
	耗电总量
	管网长度
产出项	供水总量
	销售收入

6.2.3 水务行业传统 DEA 效率测算

1. 纵向年度平均效率值

利用《城市供水统计年鉴》2002 至 2018 年的数据，根据选择的投入产出指标，选取数据较完整的 253 个城市作为研究样本，利用 DEAP2.1 软件测算其 17 年间的效率值。表 6-9 及图 6-2 从纵向年度角度来描述每年所有样本的平均效率值及样本最小值。

表 6-9 效率最小值与平均值

年份	综合效率		纯技术效率		规模效率	
	最小值	平均值	最小值	平均值	最小值	平均值
2002	0.218	0.604	0.284	0.664	0.483	0.912
2003	0.186	0.707	0.275	0.765	0.240	0.923
2004	0.132	0.456	0.172	0.570	0.336	0.820
2005	0.056	0.268	0.089	0.461	0.071	0.619
2006	0.109	0.563	0.109	0.589	0.454	0.968
2007	0.166	0.567	0.270	0.688	0.224	0.833
2008	0.209	0.544	0.264	0.653	0.345	0.843
2009	0.125	0.477	0.179	0.561	0.188	0.864
2010	0.140	0.403	0.155	0.562	0.184	0.744
2011	0.191	0.566	0.215	0.649	0.417	0.875
2012	0.045	0.221	0.120	0.465	0.075	0.530
2013	0.138	0.598	0.230	0.684	0.294	0.879
2014	0.159	0.585	0.245	0.684	0.190	0.856
2015	0.231	0.584	0.243	0.679	0.247	0.864
2016	0.156	0.529	0.268	0.642	0.271	0.829
2017	0.255	0.626	0.332	0.699	0.283	0.902
2018	0.240	0.585	0.287	0.669	0.364	0.876

注：表中所有数字均为保留小数点后三位的保留数值。

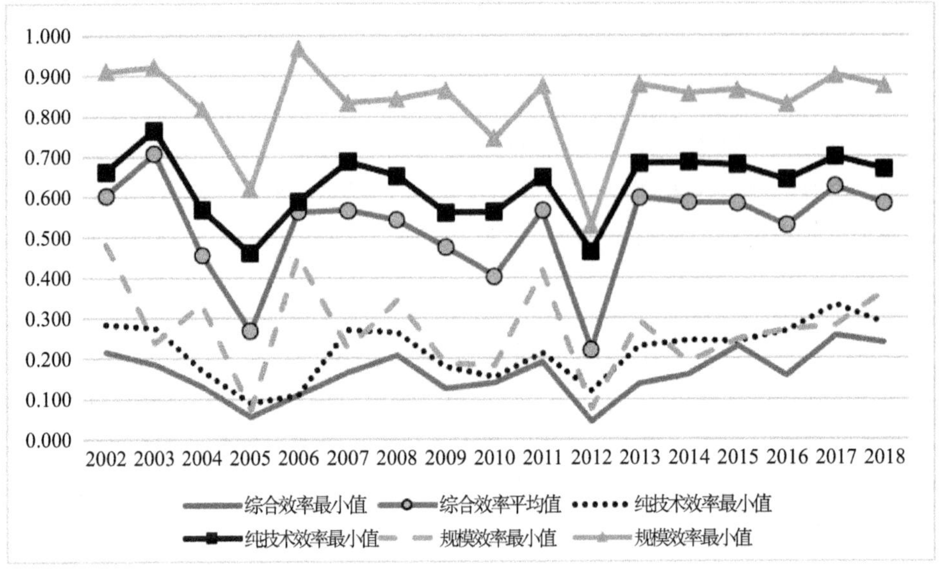

图 6–2　效率平均值及最小值

从图 6-2 可以看出，2002—2018 年，DEA 测算的纯技术效率平均值和规模效率平均值均能达到 0.5 以上，但三种效率平均值一直处于波动状态。从三种测算效率角度分析，很明显可以看出规模效率的数值大于纯技术效率且大于综合效率，一直处于领先的地位，数值范围也在 0.8 至 1 之间，处于较高的数值范围，表明我国目前的水务行业的规模效率处于较高水平，大部分地区距离最优前沿面的距离较小，也就是说距离最优效率的决策单元差距较小，整体处于较高水平。而纯技术效率的数值主要处于 0.5 至 0.7 之间，相比于规模效率，数值并不理想，表明我国目前水务行业的纯技术效率仍有提升的空间，我国水务行业在资源效率的配置上应继续加强。而综合效率在数值上等于规模效率乘以纯技术效率，综合效率数值范围在 0.25 至 0.7 之间，造成我国水务行业综合效率值并不理想的主要原因是较低的纯技术效率。

从最小值的角度分析，2005、2010、2012 和 2016 年，三种效率值都处于较低水平的情况。因此这四年的综合效率平均值也受到了冲击，属于数值比较低的年份。

2. 横向区间效率值分析

以上重点从时间跨度的角度去分析变化过程，以下选取最新的 2018 年数据作为分析对象，从综合效率、纯技术效率、规模效率和规模报酬情况四个维度进行对比分析，更好地阐述我国水务行业目前的效率状况，具体数据如表 6-10 所示。

表 6-10　2018 年 253 家水务行业效率值区间统计

分　类	区间范围	数量	所占比例
综合效率	TE=1	25	9.88%
	0.8 ≤ TE < 1	20	7.90%
	0.5 ≤ TE < 0.8	100	39.53%
	0 ≤ TE < 0.5	108	42.69%
纯技术效率	PTE=1	43	17.00%
	0.8 ≤ PTE < 1	29	11.46%
	0.5 ≤ PTE < 0.8	125	49.41%
	0 ≤ PTE < 0.5	56	22.13%
规模效率	SE=1	29	11.46%
	0.8 ≤ SE < 1	168	66.40%
	0.5 ≤ SE < 0.8	48	18.97%
	0 ≤ SE < 0.5	8	3.16%
规模报酬	递增	197	77.87%
	不变	30	11.86%
	递减	26	10.28%

以最新的 2018 年数据作为分析对象可以简单概括我国水务行业目前的效率情况。可以观察到综合效率情况并不是非常理想，有 39.53% 的效率值集中在 0.5 至 0.8 的中等数值之间，而低于 0.5 的效率值也占据 42.69%，相比于 0.8 以上的高分数段，占比非常大。而综合效率低分数值的大频次出现主要是纯技术效率和规模效率并没有达到最优导致的。表明我国水务行业的综合效率并不是非常高，大部分地区没有实现效率的最优。纯技术效率的情况和综合效率类似。高于 0.8 的高分数段占比达约 28%，但 0.8 以下的中低分数段占比过半，表示尽管少数地区实现了纯技术效率的最优，但是大部分水务地区仍处在纯技术低效率的阶段，并且距离纯技术效率的最优生产前沿面还有不小的距离，表明我国水务行业在投入产出的资源配置情况上仍需很大的改进。规模效率相较于前两种效率情况较好，0.8 以上的高分数段占比约达 77%，而小于 0.5 的低分数段仅占 3.16%，表示我国大部分水务行业距离规模效率的最优距离并不大，规模情况良好但仍可以继续优化。观察规模报酬的数据可以看出，目前我国大部分地区处于规模报酬递增阶段，占比高达 77% 左右，可以得出我国大部分地区水务部门的规模小于最优规模因此处于规模报酬递增阶段的结论。

6.2.4 质量调整的 DEA 效率测算

传统的 DEA 效率测算方法，在产出和投入变量的选择上忽略了质量因素，导致质量无法在效率值中体现出来。Picazo-Tadeo et al（2008）和 Kumar et al（2010）研究了水务行业质量对效率的影响，分别以 2001 年西班牙和 2005 年印度的水务行业为研究对象，设计了有质量因素的 DEA 效率，并与无质量因素的 DEA 效率值进行对比，测算出维护质量的机会成本。本节运用同样的方法，在上一节投入产出的选择上，将质量因素加入到产出项中，测算有质量调整的 DEA 效率值，并与传统 DEA 效率测算值进行对比。

1. 质量指标体系建立与指标选择

满意度是一种主观评价服务质量的方式，服务质量作为文章研究主体，本节所研究的服务质量不同于传统意义上的满意度衡量。水务行业属于产品纵向差异化，不存在顾客本身对产品的个人偏好，所有人对水产品的偏好都是一致的，对质量标准的判断是一致的。因此本节从客观的角度，考虑了衡量正常商品的产品质量因素，从两个层面建立水务服务质量体系，包括衡量水质、管网基础设施质量的指标。利用 2002 年至 2018 年《城市供水统计年鉴》数据，运用水质综合合格率来衡量水质，漏损率和管网压力合格率来衡量管网基础设施质量。水务服务质量体系具体指标如表 6-11 所示。

表 6-11 水务服务质量体系

水务服务质量体系	衡量指标
水质	水质综合合格率
管网基础设施质量	漏损率
	管网压力合格率

2. 质量调整的投入产出指标

由于水务服务质量体系中的所有指标都是比例数字，因此按照等比配额的规则将水务服务质量体系中的四个变量求取平均值，其中由于漏损率为负向质量，取 1 与漏损率的差值进行计算，得出水务服务质量的综合指标数值，带入到 DEA 效率测算的产出项中，作为衡量水务服务质量的指标。具体投入产出指标选择如表 6-12 所示。

表 6-12　质量调整的投入产出指标

指标类型	指　标
投入项	固定资产投资（当期固定资产原值 – 上期固定资产净值）
	工资总额
	单位从业人员
	耗电总量
	管网长度
产出项	供水总量
	销售收入
	水务服务质量综合指标

运用 DEAP2.1 软件计算含有质量因素的产出与投入数据，测算出质量调整的水务行业 DEA 效率测算值。表 6-13 为传统 DEA 和加入质量调整的 DEA 测算方法的年度平均效率值比较。

表 6-13　两种 DEA 效率值比较

年　份	传统 DEA 效率值	质量调整的 DEA 效率值	维护质量的机会成本
2002	0.604	0.646	4.20%
2003	0.707	0.761	5.40%
2004	0.456	0.485	2.90%
2005	0.268	0.448	18.00%
2006	0.563	0.565	0.20%
2007	0.567	0.672	10.50%
2008	0.544	0.624	8.00%
2009	0.477	0.531	5.40%
2010	0.403	0.516	11.30%
2011	0.566	0.634	6.80%
2012	0.221	0.330	10.90%
2013	0.598	0.669	7.10%
2014	0.585	0.626	4.10%
2015	0.584	0.657	7.30%
2016	0.529	0.613	8.40%
2017	0.626	0.681	5.50%
2018	0.585	0.661	7.60%
均值	0.523	0.595	7.27%

注：表中所有数字均为保留小数点后三位的保留数值。

从上表可以看出，从2002年至2018年的所有年份，质量调整的DEA效率值都比传统DEA效率值略高：传统DEA效率测算值17年的平均值为0.523，表示253个样本在给定投入的情况下平均可以生产潜在产出52.3%的数量，而潜在产出（效率产出）表示在给定投入下最有效率的产出量；而加入质量调整的DEA效率在17年间的平均值为0.595，表示从2002至2018年期间，大部分地区达到了潜在产出59.5%的产出水平。从潜在产出损失的角度，两种效率值的差值则代表维护水务服务质量的机会成本。换句话说，保持观察到的质量水平会消耗生产资源，从而降低公用事业在技术上有效的情况下从投入禀赋中获得的产出量。因此，根据上表数据可知，我国17年间水务行业维护服务质量的平均机会成本为效率产出的7.27%。

本节首先通过建立DEA模型，选取符合水务行业特点的产出投入从而测算出不包含质量因素的传统DEA效率值。再通过纵向分析得出，从2002年至2018年，平均的综合效率处在0.25至0.7区间，纯技术效率处在0.5至0.7区间，规模效率处在0.8至1区间，长期处于波动中。通过横向分析得出，2018年我国大部分地区的水务部门处于规模报酬递增阶段，大部分地区的综合效率和纯技术效率处在0.5至0.8的中分段区域，而规模则集中在0.8至1的高分段区域。最后根据水务行业特征及公共产品理论建立水务服务质量指标，并计算得到水务行业综合指标，将其考虑进产出项，测算出质量调整的DEA效率值。将传统的DEA效率值和质量调整的DEA效率值进行对比分析，根据两者的差值计算出维护服务质量的机会成本为7.27%的潜在产出。

6.3 水务行业福利损失的估算

6.3.1 新型城镇化下我国水务行业的福利损失

随着我国新型城镇化的有序开展，人民生活水平持续提升，也引发了人民群众对水务需求的不断改变。时至今日，人们对水产品的数量和质量均有了更加全面和严格的要求，新型城镇化下我国城镇水务不仅要关注供水效率的提升，也要重视水务改革给社会福利带来的影响。尤其在供水规模的不断扩大、民营

资本不断进入水务市场的新背景下，水务产品的质量、多样化以及社会福利净损失逐渐成为关注和研究的焦点。

正如前文论述，新型城镇化下水务运行机制改革具有较为明显的市场特征，引入了大量民营资本和境外资本，虽然有效提升了水务企业的运营、供水效率，但也不可避免地造成了水务企业的垄断行为，带来社会福利的损失。与电力、电信等传统的公共服务部门相似，水务行业同样具备比较明显的自然垄断特征，庞大的基础设施建设投入和较低的边际成本决定了水务企业会在一定供水区域内形成较强的市场势力，随着新资本的进入，水务企业的企业性质愈发明晰，以往政府管理所重视的供水质量不再是企业运行的唯一目标，对企业绩效的追求使得供水企业不可避免地利用市场势力开展一些垄断行为，带来社会福利的损失。因此，探究新型城镇化下城镇水务的改变，既要关注以全要素生产率为代表的供水效率差异，也要重视市场化进程和管理体制改革所带来的社会福利变化。本节测算新型城镇化下我国地级市水务行业的福利损失。

围绕垄断行业福利损失的理论研究主要可以分为四个方面，即哈伯格三角形、X- 非效率理论、塔洛克四边形和福利损失上限模型。哈伯格三角形是经典的福利损失下限模型，基于对消费者剩余理论的认识，将垄断的社会福利损失认定为全部消费者剩余损失和生产者剩余损失的积分，在线性供求关系中表现为三角形（Harberger，1954）；X- 非效率理论关注垄断给生产企业带来的低效率问题，认为福利损失应该关注企业的垄断行为对自身生产效率的不利影响，此时社会总福利损失为哈伯格三角形加上 X- 非效率的损失（Leibenstein，1966）；塔洛克四边形则重视寻租和寻租成本带来的损失，认为在垄断条件下，高昂的垄断价格会降低产品产量造成消费者剩余的损失，而生产者从中获得租金，这一租金即为垄断的社会成本，在水平供给曲线中社会成本形如四边形（Tullock，1967）；哈伯格三角形、X- 非效率理论、塔洛克四边形均是建立在需求弹性价格单一的基础上，这一假设会造成对福利损失估计的偏差，使得估计的社会总福利损失偏小（Cowling et al，1978），因此估计结果为福利损失的下限。部分学者关注垄断带来的福利损失上限，将公司运营的隐含成本带入需求弹性的估计，保持公司确实拥有并行使了市场势力这一假设，估计出更大、更接近现实情况的社会福利损失，即福利损失的上限。

6.3.2 福利损失的估计

以下结合垄断行业福利损失的理论，同时采用福利损失下限模型和福利损失上限模型测算我国水务行业带来的社会福利损失。福利损失下限模型用于界定社会福利损失的最小范围，即垄断带来的生产者剩余和消费者剩余损失，通过计算定价高于边际成本产生的损失得到，计算方法见公式（6-11）。

$$\mathrm{DWL}_{\mathrm{down}}=\frac{1}{2}r^{2}\varepsilon P_{m}Q_{m} \tag{6-11}$$

其中，r 为行业的经济利润率，即行业的会计利润和预期回报率的差，也可以理解为超额利润；P_mQ_m为行业规模，即企业的销售收入之和；ε 为需求价格弹性，ε=1 的假设在多种文献中得到支持（Harberger, 1954；周耀东等，2014）。此时，水务行业的福利损失测算更多依赖测算行业经济利润率和规模，得到水务行业福利损失下限模型的估计公式（6-12）。其中，SR_F为地级市水务企业销售总收入，CB_F为地级市水务企业生产总成本，SR_M为全国维度的水务行业规模，CB_M为全国维度的供水成本。

$$\mathrm{DWL}_{\mathrm{down}}=\frac{1}{2}r^{2}\varepsilon P_{m}Q_{m}=\frac{1}{2}(\frac{SR_F-CB_F}{SR_F}-\frac{SR_M-CB_M}{SR_M})*SR_F \tag{6-12}$$

与下限模型相比，上限模型增加了对生产企业运行的隐性成本和行使垄断的代价项，包括购买投入要素的交易成本、生产经营的低效率等。生产企业成本变动带来的低效率可以用 DEA 方法测算的效率损失来刻画（于良春等，2010；周末等，2021），即计算生产厂商实现单位生产的最小成本和实际成本之比，比值与 1 作差即为生产企业内部的效率损失，进而得到地级市水务行业福利损失上限，如公式（6-13）。其中，X_{dea}为使用 DEA 方法计算的地级市水务行业效率，C_F表示生产厂商的实际成本，采用地级市水务行业的企业供水总成本。

$$\mathrm{DWL}_{\mathrm{up}}=\mathrm{DWL}_{\mathrm{down}}+(1-X_{\mathrm{dea}})*C_F \tag{6-13}$$

6.3.3 估算结果

水务行业福利损失估计的数据主要来源于 2002—2018 年《中国城市供水统计年鉴》，与行业全要素生产率估算类似，同样对数据进行了剔除缺失值、

地级市整合等预处理，得到我国 29 个省份中 253 个地级市 17 年城镇水务生产经营数据。具体而言，地级市企业销售总收入以年鉴统计的该地级市水务企业销售收入之和表示，地级市水务企业总成本则表示为该地级市水务企业销售总收入减去总利润，行业效率来自 6.2.3 中 DEA 方法计算的水务综合效率，水务生产实际成本则表示为地级市所有水务企业销售量和单位售水成本的乘积。所有财务指标均使用对应价格指数进行处理。

从表 6-14 可以看出，2002 年以来，有 26 个省份的福利损失下限平均值低于 3%。福利损失下限体现出行业内企业垄断性定价对社会总剩余的损害，这一结果表明，我国大多数省份水务行业福利损失下限水平并不高。由于公共服务部门的特殊性，各省份水务企业虽然在地级市内具有垄断、寡头垄断的市场势力，但在定价上并未过多偏离均衡价格。21 世纪以来，大多数省份水务行业垄断定价带来的社会福利损失并未超过市场规模的 3%，水务企业较强的市场地位并未导致严重的垄断行为；在 2002 年至 2018 年间各省份福利损失下限均有不同程度的增长，多数省份增长幅度超过 50%，结合全要素生产率的估计结果，发现随着新型城镇化进程的推进，水务企业性质、所有制、公私合作制（PPP 模式）、阶梯定价等运行机制方面的改革逐渐落地，有效提高了水务企业的生产效率，但水务行业市场化行为也导致企业一定程度的垄断行为，加剧了水务行业的社会福利损失。

表 6-14　福利损失下限描述性统计（%）

省　份	平均值	2002 年	2018 年	最大值	最小值	标准偏差
安徽	1.1350	0.0850	0.3587	3.6480	0.0000	1.1954474
北京	0.3213	0.0842	0.2949	0.8209	0.0188	0.247983129
福建	0.5539	0.5032	1.2359	1.2359	0.0000	0.336660095
广东	1.2236	0.9741	1.2908	9.7884	0.0000	2.26706867
广西	0.5770	0.2075	0.9212	1.8489	0.0000	0.455695708
贵州	1.0052	0.3337	2.0471	2.3282	0.0548	0.772030747
海南	0.7171	0.0059	1.9432	2.0674	0.0000	0.680618747
河北	0.7035	0.2272	0.6525	2.7186	0.1117	0.632451282
河南	2.2078	0.3601	1.3079	20.9453	0.0000	5.050671903
黑龙江	2.9534	0.2307	35.0944	35.0944	0.0000	8.402474887

续表

省　份	平均值	2002 年	2018 年	最大值	最小值	标准偏差
湖北	1.2258	0.8254	3.5409	4.2644	0.0000	1.365452106
湖南	0.4213	0.1204	0.0196	3.2387	0.0000	0.773157885
吉林	2.6419	0.2421	1.7151	33.4290	0.0000	7.957751707
江苏	0.4335	0.1047	0.9867	1.5065	0.0000	0.43105728
江西	6.9416	0.0000	17.2009	19.5371	0.0000	6.8574609
辽宁	1.6727	0.3787	3.9174	14.2694	0.0000	3.43288766
内蒙古	1.9130	0.3000	1.0718	20.4258	0.0000	5.17185474
宁夏	1.6435	0.0860	2.0463	18.5904	0.0477	4.412047292
青海	1.2606	0.0000	0.1189	7.2626	0.0000	2.211508193
山东	3.0749	0.9656	2.4756	20.0915	0.0000	5.292284776
山西	1.7584	0.8031	1.1933	11.6710	0.0000	3.118195077
陕西	1.5961	0.5601	1.0605	16.7807	0.0993	3.930929868
上海	0.1216	0.1625	0.0059	0.3618	0.0000	0.112216072
四川	3.1306	3.3149	3.0447	7.0631	0.2075	2.595245819
天津	0.2864	0.9341	0.4465	0.9341	0.0026	0.29733763
西藏	1.1783	3.2521	6.9247	6.9247	0.0001	1.752475882
云南	2.3827	0.3428	2.6901	19.1071	0.0728	4.588965807
浙江	0.3369	0.3963	0.6079	0.8023	0.0000	0.190819459
重庆	0.9047	0.4908	2.7019	3.7598	0.0000	1.089437863

注：为确保估算数据的真实性和科学性，本课题在省份维度上的平均值均采用销售总收入的加权平均值，估计结果能够体现出不同地级市行业规模的现实状况；在时间维度上的平均值则采用算术平均值，降低不同年份统计口径差异所带来的估计误差。

表 6-15 估算了各省份福利损失上限，福利损失上限既包含垄断定价对社会总剩余的损害，也包含要素流动、企业行为等方面原因导致企业生产的无效率。观察发现，各省份水务行业福利损失上限的平均值差异较大，大多数省份的福利损失上限超过了 25%，福利损失占行业规模的比例较大，结合福利损失下限的估算结果，表明水务行业福利损失可能主要体现在生产企业的效率损失中，而垄断定价带来的福利损失较小；2002 年至 2018 年间各省份福

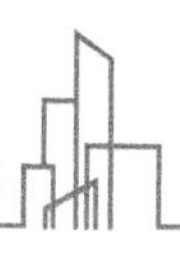

利损失上限并未发生明显、统一的变动，安徽省、福建省、湖南省等 15 个省份福利损失上限进一步升高，北京市、广东省、山西省等 14 个省份水务行业福利损失上限有所降低，福利损失上限的变动趋势和特征还有待进一步挖掘。同时，在水务行业福利损失估算中损失上限的标准偏差约为 20%，远大于福利损失下限的标准偏差，表明作为公共服务部门，水务服务的消费普及率非常高，水价变动存在较为强烈的菜单成本。新型城镇化以来，我国城镇水务运行机制和管理体制改革可能更多作用于水务企业的运营效率上，使得水务企业更倾向于生产效率的改进，造成福利损失上限波动幅度远大于福利损失下限。

表 6-15　福利损失上限描述性统计（%）

省　份	平均值	2002 年	2018 年	最大值	最小值	标准偏差
安徽	37.8520	19.2560	32.5051	64.5758	10.6325	15.1587
北京	33.0273	8.6447	0.9906	83.0916	0.0937	29.2612
福建	31.9814	34.5571	27.8624	56.3478	4.1011	13.8549
广东	26.8796	17.8643	15.8213	52.8167	8.4786	12.5629
广西	37.8704	32.7642	26.8721	74.6535	10.1831	15.6603
贵州	41.1299	20.4996	18.3275	88.1916	18.3275	20.6978
海南	29.0150	33.0034	16.8246	72.4425	1.7539	22.4304
河北	44.7514	37.3279	43.3651	70.0362	19.7057	15.3527
河南	53.2161	50.4887	47.7677	81.0139	27.1315	14.8197
黑龙江	34.7855	19.2653	35.4465	55.4458	11.5675	13.6145
湖北	41.7245	32.8618	47.0219	74.8602	13.6306	15.4596
湖南	29.3932	24.9475	47.5043	67.3812	3.5584	18.2548
吉林	54.2237	39.8670	42.1117	81.5399	9.7786	17.9975
江苏	37.2984	38.0754	30.0573	62.1589	16.0575	14.7690
江西	36.1680	44.7310	20.1280	68.5203	5.7438	16.8302
辽宁	54.3146	30.5683	55.0088	82.6094	21.5212	15.5509
内蒙古	43.5854	46.6492	21.7020	81.3756	21.7020	18.6050
宁夏	53.0369	62.5573	38.9268	82.2019	5.4597	16.7985
青海	42.9333	45.1638	37.2310	86.5755	0.0748	22.1688

续表

省　份	平均值	2002 年	2018 年	最大值	最小值	标准偏差
山东	53.1080	44.8676	59.5811	78.7275	33.7674	13.4869
山西	47.1832	51.8507	49.4373	83.2941	20.9108	16.9026
陕西	36.3148	32.3458	43.4807	70.7529	11.3581	15.6872
上海	28.1214	16.0772	0.0059	65.7627	0.0031	21.7115
四川	35.1240	36.6969	18.6951	60.7252	18.6951	12.1023
天津	43.9731	24.2536	30.4936	70.4772	24.2536	15.4182
西藏	11.2442	3.2521	6.9247	54.0671	0.0001	17.0660
云南	34.0597	17.5465	29.8198	64.6949	14.3862	13.3818
浙江	35.8755	19.2173	26.0450	62.3529	19.2173	13.5540
重庆	28.1746	0.4908	2.7019	72.7404	0.0523	26.4197

表 6-16 展示了部分较好地控制了水务行业福利损失的城市，其中 2002 年以来普洱市的年均福利损失下限仅为行业规模的 0.09%，远低于其他城市，而中山市的年均福利损失上限为样本中最小值，占行业规模的 4.88%；进一步观察可以发现，福利损失下限控制较好的二十个城市年均供水总量相对较小，城市实际供水总量反映了城市的用水需求，在生产经营中，面临较小用水需求的企业可能更倾向于提高供水能力，而非利用垄断价格谋取利益，造成此类城市在水务行业更低的福利损失下限；而福利损失上限较低的城市具有较高的供水量，表明供水总量较高的水务企业可能具备更高的生产经营能力，能够更好地控制供水生产的效率损失，降低福利损失上限。

表 6-16　典型城市福利损失的描述性统计

排序	地级市	福利损失下限	供水总量	排序	地级市	福利损失上限	供水总量
1	普洱市	0.0908	1296.5794	1	中山市	4.8843	12042.4171
2	河源市	0.1167	4823.7194	2	东莞市	9.3192	146375.1471
3	台州市	0.1168	13779.8735	3	拉萨市	11.2442	8030.4388
4	南充市	0.1207	7893.2941	4	河源市	20.9256	4823.7194
5	上海市	0.1216	322380.8971	5	成都市	23.5107	72526.5241
6	淮安市	0.1273	13852.6612	6	佛山市	24.6844	48834.2347

续表

排序	地级市	福利损失下限	供水总量	排序	地级市	福利损失上限	供水总量
7	百色市	0.1314	3790.2594	7	长沙市	25.2512	47657.0712
8	广州市	0.1380	207094.8335	8	南宁市	25.2666	38526.3135
9	西安市	0.1382	46206.3159	9	昆明市	26.5387	35893.5782
10	苏州市	0.1444	58928.9606	10	龙岩市	26.6366	6267.8194
11	来宾市	0.1532	2214.4319	11	秦皇岛市	26.6809	10973.1071
12	黄石市	0.1537	13951.2141	12	舟山市	27.1665	4416.5882
13	江门市	0.1564	22985.9335	13	台州市	27.2161	13779.8735
14	福州市	0.1605	30674.2735	14	广州市	27.4947	207094.8335
15	固原市	0.1627	757.0271	15	三亚市	27.5443	8267.4182
16	黄山市	0.1702	3237.3041	16	上海市	28.1214	322380.8971
17	绍兴市	0.1748	19850.4147	17	重庆市	28.1746	93999.2888
18	淮北市	0.1772	6544.7412	18	曲靖市	28.6505	4045.2029
19	宁波市	0.1807	44987.1353	19	海口市	28.8976	17837.2100
20	自贡市	0.1968	5883.7159	20	深圳市	29.5632	150321.3224

省份维度福利损失上限和下限的估算结果表明，我国水务行业福利损失可能更多体现在水务企业运营的非效率上。因此进一步估算水务企业的效率损失占市场规模的比例，得到表 6-17 中效率损失的估算结果，可以发现水务企业运营的效率损失远大于行业福利损失下限。这表明企业非效率对我国水务行业较高的福利损失解释能力更强，水务企业较强的市场势力并未产生较高的垄断价格，对社会总剩余的损害较小。

表 6-17　水务行业效率损失的估算结果

实际年份	福利损失下限（%）	福利损失上限（%）	效率损失（%）
2002	0.8074	41.3169	40.5096
2003	0.2820	30.5647	30.2826
2004	1.2278	57.6208	56.3930
2005	1.2513	70.0386	68.7873
2006	1.4016	45.5696	44.1681

续表

实际年份	福利损失下限（%）	福利损失上限（%）	效率损失（%）
2007	1.6608	45.3398	43.6790
2008	2.0799	49.6503	47.5705
2009	1.0730	54.4282	53.3552
2010	0.9264	56.2319	55.3056
2011	1.0739	41.6551	40.5812
2012	1.1191	71.9706	70.8515
2013	3.5490	38.3172	34.7682
2014	6.4029	40.3481	33.9452
2015	1.3299	38.3359	37.0061
2016	1.6619	48.1686	46.5067
2017	2.0228	39.3614	37.3386
2018	2.1689	42.7432	40.5743

在时间维度上分析水务行业福利损失的变化趋势，发现 21 世纪以来，我国水务行业福利损失下限较为平稳，基本稳定在 3% 以下，较好地避免了水务企业利用公共服务部门优势市场地位行使垄断定价的问题，在 2013 至 2014 年福利损失下限出现了短期的向上波动，可能与这一时期在全国逐渐开展的城镇水务运行机制改革和管制有一定联系。2013 年以来，我国就水务行业进行了阶梯水价、水务企业所有制改革、供水市场化合作（PPP 模式）等运行机制改革，使得地级市水务企业拥有更明确的盈利目标和有效实行垄断价格的条件，供水企业利用阶梯水价等手段调整价格获得超额利润，虽然满足了企业的绩效目标，也一定程度增加了对社会总剩余的损害，造成社会福利损失下限的升高。2015 年国家发改委、财政部、住建部等部门联合推动阶梯水价统一标准的制定和落实，限制了供水企业垄断定价的能力，有效降低了福利损失下限，一定程度佐证了本课题关于城镇水务运行机制改革现实影响的假设；福利损失上限和企业效率损失在 2002 到 2005 年、2011 年到 2013 年间也出现了较为明显的向上波动，表明水务企业在这两个阶段存在较为明显的非效率现象。我国全国范围的水务管理综合一体化改革始于 2002 年对《水法》的修订，而 2013 年则是加快推进阶梯水价制度的关键年份，水务企业两次非效率周期分别伴随着管理体制改革

的开端和运行机制改革的开端，佐证了我国水务部门运行机制改革、管理体制改革和企业运营效率的可能关联。

6.4 本章小结

本章主要估算 2002—2018 年我国水务行业运行效率和福利损失状况，通过全要素生产率和 DEA 效率估算水务行业运行效率，结合经典的垄断行业福利损失理论估算水务行业福利损失下限和上限，并进行初步分析。全要素生产率估算结果表明，自 2002 年以来，随着新型城镇化的提出和稳步推进，我国水务行业的全要素生产率呈现逐步增长的趋势。DEA 模型结果中不包含质量因素的传统 DEA 效率值处在 0.25 至 0.7 分数区间，纯技术效率处在 0.5 至 0.7 分数区间，规模效率处在 0.8 至 1 分数区间，表明我国水务行业管理和技术因素对生产效率的提升作用相对较弱。通过横向分析得出，2018 年我国大部分地区的水务部门处于规模报酬递增阶段，大部分地区的综合效率和纯技术效率处在 0.5 至 0.8 的中分段区域，而规模则集中在 0.8 至 1 的高分段区域。根据水务行业特征及公共产品理论建立水务服务质量体系，进一步计算水务行业质量调整的 DEA 效率值，传统 DEA 效率值和质量调整 DEA 效率值的对比结果表明，我国水务行业维护服务质量的机会成本约为潜在产出的 7.27%。

在福利损失方面，21 世纪以来，我国水务行业福利损失下限较为平稳，基本稳定在 3% 以下，较好地避免了水务企业利用公共服务部门优势市场地位行使垄断定价的问题；水务行业福利损失上限处于 30%-70% 的区间，远大于行业福利损失下限，表明企业运营中的效率损失对我国水务行业较高的福利损失上限解释能力更强，水务企业较强的市场势力并未产生较高的垄断价格，对社会总剩余的损害较小。

第7章　运行机制市场化与水务部门绩效

水务领域的社会资本进入与城镇水务市场化和城市化快速发展的背景有着密切的联系。20 世纪 90 年代之前，中国的城镇水务是作为一种事业单位的组织形式来运营的，面临着投资匮乏、欠账较多、供水能力不足、运营效率低下等诸多问题。随着经济发展和城市化进程的加快，城市的供水能力已经远远不能满足用水需求。相关资料显示，当时在中国 600 多个城市当中，大约有 440 个城市常年供水不足，年缺水量 60 亿立方米，1000 多个县级城市中供水完善率不到 50%。为扭转这一困境，水务改革将原来以事业单位制运营的企业改组为公司制，通过引入社会资本和外资来提高企业经营效率。随着 20 世纪 90 年代企业自主权下放以及“拨改贷”等多项改革的实施,政企之间的关系逐步明朗，公司形式逐步成为中国城市水务主要的运营形式，但在最终销售价格、民营企业进入等方面仍然受到政府的严格管制。

7.1　水务企业运行机制改革

7.1.1　水务企业改革的类型与历程

1992 年，在世界银行的建议下，中国开始引入外资弥补水务投资、建设和运营的不足。以 1992 年广东省中山市坦洲水务合资企业成立为标志，一批国际水务巨头进入中国的城市水务领域。

外资进入城镇水务大体上可以分为四个阶段。第一阶段为 1992 年到 2002 年。作为起步阶段，其特点是外资试探性进入。外资合同大多数是当地政府以财政兜底的方式承诺了外资收益（14%~20%）（朱颂梅，2007），但双方对各自的权益表达模糊。随着政府补贴增加，2002 年多数协议因这种固定回报率被

叫停[1]而中止。第二阶段为 2002 年到 2004 年，其特点是整顿，部分外资撤出。原住建部在这一阶段相继出台了更为规范的关于市政公用行业的投资、建设和运营文件，特许经营和招标文件也逐步到位[2]。更为规范和理性的投资再一次进入中国的城镇水务是在 2005 年以后，此第三阶段特点是再进入和高溢价。外资不仅进入中国一线城市，而且深入到二、三线城市，外资大多采用了高估值的方式收购当地水务企业，水务合作的形式也趋于多样化。第四阶段为 2009 年之后，随着国内关于水务产业安全问题的讨论，外资进入逐步陷入停滞。

大部分外资进入的业务主要涉及供排水与污水处理等环节，在投资方式上，污水处理业务主要是 BOT 或者 TOT 等项目融资形式，供水业务还包括股权融资。截至 2009 年底，全部外资企业销售收入为 118.69 亿元，占全部企业销售收入的 13.74%（潘菁等，2011）。最有影响力的外资水务企业分别为威立雅水务、中法水务、中华煤气、金州环境、汇津水务和美国西部水务。以法国威立雅公司为例，该公司从 1998 年正式进入中国水务市场以来，目前已经在 15 个省市区县拥有了超过 12 个长期运营项目（15 年以上），为超过 4300 万人口提供供水服务；截至 2013 年底，在中国的水处理总能力约为 1322 万吨 / 日，成为中国水务市场的三大企业之一。

7.1.2 资本异质性的研究基础

国外的公用事业民营化浪潮催生了关于所有权类型与效率关系的研究，这方面的研究观点争议较多。一些研究认为国有产权和私有产权进入对供水企业的效率的影响没有显著的差别。Lambert et al（1993）对 1989 年 238 家国有和 33 家私有供水企业数据进行数据包络分析（DEA），认为国有和私有企业在规模效应上没有显著差异。Estache et al（2002）在 29 个亚太地区国家选取了 50 家供水企业在 1995 年的数据，经过分析得出，在成本方面不同产权部门之间

① 2002 年 9 月，原建设部出台了《关于妥善处理现有保证外方投资固定回报项目有关问题的通知》，明确取消了投资固定回报。

② 其标志性的文件是原建设部在 2002 年 12 月出台的《关于加快市政公用行业的市场化进程意见》，指出鼓励社会资本、外资以合资、独资和合作的形式参与市政设施的建设。2004 年进一步出台了《市政公用事业特许经营管理办法》明确了各自主体的责任和义务。

也没有显著差异。Saal et al（2000，2001，2006，2007）对来自英格兰和威尔士的地区行政水务部门和私有供排水公司数据进行了多次研究，结果都认为私有化没有提高企业的效率，政府规制特别是修正更严格的金融制度才能够提高效率。Kirkpatrick et al（2006）对非洲水业的研究也没有发现私人比国有供水部门在成本效率和服务质量上具有更好的效果。Souza et al（2007）用随机前沿面的方法对巴西 149 家国有供水企业和 15 家私有供水企业进行分析，认为在生产效率上国有、私有企业之间没有显著的差异，而环境因素是影响效率的重要原因。

也有学者认为国有水务部门和私有水务部门之间存在差异，但它们有各自优势的区域。Bhattacharyya et al（1995）研究了美国 190 家国有供水企业和 31 家私有供水企业数据，用随机前沿面进行分析后认为，在产出较高时国有企业效率更高，在产出较低时私有企业效率更高，企业规模的不同可能是引起不同研究结论的根源。Munisamy（2009）对 2005 年马来西亚 6 家政府控制供水企业和 11 家私人控制供水企业用数据包络分析（DEA）方法进行了分析，认为国有部门在规模效应上优于私有部门，但在技术效率上弱于私有部门。

国内研究伴随着民营企业不断进入也逐渐丰富起来，但观点也有差异。多数文献认为私人部门能够带来技术、知识和管理经验，能够提供更多的就业机会，并且有效地弥补了国内供给的不足。刘小玄（2004）利用第二次全国基本单位普查数据（2001 年），在全部工业产业的基础上，考察了最新的民营化发展动态和 20 多年来形成的改制面和产生的相应绩效效果。他认为国有企业对于效率具有明显的负作用，私营企业、股份企业和三资企业则都表现为积极的对效率的正相关的推动作用。陈君君等（2009）运用主成分分析法，对不同产权制度下的水务部门绩效进行了实证分析。结果表明，1999—2007 年，我国外资供水企业的经营绩效要比国有及国有控股企业好，并且两者的差距较大，其主要原因是公有产权利益排他性不足、在某些情况下无法产生内在利益的激励作用等，但公有产权也有其存在的必要性。王宏伟等（2011）运用 1998—2008 年中国 35 个重点城市的面板数据，考察了以私人部门进入为主的市场化改革对城市供水行业绩效的影响，研究发现，私人部门进入显著提高了行业绩效。王岭（2013）选择了 2008 年地级市供水行业数据，利用 Robust-OLS 方法分析私人部门进入与供水行业成本之间的关系，得出了私人部门进入在一定

程度上降低了城市供水行业成本的结论。于良春等（2013）利用 2004—2010 年 13 个省份的面板数据，使用 DEA-Tobit 模型对水务部门效率进行了测算并且估算了引入竞争对行业效率的影响。研究结果显示，不论从产值角度还是从资产角度来看，非国有资产的增加都能促进行业效率提高。

另一方面，也有文献认为私人部门进入难以改善城市水务绩效，还可能对本国产业带来冲击，利用其绝对优势占据本国市场的高端产品份额，通过价值链延伸榨取本国产业更多的剩余，对本国（当地）的产业安全具有一定的威胁。周耀东等（2005）通过城市水务市场化案例的研究，认为只有完整正式的制度才是解决政府与被管制企业之间风险分担问题最根本的途径。励效杰（2007）利用 DEA 方法和 DEA-Tobit 模型对 2004 年 31 个省市区规模以上水的生产和供应业工业企业的数据进行分析，认为水业企业的非国有和集体资本比率对其运作效率没有显著影响，水价、企业员工工资、企业资产负债率、地区市场化水平和人均水资源量是影响水业生产效率的重要因素。王芬等（2011）利用 1990—2009 年的数据对水务部门民营化绩效指标体系进行评价，检验结果表明民营化对生产效率的影响并不显著，并认为城市水务部门利润增加很可能是水价提高的结果。

除了对绩效的研究，极少数文献还对民营资本进入水务部门对城市供水服务水平的影响进行研究。公用事业是指为居民生产生活提供必需的普遍服务的行业，如供水、排水、供气、集中供热等。公共事业的服务质量不同于以客户满意度作为衡量服务质量为最重要指标的其他行业，它是以满足人们对公共产品的可得性为目标，因此公共事业的服务质量主要是指服务规模、覆盖区域、效率等。王芬等（2011）认为民营化显著地提高了城市水务部门的日供水能力和供水总量，使得日供水综合生产能力提高了 22.12%，城市全年供水总量提高了 40.87%。王宏伟等（2011）研究认为私人部门进入显著提高了东部发达城市的综合供水能力和西部欠发达城市的用水普及率。其中，私人部门进入使得东部城市供水企业综合供应能力提高了大约 22.7%，中西部欠发达城市的用水普及率提高了大约 6.2%，缩小了中西部欠发达城市与东部发达城市的用水普及率之间的差距。

研究者还将民营部门分为国内私人部门和国外资本两类，研究结果也未达成一致。王宏伟等（2011）认为在提高城市供水综合生产能力和用水普及率方面，

国际资本的作用比国内民营资本的进入更为显著。但，王岭（2013）认为在降低城市供水行业的成本方面，国内民营资本比国际资本降低效应更为明显。

7.2 外资进入对水务企业产业绩效的影响

现有的文献在衡量水务运行机制改革对水务部门产业绩效的研究上还存在一定的缺陷，如定量方法的单一化和指标选取的一致化。本节拟对水务企业外资进入的产业绩效影响重新进行评估，试图通过双重差分法，在国泰安非上市企业数据库中选择具有代表性的外资进入企业进行实证分析，研究外资进入对中国城镇供水能力、用水效率等的影响，以及通过实证分析，研究外资进入对水务部门可能产生的负面作用。

7.2.1 实证方法

双重差分法（Difference-In-Differences，DID）是经验经济学中用来评估某项干预在特定时期的作用效果的一种准自然实验技术。1985 年普林斯顿大学的 Ashenfelter et al 首次应用双重差分模型评价了一个项目的实施效果。由于思路简洁，估计方法成熟，该方法已广泛应用于产业影响和政策评估等诸多领域。本节采用这种方法主要基于以下考虑：①外资进入前后可能会产生不同的经济状态，通过不同经济状态的比较研究外资进入前后的影响变化是可行的。②根据双重差分模型方法的假定，待估参数将反映样本对象在受外界因素影响和未受外界因素影响两种情况下的变化之差，即去除了不可观测的非政策效应部分之后的政策净效应。相较于依据事件发生划分样本回归的方法而言，其估计结果更为准确。

假定对于水务企业来说，外资进入被视为外生事件，那么外资进入可作为一种“自然实验”。即将有外资进入的企业看作是“处理组”，将没有外资进入的企业看作是“对照组”，将外资进入的年份看作“事件年”。如果企业属于“处理组”，赋值为$FI=1$，反之$FI=0$。如果企业处于事件年及以后，赋值为$year=1$，反之为 0。通过这种设定将全部样本企业分成四组，建立双重差分估计模型为：

$$y_{it} = \beta_0 + \beta_1 \text{FI} \times \text{year} + \beta_{it} X + \alpha_i + u_{it} \quad (7\text{-}1)$$

其中，y_{it}表示被解释变量；X表示除关键解释变量以外的其他控制变量；α_i表示个体不随时间变化的特征；u_{it}为残差项。如果处理组和对照组的划分与控制变量（X）的选取是独立的，那么特征值（α_i）也是独立的。用普通的最小二乘法给出模型（7-1）更为简洁的表达为：

$$y_{it} = \beta_0 + \beta_1 \text{FI} \times \text{year} + \beta_{it} X + v_{it} \quad (7\text{-}2)$$

其中β_1是两个虚拟变量（FI× year）的交叉项系数，也是模型估计的关键估计量。模型（7-2）能够给出β_1的一致估计，条件是两个虚拟变量（FI× year）与误差项独立，β_1的最小二乘法估计值则称为差分估计量。因此，如果样本选取是随机的，两个模型对β_1的估计值差异不会很大，可以利用模型（7-2）估计参数，稳健性检验要求检验处理组和对照组选取的随机合理性。如果模型（7-2）的假定不成立，则采用模型（7-1），利用面板数据的固定效应方差方法估计参数。

通过以上分析，在计量过程中分别采用混合 OLS 和固定效应两种方差估计方法进行估计。在上述两个模型中，本课题最关心的是两个虚拟变量的交叉项系数β_1，它表示在FI进入企业后的年份里企业绩效数据与其他数据之间的差异。

1. 指标设计

外资进入对水务企业所形成的示范效应、市场效应和发展效应设定为通过明确被解释变量的估计方程来体现。具体的指标解释如表 7-1 所示。

表 7-1　外资进入对水务企业“示范效应”检验的指标解释

变量类型	变量名称	变量符号	变量定义
被解释变量	企业产值	output	名义工业总产值经过工业品出厂价格指数的平减
	生产成本	cost	主营业务成本
被解释变量	市场势力	marketpower	采用了陈甬军、周末（2009）测算方法
	综合效率	malmquist	采用了 M-DEA 的方法
	日供水能力	watercapacity	城市日供水量
	管网密度	density	城市供水管网密度
	总供水效率	productivity	城市供水总量除以 GDP

续表

变量类型	变量名称	变量符号	变量定义
核心变量	是否有外资进入	FI	如果是，赋值为 1，反之赋值 0
	是否有外资的年份	year	如果是，赋值为 1，反之赋值 0
控制变量	人均城市供水总量	watersupply	城市自来水供水总量除以城市用水人口
	企业规模	scale	企业总资产的自然对数
	日供水能力	watercapacity	城市日供水量
	管网漏损率	leakage	城市供水管网漏损率
	人均 GDP	gdp	GDP 平减指数折算后真实人均 GDP
	城市化水平	city	城市人口人数除以地区总人口
	产业结构	industry	第二产业产值除以地区年度总产值

（1）示范效应。外资进入对企业来说会带来技术和管理的革新，影响企业的投入产出变化。选择生产成本、企业产值作为待研究的解释变量。生产成本用主营业务成本来衡量；企业产值用工业总产值的当年价格对工业品出厂价格指数后的平减值来衡量。

（2）市场效应。外资进入对水务企业效率和市场势力产生影响。采用 DEA（数据包络分析）方法计算企业效率，选取 Malmquist 指数的全要素生产率表达企业的效率。对于市场势力的计算，为避免内生性的问题，借鉴陈甬军等（2009）在分析中国钢铁产业的市场势力测度中采用的新产业组织实证方法（NEIO）。

（3）发展效应。外资进入会影响城市的水务基础设施和总供水效率。城市水务基础设施指标包括供水能力、管网密度和总供水效率。总供水效率用城市的生产总值与城市供水总量的比值来计算，表示单位供水量的产出，这里用到的生产总值为价格指数平减后的真实值。

核心解释变量为外资进入，它是模型中处理组和事件发生年的交叉项，表示样本企业在某年有外资进入这一双重特征。此外模型中还考虑了其他的控制变量：①企业的规模。规模大的企业在生产、销售和吸引外资方面有相对优势。为解决因变量与自变量之间的直接线性关系所导致的内生性问题，用总资产的对数表示企业规模。②所在地的经济发展水平。本研究在解释变量中加入了人均 GDP、城市化水平和产业结构等 3 个变量。③企业自身生产水平等客观因素。此处增加了日供水能力、人均城市供水量和管网漏损率等 3 个解释变量。由于外资进入对企业来说是外生事件，因此模型中的核心变量交叉项（FI × year）是外生的。根据 Wooldridge（2000），如果核心变量外资进入与其他控制变量无关，那么核心变量的系数就是无偏的，这样即使它与其他控制变量之间存在因果关系，也不会导致所有系数有偏。在估计过程中分别采用了最小二乘法（OLS）和固定效应法（FE）来验证实证结果的一致性，外资进入对水务企业"示范效应"检验的主要变量描述性统计如表 7-2 所示。

表 7-2　外资进入对水务企业"示范效应"检验的主要变量描述性统计

时　间	描述	生产成本	企业产值	日供水能力	管网密度
事件前一年	平均	89490.314	1119.428	46.508	11.057
	中位数	31072.000	454.255	20.900	8.750
	标准差	22077.791	1529.729	54.004	5.770
	最小值	2534.000	24.607	2.450	3.200
	最大值	561157.000	5888.985	217.000	22.000
	观测数	35	40	40	18
事件年	平均	94285.238	1160.195	46.752	10.245
	中位数	35412.000	434.364	18.800	8.070
	标准差	146399.527	1800.031	54.316	6.160
	最小值	3253.000	41.058	1.900	1.450
	最大值	575191.000	6381.206	207.000	23.000
	观测数	42	32	41	25
事件后三年	平均	114339.794	1271.407	51.695	9.557
	中位数	46398.500	620.420	17.450	8.300
	标准差	175853.456	1809.424	62.900	5.229
	最小值	3437.000	46.477	2.300	0.450
	最大值	740292.000	9239.794	222.700	23.000
	观测数	126	105	123	92

注：事件年为外资进入的年份。

2. 数据样本

由于数据搜集较为困难，本节以深圳国泰安信息技术有限公司提供的 1998—2008 年非上市公司数据库为基础，选取有连续代表性的 42 家企业，将其中 6 家外资进入的水务企业作为处理组，这些企业分布于河北保定、吉林四平、上海、浙江绍兴、辽宁盘锦和天津等地。为使得数据更具可比性，将其他 36 家水务企业作为对照组，这些企业均分布于上述地区。选择上述对照组样本的原因在于，同一地区（市域）受差异性影响因素较小，较能反映外资进入的影响。不同地区受收入、制度条件等各种因素影响有一定差异性，难以体现出外资进入对水务产业和城市的作用，因此此处选取了同一地区（市域）不同水务公司进行类比，有利于剔除外资区位选择的有偏性因素。城市供水能力、管网密度、人均 GDP、产业结构、城市化率等控制变量的数据主要来自 1998—2008 年《中国城市供水统计年鉴》和《中国统计年鉴》。全部样本包括 1998—2008 年间 42 家水务企业的 441 个观测值。

7.2.2 实证分析结果

利用上述数据，对外资进入的前后状况进行了双重差分的估计，估计结果如表 7-3、表 7-4、表 7-5 所示。从实证结果来看，示范效应、市场效应和发展效应的作用表现为以下几个特征。

表 7-3 外资进入对水务企业的“示范效应”估计结果

变 量	（1）	（2）	（3）	（4）
	cost	cost	output	output
FI × year	−0.284***	−0.285***	−0.193**	−0.214**
	（0.103）	（0.105）	（0.0972）	（0.0981）
watercap	0.00104**	0.000997**	−0.000206	−0.000187
	（0.000484）	（0.000494）	（0.000361）	（0.000361）
scale	1.898***	1.896***	1.890***	1.870***
	（0.0539）	（0.0547）	（0.0463）	（0.0469）
gdp	1.95e−06	2.21e−06	−3.90e−06	−3.07e−06
	（2.33e−06）	（2.38e−06）	（2.68e−06）	（2.71e−06）
city	1.333***	1.313***	0.586***	0.585***
	（0.184）	（0.187）	（0.140）	（0.144）
industry	0.648	0.573	0.488	0.359
	（0.405）	（0.427）	（0.364）	（0.380）

续表

变　量	(1)	(2)	(3)	(4)
	cost	cost	output	output
watersupply	−0.00106*	−0.00105	0.00187***	0.00181***
	(0.000628)	(0.000639)	(0.000593)	(0.000593)
leakage	−0.0487	−0.0516	0.0273	0.0223
	(0.0339)	(0.0347)	(0.0289)	(0.0293)
Constant	3.276***	3.335***	−0.669***	−0.532*
	(0.292)	(0.308)	(0.257)	(0.271)
OBS	272	272	224	224
R2	0.891	0.890	0.912	0.912

注：***，**，* 表示在 1%，5% 和 10% 水平下显著性，括号中的数值为 t 检验值（下同）。模型（1）（3）（5）估计方法为混合 OLS，模型（2）（4）（6）估计方法为固定效应法；模型中的生产成本、企业产值均采取对数形式，人均 GDP 采用一阶差分形式，模型（3）（4）中供水总量、供水能力采用一阶差分形式。

1. 外资进入的企业示范效应

实证结果表明外资进入的成本下降“示范”作用非常明显，如表 7-3 的模型（1）（2）所示，平均意义上外资进入使得企业生产成本下降了 28.4% 和 28.5%。此外，外资进入后企业产出水平下降。两种估计方法（OLS 和 FE）显示了其结果的一致性，如表 7-3 的模型（3）（4）。外资进入后企业产值平均减少了 19.3% 和 21.4%。表明至少从短期来看，外资进入的收益“示范”效应并不明显。尽管从图 7-1 可以看出，外资进入前后企业数据都存在增长的趋势，但对照组的企业产出增长更为迅速。其可能的原因有：（1）水务企业的收益与产量相关。从目前发展阶段来看，我国的水务企业仍处于资本规模扩张阶段，资本扩展给企业带来的收益高于服务带来的收益。模型（1）（2）显示出企业规模、供水能力与生产成本正相关，企业规模越大，投入越多，供水能力越强。外资进入之后资本扩展规模有限，产出水平受限。（2）与水价有关。尽管在外资进入之后，许多城市的水价均有所上升（李慧，2014），但其上升获得的收益并不足以弥补其全部成本。从图 7-2 可以看出，样本城市水价变化平缓，有的城市水价不增反减，表明外资进入与水价是否波动缺乏明显的因果关系。（3）与市场范围有关。水务企业在外资进入后可能面临着复杂的约束条件，特许经营的范围受到了明显的限定，水务企业业务扩张受限。

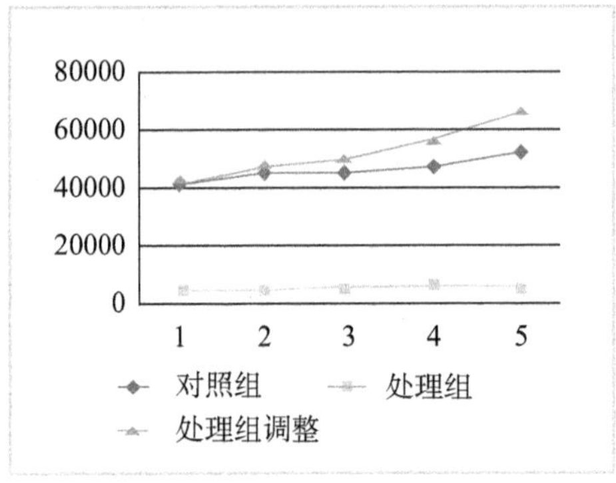

图 7–1 外资进入前后产出对比图

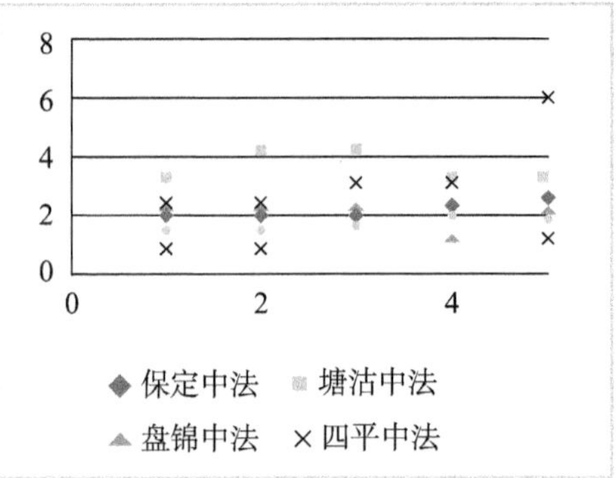

图 7–2 外资进入前后供水价格变化

注：横轴时间刻度 1 表示外资进入前一年，2 表示外资进入当年，3、4、5 分别表示外资后进入第一、二、三年。外资企业供水价格来自《城市供水统计年鉴》，除塘沽中法为企业供水价格外，其他为企业所在城市的标准水价。由于处理组企业数量较少，处理组和对照组年度总产出数据相差很大，难以直观看出变化趋势，因此将处理组数据扩大 10 倍变为处理组调整值进行对比。

2. 外资进入的产业市场效应

市场效应主要反映在效率的变化与市场集中度的变化两个方面。前者表明水务企业的效率增进，可以体现出市场效率改进程度。后者表明水务企业市场势力的增减程度，可以体现市场竞争程度。企业效率变化研究采用了投入导向型的 DEA 的 Malmquist 指数方法（Fare，1994），以生产成本和总产值指标作为输出变量，其他控制变量作为输入变量，计算了事件年份 1-6 之间水务企业逐年的 Malmquist 生产率指数变动状况。市场势力溢价采用陈甬军等（2009）在对钢铁产业研究中的测度方法。该模型表明如果市场势力大于 1，则存在市场势力；如果规模经济大于 1，则该行业存在规模经济。利用关键解释变量外资进入及生产成本、企业产值、规模、人均 GDP 等解释变量对 Malmquist 指数和市场势力进行回归，结果见表 7-4 所示。

表 7-4 的（5）（6）栏显示了外资进入后 Malmquist 指数增加的一致性。实证结果表明企业的全要素生产率在进入前后平均提高了 0.856 和 0.826 个单位，表明外资进入后水务行业的综合效率得到了提高。

表 7-4　外资进入对水务企业的“市场效应”估计结果

变量	（5）	（6）	（7）	（8）
	malmquist	**malmquist**	**marketpower**	**marketpower**
FI × year	0.856**	0.826**	0.0857	0.0807
	（0.374）	（0.371）	（0.181）	（0.184）
cost	1.00e–07	2.63e–07		
	（1.58e–06）	（1.59e–06）		
output	0.000250*	0.000225*	–0.0808	–0.0662
	（0.000134）	（0.000135）	（0.102）	（0.104）
scale	–1.010***	–0.992***	0.430***	0.427***
	（0.337）	（0.339）	（0.159）	（0.162）
watercapacity	–0.260**	–0.263*		
	（0.131）	（0.138）		
gdp	0.775***	0.675**	0.229	0.181
	（0.297）	（0.317）	（0.143）	（0.173）
city	–1.453	–1.221	–1.345***	–1.302***
	（0.907）	（0.921）	（0.395）	（0.418）
industry			–0.280	–0.180
			（0.928）	（0.972）
density			0.00248	0.00290
			（0.0123）	（0.0124）
Constant	–1.800	–0.955	–1.130	–0.808
	（2.462）	（2.551）	（0.984）	（1.209）
OBS	179	179	154	154
R2	0.104	0.091	0.173	0.170

注：模型（5）（7）估计方法为混合 OLS，模型（6）（8）估计方法为固定效应法；模型中的人均 GDP、供水能力采取对数形式。

表 7-4 的（7）（8）栏显示了外资进入后对于市场势力的作用是不显著的。通过关键变量系数比较，计算了外资进入事件年前后总体市场势力的变化，以及处理组市场势力的变化，如表 7-5 所示。总体上，水务部门是存在一定市场势力的（均大于 1）。外资进入前后处理组的市场势力是下降的，如表 7-5 的（11）

（12）所示，从 1.658 下降到 1.641；但总体市场势力略有提高，如表 7-5 的（9）（10）所示，从 1.261 提高到 1.393，表明进入前后对照组企业的市场规模有所扩大，市场势力有所提高，但处理组自身的市场势力并没有相应提高。外资并未撼动国有供水企业长久以来的地位，作为对照组的国有企业仍在供水市场中占据主体地位。从规模经济结果来看，总体的规模经济略有上升，处理组规模经济水平略有下降，但均处于规模经济范畴。

表 7-5　外资进入前后的市场势力和规模经济

变量	（9）	（10）	（11）	（12）
	marketpower	marketpower	marketpower	marketpower
FI	1.261***	1.393***	1.658***	1.641***
	（0.0725）	（0.0330）	（0.337）	（0.0857）
规模经济	1.006***	1.009***	1.256***	1.019***
	（0.0245）	（0.0118）	（0.151）	（0.0187）
Constant	0.314***	0.203***	0.216*	0.508***
	（0.0322）	（0.0232）	（0.119）	（0.0690）
OBS	123	180	18	27
R2	0.940	0.977	0.864	0.992

注：模型（9）为外资进入“事件年”之前总体的市场势力，模型（10）为外资进入“事件年”及以后总体的市场势力，模型（11）为外资进入“事件年”之前处理组企业的市场势力，模型（12）为外资进入后处理组市场势力。

3. 外资进入的城市发展效应

外资进入对城市的发展效应主要表现在对城市供水基础设施和总供水效率的影响方面。城市供水基础设施包括供水能力（Water Capacity）和城市管网密度（Density），用于表明城市水务基础设施在外资进入前后的变化；总供水效率（Productivity）为单位 GDP 用水量，用以衡量外资进入前后城市用水效率的变化程度。

表 7-6 的（13）（14）栏显示出外资进入后城市供水能力提高的一致性。城市供水能力平均增加了 20.3 和 20.7 个单位，表明外资进入后城市供水能力得到了提高。

表 7-6 的（15）（16）栏显示出外资进入后管网密度降低的一致性。城市管网密度在外资进入后较为显著地降低了 3.615 和 3.678 个单位。表明外资进

入前后城市管网密度并没有发生积极的变化，甚至呈现下降的趋势。其含义在于外资进入后城市规模有了较大变化，但管网建设没有跟上这一步伐。根据相关统计显示，1998-2008 年样本城市建成区面积平均增长了 5.6186%，但管网总长度仅平均增长了 5.5499%，显然城市的管网建设满足不了城市供水需求。

表 7-6　外资进入对城市发展的估计结果

变　量	（13）	（14）	（15）	（16）	（17）	（18）
	watercapacity	watercapacity	density	density	productivity	productivity
FI × year	20.03*	20.70*	−3.615**	−3.678**	−0.000321**	−0.000279**
	（10.81）	（10.89）	（1.819）	（1.826）	（0.000136）	（0.000133）
cost	0.000335***	0.000370***	3.788**	3.877**	−1.23e−09*	−8.55e−10
	（4.71e−05）	（5.13e−05）	（1.782）	（1.810）	（7.35e−10）	（7.82e−10）
output	0.000127	−0.00465	−3.141	−3.294	6.11e−08	8.94e−09
	（0.00413）	（0.00492）	（2.175）	（2.221）	（5.95e−08）	（6.90e−08）
scale	−54.97***	−52.34***	0.0166	0.104	0.000392***	0.000401***
	（8.580）	（8.707）	（2.732）	（2.781）	（0.000124）	（0.000122）
watercapacity					3.26e−06***	2.89e−06***
					（8.65e−07）	（8.61e−07）
gdp	0.000754***	0.000715***	−0.000109**	−0.000111*	−4.20e−08***	−3.71e−08***
	（0.000242）	（0.000245）	（4.70e−05）	（5.76e−05）	（4.02e−09）	（4.65e−09）
city	70.91***	71.09***	7.701*	7.938*	0.00218***	0.00205***
	（17.27）	（17.46）	（4.078）	（4.327）	（0.000321）	（0.000331）
industry	120.2***	132.7***	5.964	4.559	−0.000231	−3.75e−05
	（41.78）	（43.71）	（7.563）	（7.645）	（0.000627）	（0.000615）
Constant	106.6***	92.48**	−13.33*	−12.95*	−0.000100	−0.000272
	（36.56）	（37.70）	（7.156）	（7.215）	（0.000487）	（0.000479）
Observations	280	280	194	194	295	295
R2	0.515	0.516	0.119	0.118	0.348	0.241

注：模型（13）（15）（17）估计方法为混合 OLS，模型（14）（16）（18）估计方法为固定效应法；模型（13）（14）中人均 GDP 采用一阶差分形式；模型（15）（16）中生产成本、产出采用自然对数形式。

表 7-6 的（17）（18）栏显示出外资进入后总供水效率提高的一致性。供水总效率是单位 GDP 的用水量，其数值越大表明用水量越多、效率越低，反

之则效率高。实证结果表明外资进入后供水总效率平均下降了 0.000321 和 0.000279 个单位，表明外资进入对城市的用水效率的改善有一定积极的推进作用，由于系数很小，所以降低程度有限。

7.2.3 稳健性检验

实证分析表明最小二乘法和固定效应两种方差估计方法对核心解释变量的估计值几乎没有差异，说明模型的实证估计结果具有一定的合理性和稳定性。

为了使分析结果更加可靠，确保处理组和对照组之间在生产成本、总产值、日供水能力、管网密度和供水效率等方面的差异完全是外资进入行为导致的，而不受其他因素的影响，虽然在前文分析中加入了一些控制变量（如企业规模、城市化率），但仍然无法排除其他因素的影响，除非可以证明，在外资进入之前，处理组和对照组在关注的因变量方面不存在显著的差异。为此，本节选择了外资进入之前 2 年作为样本年份，对处理组和对照组进行 *t* 检验。表 7-7 所示的估计结果表明，在外资进入以前，对照组和处理组之间不存在显著差异，表明前文中估计的结果是外资进入行为的净效应，具有稳健性特征。

表 7-7　外资进入前处理组和对照组的 *T* 检验

变　量	Means		*T* 检验		显著性
	处理组	对照组	*t* 值	*p* 值	
生产成本	79708.889	90830.304	1.992	0.815	不显著
总产值	837.766	1066.577	2.080	0.444	不显著
日供水能力	71.142	58.856	2.020	0.663	不显著
管网密度	24.996	11.936	2.776	0.480	不显著
供水效率	1173.798	647.417	2.776	0.157	不显著

注：*t* 检验值为生产成本、日供水能力等方差检验值，其他为异方差检验值；标准值是 *p* 值$\leqslant 0.05$，原假设为：处理组指标和对照组指标在 0.05 显著性水平上没有差异。

需要进一步表明的是，本节的稳健性检验是针对外资所涉及的样本城市，样本组和对照组的选择仅仅涉及外资进入的区域，没有将样本扩大到非选择区域。实际上，外资在进入各省市进行水务投资中会根据自身的目标和选择条件，有目的地选择投资区域和投资项目。因此，稳健性检验只是强调外资进入的区域具有无偏性，并不表明在所有地区都存在无偏性。

7.2.4　小结

由于数据采集的困难，本节选择了 1998—2008 年非上市公司数据库中涉水的外资进入企业作为样本，实证论证和稳健性检验的结果表明，外资进入对中国城镇水务的正面影响远远超过了负面影响，它们为迅速普及的中国城镇化带来了示范作用、市场效率，提高了城市供水能力，改善了城市用水效率。研究中并没有发现外资进入与水价波动具有统计意义的因果关系，也没有发现外资进入后其市场势力迅速提高。因此不能“因噎废食”，也不能把污染事件都归结为外资进入问题。

本节针对目前城市水务改革的一些问题，得到了一些新的认识：（1）产业安全的问题。绝大多数外资进入中国的水务并不是以独资的形式出现的，前文已经表明外资参与中国城镇水务是以 BOT、TOT 和部分股权融资等 PPP 形式，大部分股权比例严格按照 51% 和 49% 进行分割。从所有权安排来看，即使在外资进入的合资企业，企业的性质仍然是国有控股的混合所有制形式。尽管双方在具体收益权分配过程中可能存在各种具体协定，但水务产业安全性问题基本上是在可控范畴之内，并不值得担忧。（2）城市水价问题。城市水价涨还是不涨并不以外资是否进入为依据，即使没有外资进入，城市水价也会由于高速城镇化进程中用水矛盾激化而发生变化。在有些城市，外资进入可能是催化剂，让人们更加重视城市水价的问题。从水价改革的实质来看，大多数城市仍然将水价作为基本服务产品，并没有认识到用水需求的多层次性和水资源的稀缺性。同样一些城市，如北京，正在逐步理顺水价体制，建立综合水价机制。（3）水质管制问题。一些城市出现了水质问题，只是单纯地向水务企业问责，这是不公平的。城市水质出现问题是复杂现象的综合体现，涉及取水地环境的变化、当地水污染状况、管网设施完备性以及供水企业质量管控等诸多问题。有些是水务企业可控的范畴，有些是不可控的因素。从宏观层面来看，不完善的管制体系并不能削除这些不可控的因素，反而为水务企业忽视质量管理带来了可乘之机。在这种条件下，即使不是外资进入的其他类型企业也会出现类似的水质问题。因此，问责水务企业和外资，不如健全水质监管体系，真正将水质监管落到实处。

中国的城镇水务改革是城市公用事业部门进行最早也是最深入的部门改革。随着外资进入、公司化运营、水务融资市场开放以及特许经营权实施，尽管仍然存在着一些制度性障碍，但城镇水务市场已经初步形成，产权、资本等要素的流动和配置已经逐步体现出其效率与活力，外资进入对中国城镇水务产业改革进程的推动具有积极的和建设性的作用。现有的水务市场化体制改革的最重要成果就是在市场逐步开放的同时，逐步形成了一批将外资、民资和国有资本捆绑在一起的混合所有制企业，如重庆水务和深圳水务等建立了以 PPP 为构架的合作制形式。未来水务改革的方向在于:（1）进一步创新 PPP 合作模式。其关键在于由现有以重资产为主的 BOT、TOT 等融资模式，转向更为专业化的、多主体共同承担风险的经营模式。（2）建立公共利益导向、权责明确、政策稳定和非歧视性的公共管制体系，将有助于充分发挥外资进入的正面作用。

未来水务体制改革的关键可能不是针对某一类资本实行差别性的进入或者优惠政策，更为重要的是统一的无歧视性的政策形成。这种无歧视性政策的形成关键，在于政府的管制目标是否能从维护企业利润目标转向公共利益目标；能否从限制或者约束进入转向放松市场进入壁垒，无差别地面向全部有资格的水务企业；能否从低福利低水平的“低价格”隐福利政策转向能体现水务市场供求波动的、有管理的“价格政策”，将价格与补贴分离；能否从原先的数量管理转向水质管理；能否建立以水质管理为中心的完整管制制度以及以政府采购为中心的政府购买机制，使得水务市场的公平和效率目标都能兼顾和实现。外资在这种相同的规则条件下，其过度盈利动机也将得到有效的规范和治理。

7.3 资本异质性对水务企业产业绩效的影响

由于外资进入在总体规模上相对于整体水务部门而言仍然偏小，考虑到我国改革开放之后水务部门的市场化改革特征，本节将资本进入放到更大的范围（包括外资企业、混合所有制企业和其他私有制企业）和空间（所有与水的生产与供应行业相关的企业）进行实证研究。

7.3.1 企业的成本效率估计

供水企业绩效是通过成本效率来表现的。在成本效率的研究中，自由分布成本效率模型是常见的方法之一。在对成本效率的估计中，Ashton（2000）提出了基于面板数据固定效应模型的自由分布效率模型。这个方法参照了个别企

业对未来投资的要求，并在存在巨大经营差异的单个企业之间提供了一个较为广泛的代理。

1. 模型选择

自由分布方法在回归时需要使用时间序列和截面的面板数据，对供水企业效率的估计也是一种混合估计。与随机前沿法类似，自由分布法也假定待考察供水企业与效率前沿供水企业发生偏离的原因在于随机误差项和无效率项。与随机前沿不同的是，自由分布方法不需先给定随机误差项和无效率项的具体形式。无效率项的分布形式自由，它可以服从任何一种分布形式，唯一要求是非负。它有一个假定的前提是各个企业的运营效率在一段时间内是稳定的，随机误差项根据性质均值为零，因此无效率项可以被认为是每个样本供水企业在整个时间序列内复合误差项的均值,即自由分布法得到的效率值不是每个个体（研究对象）在时间点上的效率，而是偏离效率前沿的平均程度。选择无效率项最小的样本（研究对象）企业作为效率的前沿值，作为 100% 效率企业，然后将待考察的企业与效率前沿进行比较来测度它的效率水平。自由分布法计算出的效率值是一个相对值。

自由分布成本效率是度量企业的特有效率计算方法。样本的效率通过最有成本效率的供水公司来进行推断。这个方法的优势是可以忽略一些较强的成本分布假设，而直接用个体效应进行推断。本节应用的个体效应包括不能被观测到的企业或管理技术成本。自由成本效率方法认为在时间的推移中效率是一个常量，引起效率变动的随机变量通过时间的平均效应被移除。被估计出的个体效应作为成本效率的衡量指标。

供水服务行业的生产投入分为资本成本、物质资料成本和劳动力成本。劳动力的价格即为人均员工成本，包括养老金、社会保障金等。物质资料的价格为花费在用于生产的材料投入上，包括原材料、电力等，这个价格用固定资产指数进行平减。资本成本价格，包括经营费用和管理费用等。运用自由分布效率模型对供水企业成本效率进行测算的过程中，要先对效率前沿函数中的参数进行估计。采用超越对数化的柯布－道格拉斯成本函数，表达如下：

$$\ln C=\alpha\ln Y+\sum_r \beta_r\ln P_r+1/2x(\ln Y)^2+1/2\sum_r\sum_q \omega_{rq}\ln P_r\ln P_q$$
$$+\partial_r\sum_r \ln Y\ln P_r+v_i+\vartheta \tag{7-3}$$

C表示运营成本，Y表示产出，P表示投入的价格，v_i代表非效率项，ϑ是随机误差项，满足零均值、等方差。依据假设v_i是不变的，其余各项均可以变动。对方程进行估计时将$\ln v$和$\ln\vartheta$看作一个合成误差项，定义$\epsilon=\ln v+\ln\vartheta$。由于随机误差项在整个考察期内各因素相互抵消，其均值为零，而非效率项在一段时间里为恒量，于是每个样本企业的复合误差项的平均值就等于该企业的非效率项。因此得到自由分布成本效率表示如下：

$$\text{Efficiency}_i=\exp\left\{\min\left(\ln\epsilon_i\right)-\ln\epsilon_i\right\} \tag{7-4}$$

其中，ϵ_i表示个体效应，$\min\left(\epsilon_i\right)$表示最有成本效率的供水公司，$\text{Efficiency}_i$随着企业成本效率的增加而增加，最大值为 1。

函数中的交叉项具有对称性，整理后模型为：

$$\begin{aligned}\ln C=&\alpha\ln Y+\beta_1\ln P_1+\beta_2\ln P_2+\beta_3\ln P_3+1/2x\left(\ln Y\right)^2+1/2\omega_{11}\left(\ln P_1\right)^2\\&+1/2\omega_{22}\left(\ln P_2\right)^2+1/2\omega_{33}\left(\ln P_3\right)^2\\&+\omega_{12}\ln P_1\ln P_2+\omega_{13}\ln P_1\ln P_3+\omega_{23}\ln P_2\ln P_3\\&+\partial_1\ln Y\ln P_1+\partial_2\ln Y\ln P_2+\partial_3\ln Y\ln P_3+\ln v+\ln\vartheta\end{aligned} \tag{7-5}$$

2. 变量的选择和数据来源

本节的微观企业数据来源为 1998—2008 年国泰安非上市公司工业企业数据库，筛选出其中行业名称为“水”的生产与供应业（代码 46）的企业。宏观数据来源为《城市供水统计年鉴》和《中国统计年鉴》。首先对研究中不同企业所有制类型的划分方式和区域划分方式进行说明。

（1）所有制类型划分。刘小玄等（2008）在对制造业企业所有制划分时通过中国工业企业数据库中企业的注册类型来划分。国有企业范畴包括国有企业、国有独资公司和国有联营；国内民营企业范畴则包括私营与合伙企业、私营股份公司；外资企业（含港澳台）范畴包含各种合作、合资以及独资的三资企业。在这种分类方式中，对于注册类型为集体企业、联营企业等的企业类型，应该划分为民营还是外资并不明朗（文献将这几种类型划归为集体企业独立存在）。因此借鉴王岭（2013）的研究，根据实收资本构成来区分企业所有制类型。实收资本主要由国家资本、法人资本、个人资本、港澳台资本和外商资本 5 类。

企业只存在国家资本的作为国有企业，存在其他资本类型的都划为私有企业。将集体资本、法人资本和个人资本加总视为国内民营资本，对应企业为国内民营企业，将港澳台资本和外商资本加总视为国际资本，对应企业为外资企业。

（2）区域划分。对供水企业区域（东部、中部、西部）进行划分的依据是国家统计局网站三大经济地带（地区）。东部地区包括北京、天津、河北、辽宁、上海、江苏、浙江、福建、山东、广东、海南 11 个省（市）；中部地区包括山西、吉林、黑龙江、安徽、江西、河南、湖北、湖南 8 个省；西部地区包括内蒙古、广西、重庆、四川、贵州、云南、西藏、陕西、甘肃、青海、宁夏、新疆 12 个省（市、自治区）。

本节对供水企业绩效研究的对象包含了 2001—2008 年我国供水企业的经营数据。为了确保分析结果的准确性，对所有制类型不明确的企业进行了剔除，因此进入最终样本的企业共有 3523 家，其中国有供水企业 2489 家，有私人部门进入的供水企业 1034 家。数据来源为国泰安非上市公司工业企业数据库，成本效率研究中所选用的变量定义如表 7-8 所示。

表 7-8　成本效率研究中所选用的变量定义

变　量	符　号	定　义
成本	c	主营业务成本
产出	Y	工业总产值
资本成本	$p1$	营运费用 / 固定资产净值
物质资料成本	$p2$	工业中间投入 / 主营业务收入
劳动力成本	$p3$	应付工资、福利总额 / 职工人数

借鉴投入产出理论中关于投入产出变量的划分标准，本节定义的投入为资本投入、物质资料投入和劳动力投入，产出为供水企业的工业总产值，成本为供水企业的主营业务成本。产出为 Y，成本为 c，投入成本为 p，其中资本成本 $p1$= 营运费用 / 固定资产净值；物质资料成本 $p2$= 工业中间投入 / 工业销售产值，由于在数据库中工业销售产值数据大面积缺失，工业销售的产值与企业业务收入高度相关，因此用主营业务收入替代工业销售产值，即 $p2$= 工业中间投入 / 主营业务收入；劳动力成本 $p3$= 应付工资、福利总额 / 职工人数。

3. 成本效率的估计结果

模型（7-5）实证回归结果如表 7-9 所示。在表 7-9 中可以看出，除了一个变量的p值小于0.1外，其余变量p值均小于0.05，这说明模型中变量都是显著的。

表 7-9　自由分布模型回归结果

变　量	lnc	变　量	lnc
lnY	-0.305***	lnp3f	-0.0197***
	(0.0563)		(0.00309)
lnp1	-1.088***	lnp12	0.0273***
	(0.0472)		(0.00595)
lnp2	0.546***	lnp13	0.0173***
	(0.0473)		(0.00563)
lnp3	0.206***	lnp23	0.0114*
	(0.0585)		(0.00680)
lnYf	0.0404***	lnYp1	0.126***
	(0.00396)		(0.00553)
lnp1f	-0.00845***	lnYp2	-0.0645***
	(0.00234)		(0.00606)
lnp2f	-0.00769***	lnYp3	-0.0182***
	(0.00270)		(0.00270)
	(0.00696)		(0.00696)
Constant	7.865***		
	(0.218)		
Observations	13,914		
R-squared	0.108		

将样本数据代入到含估计系数的模型中，经过计算得到企业的成本效率值，如表 7-10 所示。

表 7-10　不同类型供水企业成本效率

企业类型		效率值 %
私有企业		100.00%
国有企业		92.08%
外资企业		100.00%
民营企业		99.27%
东部地区	私有企业	100.00%
	国有企业	99.14%
中西部地区	私有企业	100.00%
	国有企业	89.74%

从表 7-10 中可以看出，与私有企业相比，国有企业效率值较差，即私人部门进入能够降低供水企业生产成本。私人部门进入水务部门以后，较大程度地缓解了长久以来国有供水企业垄断经营下存在的效率低下、生产技术和管理水平落后等问题。

私有企业中的国外资本主导企业与国内民营资本主导的企业相比，民营企业成本效率稍差，即外资企业更能节约生产成本。但是可以看到，两种不同所有制的私有企业成本效率之间相差很少，几乎可以忽略。这说明外资企业和民营企业在减少生产成本方面带来的效果是极少差别的，外资企业的进入相对于民营企业来说并没有显著降低生产成本的作用。

此外，东部地区和中西部地区有私人部门进入的供水企业成本效率高于没有私人部门的供水企业。私人资本企业在不同区域都起到了降低生产成本的效果。从数据中还可以看出，东部地区的效率值之间的差异非常小，但是在中西部地区效率值差异比较显著。

全国范围内私人部门进入提高了供水企业成本效率，使企业的生产成本降低，并且无论是东部还是中西部，私人部门的成本降低效应不存在区域性差异，都使得成本得到了节约。但是，两种不同的私有部门类型之间效率值相差无几，可以认为它们的生产效率是基本一致的。王岭（2013）认为私人部门进入对供水企业成本的降低效应是国外资本和国内民营资本共同作用的结果，单一的国外资本进入或国内民营资本进入均不能使供水生产成本降低，必须通过二者同时或先后进入，以此形成一种有效的竞争，才能使这个降低效应更显著地发挥出来。这也从另一角度说明了在以前的认识偏好中，认为外资企业能够更好地减少成本这个观点不是十分客观的。引入私有部门的一个重要的原因就是在整个行业展开竞争，这样才能给企业管理者不断更新生产技术、管理理念的动力，而不是与企业的所有制类型有必然的关系。这也给我国国有供水企业经营者提供了一个改革思路，即要把企业放到市场大环境中参与市场竞争、自负盈亏，而不是靠地方政府财政兜底。水务部门作为基础生产生活部门有其特殊性，完全放手给市场是不可行的，但是政府在改革的过程中起到的角色应是监督引导，而不是过度参与。

东部地区的国有企业与私有企业之间的生产效率相差很少，中西部地区私有企业在减少生产成本上有明显的优势。东部地区经济发展水平、市场开放程度、制度完善程度都在一定程度上优于中西部地区，所以东部地区供水企业的所有制对生产成本的影响是不显著的。然而，中西部地区受到自然条件、社会条件、经济条件的制约，国有供水企业改革动力不足，因此私人部门的进入带来了资金、技术、经验使得供水生产成本减少。鉴于中西部地区水务部门的发展现状，以及在前文得到的实证结论，我国中西部地区的水务部门应该在严格的准入政策基础上，鼓励更多私有资金进入，让水务市场化良性竞争持续存在，进一步刺激水务部门的发展。

7.3.2 资本进入的产出影响

本节分析内容的核心解释变量为是否有私人部门进入，进一步核心变量为国内民营资本和国际资本，并从我国东部和中西部这两个角度出发作分别研究，以了解私人部门进入的影响是否具有区域性差异。本节仍然采取 DID 方法来考察不同资本进入对产出影响的差异程度。城市供水产出绩效可以综合表现为城市综合供水能力、基础设施建设和总供水效率三个指标。城市综合供水能力用城市日供水量来体现；基础设施建设用供水管道的长度来体现；总供水效率用城市的生产总值比城市供水总量来计算，表示单位供水量的产出，这里用到的生产总值为平减后的真实值。根据私人部门进入和样本情况，利用面板数据固定效应模型进行分析研究。

1. 变量的选择和数据来源

（1）核心解释变量

将不同类型的部门进入作为核心解释变量。用 0-1 虚拟变量来记录核心解释变量，存在私人部门进入则 private 为 1，否则为 0；存在国内民营资本进入则 domestic 为 1，否则为 0；存在国外资本进入则 foreign 为 1，否则为 0。

（2）控制变量

为了控制企业自身生产水平等客观因素，首先加入了企业的工业生产总值和生产成本作为控制变量，因为企业产值跟供水能力是密切相关的，企业的成本可以反映出一个企业在生产技术或供水设施建设方面的投入。企业产值和生产成本用工业品出厂价格指数（2000 年为基期 100）进行价格平减。除此之外，控制变量还有企业的规模，因为规模大的企业在生产、销售和吸引私人投资方面有相对优势。为了减少因变量与自变量之间的直接的现行关系导致的内生性问题，此处用总资产的对数表示企业规模。此外，不同的经济发展水平对城市水务部门发展也具有不同影响，在解释变量中加入了人均GDP来控制企业所在地的因经济发展水平不同带来的城市水务发展差异，城市化进程的不同阶段、地区间产业结构的不同都对城市供水服务产生不同的需求。本节还把城市化水平、产业结构作为重要的控制变量引入分析模型中。城市化水平用城市人口总数除以地区总人数表示，产业结构由第二产业产值占地区年度总产值的比例体现。供水服务分析模型指标的描述统计如表 7-11、表 7-12 所示。

表 7-11　供水服务分析模型指标的描述统计（1）

变量		供水服务质量衡量变量			核心变量		
		日供水能力（万立方米）	供水管道长度（公里）	总供水效率（万元／立方米）	私人部门进入	国内民营资本进入	国际资本进入
		capacity	length	productivity	private	domestic	foreign
全国	观测数	10296	10296	10296	10296	10296	10296
	平均值	611.664	11799.33	0.07	0.31	0.30	0.14
	标准差	2969.454	10978.27	0.05	0.46	0.46	0.35
	最小值	17.62	340.1	0.03	0	0	0
	最大值	41906.33	50861.27	0.41	1	1	1
东部	观测数	4763	4763	4763	4763	4763	4763
	平均值	635.91	18726.12	0.06	0.38	0.37	0.17
	标准差	477.86	12476.28	0.03	0.49	0.48	0.38
	最小值	26.10	340.10	0.03	0	0	0
	最大值	1713.04	50861.27	0.16	1	1	1
中西部	观测数	5533	5533	5533	5533	5533	5533
	平均值	590.79	5836.50	0.07	0.25	0.24	0.11
	标准差	4026.42	3664.29	0.06	0.43	0.43	0.31
	最小值	17.62	484.55	0.03	0	0	0
	最大值	41906.33	14436.47	0.41	1	1	1

表 7-12　供水服务分析模型指标的描述统计（2）

变量		控制变量						
		产出	成本	人均城市供水总量（立方米）	企业规模	人均GDP（元）	城市化水平（%）	产业结构（%）
		output	cost	watersupply	scale	gdp	city	structure
全国	观测数	10296	10296	10296	10296	10296	10296	10296
	平均值	19921.66	14559.72	83.35	10.14	13646.62	33.61	48.74
	标准差	64565.96	55779.16	48.09	1.60	8190.65	13.62	5.88
	最小值	18	2.82	11.41	3.99	2816	17	20
	最大值	1788909	1761983	461.57	16.36	51516	87	62
东部	观测数	4763	4763	4763	4763	4763	4763	4763
	平均值	28371.47	21285.44	106.78	10.60	19329.97	38.29	50.55
	标准差	84067.45	74872.43	50.64	1.59	8569.61	14.46	5.84
	最小值	36.00	33.06	30.58	5.51	4931	18	20
	最大值	1788909	1761983	292.18	16.36	51516	87	60
中西部	观测数	5533	5533	5533	5533	5533	5533	5533
	平均值	12647.76	8770.00	63.19	9.74	8754.20	29.59	47.19
	标准差	39496.88	29867.32	34.89	1.50	3143.39	11.40	5.46
	最小值	18	2.82	11.41	3.99	2816	17	29
	最大值	624853.3	542513.30	461.57	15.23	22695	81	62

2. 模型设定

对城市供水服务的分析采用面板固定效应模型，根据上述变量指标构建回归方程：

$$y_i = \beta_0 + \alpha_0 \text{Private}_i + \beta_i X + \alpha_i + u_i \tag{7-6}$$

其中，y_i表示被解释变量；Private_i表示是否有私人部门进入，如果有则取 1，如果没有取 0；X表示除关键解释变量以外的其他控制变量；α_i表示个体不随时间变化的特征，即固定效应；u_i为残差项。

考虑到私人部门的类型，对（7-6）作补充修正，构建模型（7-7）：

$$y_i = \beta_0 + \alpha_1 \text{Foreign}_i + \alpha_{i2} \text{Domestic}_i + \beta_i X + \alpha_i + u_i \tag{7-7}$$

模型（7-7）中，$Foreign_i$表示是否存在国际资本进入，如果有取 1，如果没有取 0；类似地，$Domestic_i$表示是否存在国内民营资本进入，如果有取 1，如果没有取 0。通过以上模型，在计量过程中分别采用固定效应方差估计方法进行估计。在模型中，本课题最关心的是虚拟变量的系数，它表示在私人部门进入后城市供水服务与没有私人部门进入的供水部门之间的差异。在用模型进行分析之前，为了解决可能出现的伪回归问题，先对各变量的平稳性进行检验。本节的面板数据为非平稳面板数据，所以能采用的单位根检验方法为 Fisher-ADF 和 Fisher-PP 两种。为了避免单一检验方法可能存在的缺陷，提高结果的可信性，采用这两种方法分别进行检验。两种检验方法的原假设都为：存在单位根。

由单位根检验可知，对于原假设为有单位根的假设检验来说，变量值都在 1% 的显著性水平下严格拒绝了原假设。供水能力、供水管道长度、总供水效率、产出、成本、人均供水量、企业规模、城市化率、产业结构 9 个变量都平稳，人均 GDP 变量经过一次差分后平稳。

经过单位根检验后得到了平稳的变量值，开始进行面板数据回归。在进行回归之前先对变量之间进行相关分析，在相关分析中可以看到产值和成本之间的相关性超过了 85%，容易引起回归过程的多重共线性，因此在回归中根据实际意义选择两者中更能影响研究目标者带入模型。根据 Wooldridge（2000），如果核心变量私人部门进入与其他的控制变量是无关的，那么核心变量的系数就是无偏的。这样即使其他控制变量与核心变量之间存在因果关系，也不会导致所有系数都有偏。估计过程中采用固定效应法来验证实证结果。

3. 实证估计结果

实证估计分别对供水能力、管道长度、总供水效率三方面进行产出绩效的影响估计，主要采取的是面板固定效应模型。

供水能力（Capacity）实证结果如表 7-13 所示。私人部门进入在提高供水综合能力上带来的影响是显著的。在 5% 的显著性水平上，私人部门进入使城市综合供水能力提高了大约 2.2%。在区分了国内民营资本和国外资本以后，外资企业使所在城市综合供水能力提高了 3.41%，但是民营企业的影响是不显著的。另外，企业规模的扩大使供水能力提高了 4.6%，文中用企业总资产的自然对数来表示企业规模，资产量大的企业在设备更新、技术革新上有着更大的优势；

人均 GDP、产业结构、城市化进程三个指标都显示出与供水能力的显著正相关关系，这说明了在城市发展、经济增长、人口增加的过程中，对供水的需求是不断增加的。表 7-13 的（3）（4）反映了私人部门进入后供水能力在东部和中西部之间的差异。在中西部地区，私有资本企业在 5% 的显著性水平上能够提高综合供水能力约 2.48%，而在东部地区虽然有正向的影响作用，但并不显著。

表 7-13　私人部门进入对城市综合供水能力的影响

变　量	全　国		东　部	西　部
	(1)	(2)	(3)	(4)
	lgcapacity	lgcapacity	lgcapacity	lgcapacity
private	0.0220**		0.00450	0.0248*
	(0.00916)		(0.00780)	(0.0142)
domstic		0.00574		
		(0.0132)		
foreign		0.0341***		
		(0.0124)		
scale	0.0464***	0.0452***	0.0294***	0.0470***
	(0.0109)	(0.0109)	(0.0113)	(0.0147)
lgoutput	0.00909	0.00771	−0.0182*	0.0386*
	(0.0133)	(0.0133)	(0.0109)	(0.0209)
lgwatersupply	0.945***	0.938***	0.969***	1.028***
	(0.0168)	(0.0170)	(0.0171)	(0.0282)
dlggdp	0.348***	0.351***	0.0223	0.528***
	(0.0464)	(0.0464)	(0.0527)	(0.192)
structure	0.00909***	0.00858***	0.00360**	0.00924***
	(0.00175)	(0.00176)	(0.00171)	(0.00255)
city	0.0232***	0.0227***	0.0295***	0.00944**
	(0.00120)	(0.00121)	(0.000889)	(0.00391)
Constant	−0.264	−0.164	0.294**	−0.611**
	(0.162)	(0.166)	(0.149)	(0.249)
Observations	5,156	5,156	2,500	2,656
R-squared	0.724	0.725	0.754	0.518
Number of id	2,285	2,285	1,103	1,244

供水管道长度实证结果如表 7-14 所示。从表 7-14 的（1）（2）栏可以看到，私人部门进入对于城市供水管道长度的增加是影响显著的。在 1% 的显著性水平下，私人部门进入使得城市供水管道增加了 17.7%。外资部门进入使得城市供水管道增加了 10.1%，国内民营部门对供水管道的影响则是不显著的。企业规模的扩大、成本的提高分别给供水管道带来 18.9% 和 7.58% 的提升。人均 GDP、产业结构、城市化进程都与供水管道的增加有着显著的正向关系。从表 7-14 的（3）（4）栏可以看到，无论是东部还是中西部地区，私人部门进入都显著地使供水管道长度增加了，增加幅度分别为 20.2% 和 9.31%。

表 7-14 私人部门进入对供水管道长度的影响

变量	全国		东部	西部
	(1)	(2)	(3)	(4)
	lglength	lglength	lglength	lglength
private	0.177***		0.202***	0.0931***
	(0.0165)		(0.0209)	(0.0243)
domstic		0.0300		
		(0.0237)		
foreign		0.181***		
		(0.0219)		
scale	0.189***	0.183***	0.135***	0.200***
	(0.0198)	(0.0196)	(0.0310)	(0.0255)
lgcost	0.0758***	0.0650***	0.0926***	0.0651**
	(0.0202)	(0.0200)	(0.0265)	(0.0285)
dlggdp	0.580***	0.563***	−0.776***	0.187
	(0.0790)	(0.0782)	(0.145)	(0.319)
structure	0.0199***	0.0172***	0.0328***	0.0204***
	(0.00317)	(0.00316)	(0.00469)	(0.00436)
city	0.0214***	0.0187***	0.00858***	0.0440***
	(0.00216)	(0.00216)	(0.00230)	(0.00663)
Constant	4.603***	5.004***	5.356***	3.637***
	(0.252)	(0.254)	(0.356)	(0.352)
Observations	5.156	5.156	2.500	2.656

续表

变量	全　国		东　部	西　部
	(1)	(2)	(3)	(4)
	lglength	lglength	lglength	lglength
R-squared	0.313	0.328	0.243	0.180
Number of id	2.285	2.285	1.103	1.244

总供水效率用城市的生产总值与城市供水总量的比值来计算，表示单位供水量的产出，生产总值为平减后的真实值。实证结果如表 7-15 所示，表 7-15 的（1）（2）栏显示私人部门进入使得总供水效率提高了 0.005 个单位，即在 1% 的显著性水平下，私人供水部门使单位供水的地区生产总值增加了 0.005 个单位。外资进入的供水部门使总供水效率提高 0.006 个单位，民营资本进入供水部门对供水效率的影响是不显著的。企业规模扩大、成本的增加、人均 GDP 的增加、产业结构的变化、城市化进程发展都使得总供水效率增加。表 7-15 中的（3）（4）栏显示了在东部和中西部私人部门都使得总供水效率得到提高，东部地区提高了 0.17%，中西部地区提高了 0.4%。

表 7-15　私人部门进入对总供水效率的影响

变量	全　国		东　部	中西部
	(1)	(2)	(3)	(4)
	productivity	productivity	productivity	productivity
private	0.00489***		0.00175**	0.00400***
	(0.000851)		(0.000784)	(0.00134)
domstic		0.000646		
		(0.00122)		
foreign		0.00553***		
		(0.00114)		
scale	0.00703***	0.00684***	0.00776***	0.00640***
	(0.00101)	(0.00101)	(0.00113)	(0.00141)
lgcost	0.00600***	0.00568***	0.00597***	0.00518***
	(0.00103)	(0.00103)	(0.000970)	(0.00157)
lgwatersupply	−0.102***	−0.103***	−0.0693***	−0.141***
	(0.00156)	(0.00157)	(0.00171)	(0.00266)

续表

变量	全　国		东　部	中西部
	(1)	(2)	(3)	(4)
	productivity	productivity	productivity	productivity
dlggdp	0.0487***	0.0494***	-0.00493	0.0152
	(0.00428)	(0.00426)	(0.00529)	(0.0182)
structure	0.00254***	0.00245***	0.00308***	0.00269***
	(0.000162)	(0.000162)	(0.000171)	(0.000241)
city	1.48e–05	–7.25e–05	–3.79e–05	0.000168
	(0.000110)	(0.000111)	(8.93e–05)	(0.000367)
Constant	0.252***	0.269***	0.0900***	0.401***
	(0.0142)	(0.0146)	(0.0146)	(0.0220)
Observations	5.156	5.156	2.500	2.656
R-squared	0.624	0.627	0.630	0.705
Number of id	2.285	2.285	1.103	1.244

7.3.3　小结

为了更清晰地看到私人部门进入使城市供水服务质量发生的变化，将本节做的分析梳理如表 7-16 所示。

表 7-16　私人部门进入及其他控制变量对城市供水服务的影响汇总

变　量	综合供水能力	供水管道长度	总供水效率
私人部门进入	+(**)	+(***)	+(***)
其中：　外资企业	+(***)	+(***)	+(***)
民营企业	+	+	+
东部私人部门进入	+	+(***)	+(***)
中西部私人部门进入	+(*)	+(***)	+(***)
企业规模	+(***)	+(***)	+(***)
产出	+		
成本		+(***)	+(***)
人均 GDP	+(***)	+(***)	+(***)
产业结构	+(***)	+(***)	+(***)
城市化率	+(***)	+(***)	+

注：+ 表示纵向栏项目对横向栏指标产生正向影响，** 表示在 5% 水平下显著，*** 表示在 1% 水平下显著。

私人部门进入后，城市供水服务在综合供水能力、供水管道长度、总供水效率三个角度都得到了显著的提升，国外资本进入对这三个方面的促进也很明显，但是国内民营资本进入对供水服务质量的影响是不显著的。这说明私人部门尤其是有外资进入的供水部门在资金和技术方面都有着效率优势。

在水务部门市场化过程中，被广泛采用的 BOT 方式、TOT 方式等，都是以基础设施建设为前提的，BOT 方式由企业负责基础设施建设，TOT 方式由政府负责前期基础设施建设。外资出于营利目的对供水管网的建设、改造为我国城市居民的生产、生活带来了极大的积极效应。总供水效率是用地区生产总值除以当地供水总量来衡量的，它表示单位供水量的产出。总供水效率正向变化，即每单位的供水量带来更多的地区总产值，供水效率提高。私人部门进入后对生产供应水技术的革新和对管网的新建修复都让供水效率得到提高，水资源利用率提高，这对日益匮乏的水资源起到了保护作用。综上可以认为，我国以私人部门进入为主要特征的水务市场化改革是颇有成效的，继续扩大私人部门进入城市供水行业的改革仍具有改善供水服务质量的空间。

通过表 7-16 可以看到，外资部门在改善供水服务质量方面比民营部门起到了更大的作用。出现这种结果的原因可能有三个，一是文中分析的数据主要是 2001—2009 年的，在前文中梳理过外资进入我国水务部门的时间是在 20 世纪 90 年代，而国内民营资本自 2000 年才开始逐渐加大对水务部门的投资，在起点上晚了近 10 年，这样就使得外资占据更好的时机，外资以其更丰富的经验让供水企业迅速发展起来，而国内民营资本还未完全发展开来。二是外资水务以大型水务集团作为资本来源，投资规模相较于国内民营资本来说较大，更容易建设起较大的自来水公司或水厂。在前文表格数据中可以看到，企业规模越大越能够提高城市供水服务质量，因此国内民营资本存在一些劣势。三是国内民营资本进入城市供水行业后，短期逐利性太强，以利润最大化为目标，所以在走长线通过改善供水服务质量以获得盈利方面没有获得更好的规划。而且，由于我国还没有建立起针对国内民营企业的有效监管制度，一些民营企业倾向于凭借垄断优势抬高水价等方式来提高经营绩效，而不是通过提高生产效率、降低生产成本，这就造成了国内民营资本的进入难以提高城市供水企业的质量。不过，相对于国外资本来说，国内民营资本更熟悉国情、与地方政府合作效率更高、政府对于资本安全的控制风险低、所要求的投资回报率也较低，这些都

是外资所不能比的天然优势，因此政府更要采取措施鼓励和规范国内民营资本进入水务市场来进一步激发市场活力。

东部地区与中西部地区在增加供水管道长度和提高总供水效率方面效应都是显著的，但是在提高综合供水能力方面，东部地区是不显著的。出现这个结果的原因可能与前文对成本降低效应分析中东部地区略弱是相类似的。东部地区经济发展水平较高，城市化水平较高，长久以来对水资源的需求量较大，因此国有供水企业本身具有较高的生产水平，私人部门进入后对于提高供水量没有表现出超越性的优势。而私人部门的进驻对于供水基础设施的新建或改造，使得供水管道、供水效率都得到明显改善。这也从另一个角度说明，国有供水企业在改善设备、建设管网以提高供水效率等方面仍存在发展的潜力，这也为国有供水企业改革提供一个方向。

另外，在表中还可以看到，企业规模对于供水服务质量的三个方面都起到积极促进作用，由此可以认为我国城市供水企业存在规模效应。企业规模越大，资金越充足，在改善生产技术、提高供水效率等方面就越有优势。我国现有集中供水企业治理结构中的组建大型水务集团的做法，就是看重规模效应这个优势，但是也要认识到，规模大的企业对领导者的管理水平提出了更高的要求，否则规模越大，越可能使整个企业陷入人员冗余、管理混乱的境地。企业产出对供水能力的影响系数为正但不显著，说明企业产出大并不一定意味着供水量越大，供水企业要更注重提高生产质量，政府也要对本地用水需求进行调研，对供水企业进行规划，既要保证供求平衡，也要保证最大化利用水资源。企业成本对供水管道长度的影响是显而易见的，只有投入更多的资本才能使基础设施建设起来。人均 GDP、产业结构和城市化率这三个与城市发展水平相关的指标对供水服务质量也起到了明显的拉动作用。城市发展水平在一定程度上反映了企业的成熟度。随着城市的发展，企业资本得到积累，并且容易吸引更多资本的加入，这使得供水企业的生产能力、供水能力、生产效率都得到提高。

7.4　本章小结

通过本章的分析论证，可以得出私人部门进入对于供水企业绩效和供水服务质量两个方面都产生了积极影响的结论。这也证实了我国水务市场化改革中

采取的引入私人部门战略是具有重大意义的。其中，国外资本在改善供水服务质量方面表现出绝对的优势，国内民营资本带来的影响并不显著，国内民营资本天然的本土优势并没有发挥出来。这说明中国民营资本在经营城市供水业务上存在着逐利性强、经验不足、管理水平落后等一系列问题，这是以后水务市场化改革中需要政府来加以引导和规范的。在提高企业绩效和生产成本效率方面，两种形式的私人部门相差无几，说明了在我国目前市场化改革中，两种形式的私有资本都是十分重要的，缺一不可。政府要在水务市场上构造一种良性竞争环境，因为这样才能提高企业的成本绩效，而无论它是外资供水企业还是民营供水企业，抑或是国有供水企业。东部地区和中西部地区的私有部门在成本效率上都存在优势，但东部地区优势十分微弱；在供水服务质量方面，私有资本进入提高了中西部地区的综合供水能力、供水管道长度和总供水效率，但是并未显著提高东部地区的综合供水能力，这与东部地区的发展程度是密切相关的。我国中西部水务部门改革还有很大潜力，需要进一步吸引私人部门进入来促进供水企业的发展。

通过研究私人部门进入对城市供水的影响，发现我国水务部门市场化中私有部门起到了重要作用。通过对实证研究结果的分析，提出了水务部门改革建议，包括继续开放水务市场、引导国内民营资本发展、鼓励私人部门进入中西部地区、加大投资提高企业规模化水平，以及加强政府监管和引导。现有的水务市场化体制改革的最重要成果就是在市场逐步开放的同时，逐步形成了一批将外资、民资和国有资本捆绑在一起的混合所有制企业，如重庆水务和深圳水务等建立了以 PPP 为构架的合作制形式。因此，未来水务改革的方向在于：（1）进一步创新 PPP 合作模式。其关键在于推动现有以重资产为主的 BOT、TOT 等融资模式转向为更为专业化的、多主体共同承担风险的经营模式。（2）建立公共利益导向、权责明确、政策稳定和非歧视性的公共管制体系，将有助于充分发挥外资进入的正面作用。水务市场化改革不能一蹴而就，现在拥有比较完善的城市水务运营体系的英法等国，在市场化改革实践中也经历了十几年的时间，需要各种条件的相互配合。

本章提出的政策建议包括以下几方面。

（1）继续开放水务市场。私人部门在企业绩效和城市供水服务质量方面上的优势是明显的，因此在水务部门改革中要继续扩大和开放水务市场。鼓励支

持私人部门进入水务部门，不仅丰富了公用事业部门的投融资渠道，更重要的是多元化的产权主体才能形成多样产权企业之间的良性竞争，激发内在利益驱动生产经营的动力，让国有产权企业有革新技术和设备的动力，让私有产权企业能够让渡更多的利润给消费者。

（2）鼓励引导国内民营资本发展。国内民营资本和国外资本两种制度形式与政府制定的发展战略、地域因素、当地文化传统有着很大的关系。外资企业大多采用独资形式，它们更倾向于与其他外资企业之间的相互配套，因此外资对国内企业的示范效应和关联效应非常小，想要依靠引进外资促进产业升级、优化经济结构是不现实的，并且在国际政治、经济形势下，经济增长和高端产业对外资的过度依赖是十分危险的。另外，外资进入对民营资本还是产生了挤出效应。水务部门属于典型的资金密集型产业，而由于资金、技术和管理经验等方面的优势，在水务部门的竞争中，对比民营资本，外资占据巨大的竞争优势，从而影响到民营资本对于水务部门的市场的参与度，地方政府一直保持的偏爱外资的姿态，以及将融资与运营相捆绑的策略则加深了这样的挤出效应。但是，国内民营资本有着天然的本土优势，风险小、潜力大，给予国内民营资本资金、政策扶持，鼓励他们进入水务部门，才能提高我国供水企业整体素质，促进水务部门的市场化改革。

（3）鼓励私人部门进入中西部地区。私人部门进入提高了中西部地区供水企业成本效率，也提高了城市供水服务的质量。我国城市化进程的快速发展，需要政府部门加大对中西部地区在城市供水、管网设施建设、设备更新等方面的投资，促进产业规模化，缩小东西部差距。政府除了要加强在城市水务部门方面的财政支出，还要政策性引导私有资金进入中西部地区，以消除资本对东部发达地区城市的投资偏好。鼓励私人部门进入中西部地区，不仅能够提高中西部地区水务部门的发展水平，带动中西部地区区域生产总值，而且能让更多的居民享受到供水服务等公用事业均等性带来的便利。2012 年 6 月 13 日住建部印发了《全国城镇供水设施改造与建设“十二五”规划及 2020 年远景目标的通知》，规划中明确提出要吸引民间资本投资建设供水设施，并继续安排中央补助投资，重点向中西部及财政困难地区倾斜。中国东部和中西部城市发展水平不同、市场化阶段不同，水务改革的程度和选择模式也不同，因此仅靠国家层面不足以很好地解决这个问题，需要对地方政府的立法权限、改革方式、企业改制、监管依据等具体事项做出具备可操作性的规定。

（4）加大投资，提高企业规模化水平。城市水务是一个广阔的领域，包含了原水生产和供应、自来水生产和供应、自来水销售、污水收集和处理、再生水生产和销售以及相关管网建设和维护等一系列产业链。水务技术特征决定了供水企业的规模效应，因此要提高企业的产业化和规模化水平。水务部门改革改变了长久以来落后的治理模式，形成了水务一体化的治理结构，这也为完整的水务部门链条规模化发展提供了条件。城市水务部门规模化发展需要政府的政策和财政扶持，水务部门市场化改革后出现了新的企业形式—组建公用事业集团，这能够充分地发挥规模带来的优势，将水务价值链各个环节单一独立运营时出现的一些外部效应内部化，降低了成本，提高了效率。在这个过程中，需要强大有力的核心主持者将产业链上的环节进行整合，这对管理者的管理能力提出了更高的要求。

（5）加强政府监管和引导。市场化并不意味着政府责任的卸载，政府成为精明买主的能力同等重要。在水务部门市场化改革之前，政府承担了城市水务服务的组织者、生产者、提供者三种角色，政府既制定规则，又亲自提供生产，并且还监督生产和服务的质量。市场化改革后水务部门的治理结构发生了变化，生产者从政府职责中分离出来，政府的职责变为对生产者的选择和对生产者生产服务的监管。过去，因为利益关系，政府更多关心市场自由的法制，也就是资源分配、价格定制，而对于市场秩序的法制却不太关心，这种做法未免本末倒置。政府部门应该主要在市场监管和宏观经济调控领域发挥作用，充分认识到市场机制的本质，将城市供水服务的直接生产权力下放到私人部门，政府部门的职能是发挥监管作用，其中包括：①成立独立的监管机构，如在国家层面上成立具有高度独立性的水务监管局，分管水务部门的监管事务，各个城市也应在现有的水务局的基础上成立水务监管局，作为城市政府的直属机构，实现经济监管与环境监管的统一，充分发挥政府监管职能，为改革提供公平透明的市场环境。②对市场准入的监管，具体分为进入监管和退出监管两个方面。进入监管要求对进入企业的资质进行筛选，不仅要保证市场主体的势力，也要降低私有资本可能存在的风险；退出监管是政府部门对供水企业生产情况的监督，既使企业保持危机意识又减少资源的浪费，优化资源配置。③对生产供应的监管。既要保证供水企业提供给用户高质量的产品和服务，也要确保城市水务价

格收费既能保证供水企业的收益，又能符合消费者的购买能力。另外，还要对污水处理收集进行监管，防止污染居民的生活环境。④对私人部门进入的引导。私有部门选择进入时只会考虑未来的经济收益情况，需要政府加以引导以实现服务的均等化，缩小地域、经济原因带来的发展差异，确保水务市场化改革的同步进行。

第 8 章　水价改革与水务市场

公用事业价格仍然是调节公用事业产品和服务市场的重要工具之一，尽管其受到了各种因素的影响。早期公用事业市场的价格受管制因素影响，基本上是固化或阶段性的变动，与一般消费品市场的价格调节机制有很大的区别。随着公用事业市场化趋势，价格改革也成为各国推动公用事业市场化的重要方式，水务市场也不例外。英国在水务价格改革中采取了最高限价方法，美国在原有成本加成的定价原则基础上，考虑到了成本变动因素。我国在市场化改革过程中，也不断地进行价格调整，主要体现在两个方面：其一，对不同性质的用水采取了不同的价格标准；其二，对居民用水采取了阶梯性价格，试图刺激居民用水需求弹性的变化，提高用水效率。本章以阶梯性价格改革为对象，着重讨论了阶梯性价格改革对市场供求变化的影响。影响涉及两个方面：一是居民用水弹性是否发生了变化，二是企业生产效率是否得到了改善。本章对水价改革的社会福利作用进行分析。

8.1　水价制度与改革

1964 年，水利部召开全国水利会议，首次提出收取部分低水费的试运行机制，但由于缺乏统一标准，各地区实施收费缺乏可行性。新中国的水价制度（内容、定价和调价原则等）严格来说形成于 1985 年水利部出台的《水利工程水费核定、计收和管理办法》。在此之前，水资源使用和开发建设由于长期依靠国家拨款，大多数情景下被视为是一种免费资源。

8.1.1　水价改革的沿革和发展

1985 年，《水利工程水费核定、计收和管理办法》提出要改进水费计收办法，要按照规定标准按时按量缴纳水费，至此我国开始实行成本收费制度，但水费

核算并不合理，也未考虑污水处理的成本。1991 年，供水服务的定价原则规定价格为成本、费用、税金、利润之和，企业可以通过供水服务获取盈利。1996 年，根据《水污染防治法》，为了保护和改善环境，防治水污染、保护水生态和促进经济社会可持续发展，在城市供水价格的制定中将污水处理费纳入其中，其征收方式参考城市的供水范围和用户的使用量多少，不得盲目定价或者统一定价。1998 年《城市供水价格管理办法》第一次提出了实施递增式水价的规定，即城市居民的生活用水实行三级计量模式的阶梯式水价，此规定是我国城市居民水价改革中一项重要的政策选择。2000 年《关于改革水价促进节约用水的指导意见》指出，要理顺水利工程和城市供水价格中的难题，推进阶梯式水价和两部制水价制度的发展，以促进节约用水为基本理念，构建符合社会主义市场经济需求的水价形成机制和管理体制。2006 年颁布的《取水许可和水资源费征收管理条例》规定了水资源费的制定和实施应由各地政府负责。为加强对水资源的保护，各地区要因地制宜地根据不同的水资源状况收取不同的水资源费。2013 年《关于加快建立完善城镇居民用水阶梯价格制度的指导意见》提出了关于全面推进居民阶梯水价制度的部署，城市和城镇在 2015 年底前原则上均应当实施居民阶梯水价制度。阶梯水价制度的设定应不少于三级，覆盖人群率原则上要保证第一级 80%，第二级 95%，第三级全面覆盖，且阶梯水价的比例不得低于 1∶1.5∶3，缺水地区可适当加大差价。至 2015 年底，全国地级市中已有近一半的城市推行了阶梯式水价（王岭，2015），至此水价调整进入到新的阶段。

截至 2018 年底，全国已有 248 个城市实施了阶梯水价，占比高达 87.63%，如图 8-1 所示。

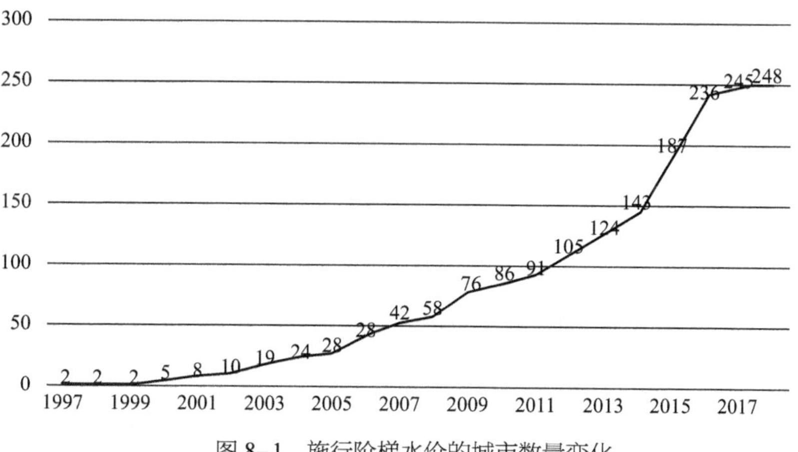

图 8–1　施行阶梯水价的城市数量变化

国外学者对水价的研究起步于20世纪60—70年代，并取得了一定的成果，尤其是在水资源定价方面，对我国水价的调整有一定的借鉴价值。Dales（1968）指出，水资源价格在制定时要考虑两点：不同阶梯段水资源定价要合理覆盖相应成本，以及对应的消费者的支付能力。Mann et al（1983）研究表明水价的确定需要成本依据，除了水务企业的生产成本之外，还有相应的运输成本、服务成本和污水处理成本等。Tufgar（1990）等人在研究中指出，在水资源价格的组成结构中必须要体现供水成本；Cuthbert（1989）的研究指出，与单一制定价相比，阶梯式水价虽然更具有边际成本定价的效应，但是在每一个阶梯段内水价的收取仍然是水价的平均值。Ioslovich et al（2001）在其研究中指出，水价是令人满意的水资源分配工具，必须以合理的方式加以使用。Elnaboulsi（2001）的研究确定了水服务的最优非线性定价规则和一个独立的系统模型，该模型提供了标准的水分配系统和单独的废水收集和处理系统。

国内学者对水价的构成要素和水价形成机制的研究起步较晚。汪恕诚（2001）提出水价不仅仅是一种成本和企业的生产价格，还应当体现水权的价格，即水权费。企业的生产成本和产权收益属于水的工程费用，而水权的价格是指对水资源利用的费用。水权费的提出为水资源费纳入水务企业的定价提供了依据。傅涛等（2006）进一步划分了水务企业的工程费用，即工程费用包括水利工程的成本以及城市供水的成本，并明确指出水资源费应当属于资源税的外延，利用水价的高低来表征水资源的稀缺性。另外，作为环境破坏价格补偿的环境水价，是政府部门在治理环境污染过程中收取的事业性费用。刘世庆等（2012）对水价的形成机制、定价问题以及水价的发展路径进行了文献梳理，提出城市水价的形成有一定的复杂性，且每个阶段要分开处理，就目前来看有供求定价、边际定价（MOC）、平均成本定价和全成本定价等多种形式，我国会逐步从平均成本定价向全成本定价过渡。全成本定价的优势在于使企业获得全额的成本补偿，政府作为资源代理人得到经济回报，以确保水污染治理等行政任务的实现，但与此同时，企业的成本信息难以保证真实有效。周芳等（2014）梳理了中国水价政策的制定、水价构成和我国水价制定方法的合理性，提出目前水价管理存在诸多的问题，例如管理权分散、监管不严等管理问题，以及水费征收、水量计量倒挂、收费标准普遍偏低和行业差别小等水费问题。

在水务行业改革的大背景下，中国的水价管理体制近20年来发生了显著

的变化，从早期部委单一管理逐步转向部委和地方政府共同管理，目前的研究多针对水价决策和监督方面。马中等（2012）分析了中国的水价综合决策和收费体系，认为目前的水价决策部门高度分散，由中央、省、市政府各自管理，并且金融、水利、城市建设、环境保护、经济和贸易等部门独立定价。例如污水处理费、水资源费、供水价格和污水处理费的制定权限分别属于中央、省、市各级政府，但收取部门和收取目标则相对集中，由各级政府的行政部门向个人、单位用户征收。据此产生了各地水价标准的差异化，水价高低有强烈的地域特征（姬鹏程，2014）。这种相对不一致、不统一的定价权，导致了水价标准在具体实施过程中存在较大争议，"一城一价"的现象较为突出。周小梅(2011）从水务行业发展规律的角度，分析中国水价的控制问题，指出目前水价管制尚不能有效促进企业提高效率、抑制过度需求。水价改革已经初步构建起水价形成机制的框架，但水价的制定、调整以及监督等具体问题有待逐步完善。

8.1.2　水价改革影响的文献研究

关于国内水价改革的影响效应研究大体上分为宏观和微观两条线索。宏观影响的线索主要是讨论其对经济增长、经济波动以及对其他产业的影响等方面；微观影响方面主要讨论价格变动对用水需求、企业效率的影响等方面。

1. 水价改革宏观影响的文献观点

关于水价调整对宏观经济的影响存在两种不同的观点。一种观点倾向于影响较为显著，也就是宏观经济对供水价格的改变较为敏感。刘婷婷等（2013）对 CGE 模型进行了生产模块的改进，并测算了水价变动对国民经济各部门的影响，结果发现水价的变动对各部门以及全国 GDP 均有一定程度上的影响，但是具体来看不同行业因为用水量和对水资源的依赖性不同而存在差异。水价的提高会带来高用水行业的成本增加，造成其产出总体呈现减少的趋势。方国华等（2013）同样运用 CGE 模型在对江苏省展开具体分析，结果显示，供水价格每上涨 20%，该地区 GDP 相应下降 0.101%，居民的消费能力也同比下降。其中排污费价格的变化对 GDP 影响较大，对排污费征收标准的改变会影响产业结构进而影响到要素转移和资源配置。王韬等（2012）以 2007 年中国 11 个部门社会核算矩阵建立 CGE 模型，探究水价上涨的影响，结果却存在不同之处。该研究结论表明，水价上涨对经济增长和就业等宏观面和部门产出等存在负面影响，并导致了整体物价水平的上升。

与之相对立的观点认为，水务价格的变动对国民经济和各部门的影响不大。赵博等（2009）利用CGE模型对北京地区单部门和整体部门水价的调整进行分析，结论表明水价的变动对经济的影响较小。钟帅等（2015）将3种不同定价系统引入CGE模型，结论显示虽然定价系统不同，但是对于国民生产总值和各生产部门的影响均不显著。倪红珍等（2013）将投入产出模型引入分析水价波动对各个部门的影响中，该模型的不同之处是假定各类供水部门之间的价格互不干扰，不受其他部门价格的影响。研究结果表明，水价波动对物价和居民费用影响均较为微弱，即使水价较之前价格增长一倍，各部门受水价的影响变动也不超过0.3%，除居民水费占消费支出略超过1%之外，其余非供水部门的水费占部门收入比均低于0.5%。张永正等（2011）采用2007年鄂尔多斯投入产出表和水资源数据模拟水价对宏观经济指标的影响，发现水价的变化会使物价略微提高，但不会影响行业产量。

2. 水价改革微观影响的文献观点

水价改革的微观影响主要集中于消费者领域。自中国水资源有偿供应以来，先后经历了低标准收费阶段以及成本收费阶段，目前中国城镇居民用水制度已逐渐演变为阶梯式水价制度。纵观我国的城市水价收费方式，有单一制水价、二部制水价以及阶梯式水价。

单一制水价只收取相同价格的水费，会损害低收入居民利益，其不公平性也会造成水资源的浪费，因此现多被淘汰（章胜，2011）。

二部制水价在我国推行的省份并不多，但是对其研究也有一定的意义。朱卫东等（2008）从水价结构和实施模式出发，指出基本水费的制定不需考虑基本水量等与设计水量无关的供水变量。李怡等（2007）运用水务行业的需求价格弹性理论，结合用户的可承受能力，论证两部制水价实施的可行性，指出两部制水价通过大型用水户对小型用水户的价格交叉补贴，弥补了现行水价低于水资源使用成本的部分，同时对供水企业资产的补偿、利润的提升也有一定的促进作用。何东京等（2011）提出合理的两部制水价有利于用户平衡用水需求，避免丰枯年份浪费后极度缺水的情况发生，也有利于水务企业运行费用的均衡。

阶梯式水价作为国家现阶段推行的主要水费征收形式，其带来的对消费者的福利效果及在水价管制方面的影响是文献较为关注的内容。有些学者从消费

者角度出发，以水价改革对福利的影响及消费承受力为题展开研究。王谢勇等（2014）用 Logistic 函数进行实证分析，通过构建城市居民用水阶梯水价补偿模型，表明在价格杠杆的作用下，在正常的承受范围内时，居民面对日益增长的水价，节约用水的意识有所增强；超出承受界限时，居民会继续维持原有的正常的生活用水量。马训舟等（2011）的研究结果表明，水价提高会对居民节约用水有正向的促进作用，并且通过 AIDS 方法对水价改革前后居民的福利水平和不同的定价模型进行模拟之后验证了上述结论。另外一些学者（陈菁等，2007；刘晓君等，2010）则以扩展性支出模型为支撑进行了研究，通过分析水价变动对居民用水支出能力的影响，发现水价的变动会引起消费者边际倾向的下降，并且得出居民用水规模与水价和收入这两个因素无关的结论。这一结论得到了唐要家（2015）的部分认同。廖显春等（2016）利用实证分析发现，实施阶梯水价的城市比统一水价的城市减少 16.58% 水资源消耗。供水企业的影响方面，Hewitt（2000）指出，阶梯式水价的实施会造成供水企业收入不稳定，尤其是在低阶梯段水价较低的情况下，水务企业收入主要依赖于高阶段的用户。阶梯水价短期内可使企业利润随水价上涨而增加（王谢勇等，2014）

由于单一制水价不合理，二部制收费制度推行的省份并不多，并且阶梯式收费制度是目前全国大力推行的水价制度，因此本章在研究水价对水务企业全要素生产率影响的同时，探究阶梯式水价制度的实施对社会福利是否起到了促进作用。

8.1.3　城市居民生活用水价格政策

1. 阶梯水价的实施

阶梯价格成为我国水价改革的标志性事件。我国居民生活用水定价的发展经历了以下四个阶段：（1）完全公益性供水（1949 年至 1965 年），无偿供水阶段；（2）福利性供水（1965 年至 1985 年），免费用水阶段结束，城市居民用水开始收费；（3）成本核算（1985 年至 1997 年），提出核算水费标准，城市居民生活用水走向商品化阶段；（4）水价改革（1997 年至今），明确提出了城市居民生活用水定价新方式，即阶梯式计量水价。截至 2014 年 1 月，国家发展改革委、住房城乡建设部印发《关于加快建立完善城镇居民用水阶梯价格制度的指导意见》，要求在 2015 年底前全国所有的设市城市原则上要全面实行居民阶梯水价制度。

近年来，我国正在逐步加快实施城市居民阶梯水价政策的步伐。1990 年 5 月 1 日，深圳市对单一计量水价进行改革，成为第一个实施居民累进式水价的城市。深圳市实施阶梯水价分为两阶，分别为 1.5 元 / 立方米、2.0 元 / 立方米。由于 20 世纪 80 年代深圳经济的高速发展，使得居民生活年供水量由特区成立初的 230 万立方米猛增至 1989 年的 1.40 亿立方米。深圳经济特区率先尝试实施“阶梯式水价”，使供水紧张的局面得到初步缓解，其后又历经几次调整。目前，深圳市的万元 GDP 耗水量位居全国最低行列。1997 年厦门对每户每月施行两阶段阶梯水价，分别为 1.8 元 / 立方米、2.3 元 / 立方米。1998 年，国家计委和建设部发布了《城市供水价格管理办法》，明确指出阶梯式计量水价可分为三级，级差为 1 : 1.5 : 2。2002 年 4 月 1 日，国家计委、财政部、建设部、水利部、国家环保总局联合发出《关于进一步推进城市供水价格改革工作的通知》，要求进一步推进城市供水价格改革。《通知》要求全国各省辖市以上城市须在 2003 年底前实行阶梯水价，其他城市则在 2005 年底之前实行阶梯水价。进入 21 世纪后，实行居民阶梯水价的城市逐渐增多，推行阶梯水价的地级市由 1997 年的 2 个逐渐增加到 2006 年的 42 个，占比 14.84%，如银川市（1.3 元每立方米、1.9 元每立方米、2.5 元每立方米）、昆明市（3.45 元每立方米、5.9 元每立方米、9.35 元每立方米）、宁波市（2.1 元每立方米、2.93 元每立方米、3.73 元每立方米）、珠海市（1.83 元每立方米、2.3 元每立方米、2.8 元每立方米）。2013 年我国推行阶梯水价的城市已有 124 个，占比 43.82%，如武汉市（2.32 元每立方米、3.08 元每立方米、3.84 元每立方米）、广州市（2.79 元每立方米、4.05 元每立方米、5.31 元每立方米）、沈阳市（2.4 元每立方米、3.3 元每立方米、4.2 元每立方米）、合肥市（2.31 元每立方米、2.77 元每立方米、3.79 元每立方米）。2014 年 1 月 3 日，国家发展改革委、住房城乡建设部出台指导意见，要求 2015 年底前所有设市城市原则上全面实行居民阶梯水价制度。截至 2018 年，我国推行阶梯水价的地级市已增至 248 个，占比 87.63%。

根据国家计委、建设部《城市供水价格管理办法》提出可设置级差为 1 : 1.5 : 2 的三阶梯计量办法，级差的比例关系由政府定价部门与供水企业根据当地实际情况确定。第一阶梯水量表示城市居民生活用水的基本需求量；第二阶梯的水量主要能够实现对供水企业的交叉补贴；第三阶梯的水量通过对用水量过高的用户的惩罚，实现居民节约用水意识的提高和水资源的有效利用。设居民生活

用水阶梯水价分别为 p_0、$1.5p_0$、$2p_0$，对应阶梯水量为 q_1、q_2、q_3，则所需缴纳的生活用水费用支出核算方式如表 8-1 所示。

表 8-1　阶梯水价用水费用的核算方式

阶　梯	定价原则	水　量	价　格
1	满足居民基本生活需求	(0，v1]	p_0
2	水务企业收入的主要来源	(v1，v2]	$1.5p_0$
3	提高居民节约用水意识	(v2，∞]	$2p_0$

根据表 8-1 可知每户居民每年需向供水企业缴纳的水费 w 可表述为：

$$W=\begin{cases} P_0 * v_1,\ \ v\in(0,v_1] \\ P_0 * v_1 + 1.5P_0 * (v-v_1),\ \ v\in(v_1,v_2] \\ P_0 * v_1 + 1.5P_0 * (v-v_1) + 2p_0 * (v-v_1-v_2),\ \ v\in(v_2,\infty] \end{cases} \quad (8\text{-}1)$$

2. 阶梯水价的设置目标

我国大多数城市的居民用水计量方式原本都是采用单一制计价模式，这种计量水价模式下，定价过低无法唤起城市居民生活用水户的节约用水意识，造成水资源浪费；定价过高又损害了低收入群体的利益，不符合公益性原则。因此使用单一水价计量方式不能很好地发挥其杠杆作用，更不能起到调节供需的作用。同时，城市居民用水价格还存在诸多问题，一部分地区对城市居民生活用水乱收费，也有部分供水企业一直亏损。综合来说，原有的水价计价模式导致了水资源浪费严重、居民生活用水费用支出不合理、社会效益不佳。合理的水价政策可以有效提高居民用水效率，从而促进水资源的节约，进而改善提供社会公共效益。因此，以满足公正、资源节约和成本回收为原则的阶梯式水价就成为得到普遍赞同的水价改革模式。以下从经济学角度对实施阶梯水价政策的必要性加以分析。

（1）福利补偿

从资源有效配置的角度，科学合理的水价会综合考虑城市居民生活用水基本需求和供水企业的效益，供需总量达到平衡时的水价和用水量才是最有效的，此时既不存在超额需求和超额供给的问题，也不会存在价格变化对低收入人群的压力问题，同时实现对不同群体进行政策性补贴。这种情况下，补偿机制主要体现在对弱势群体实行较低水价，以保障城市居民生活用水的基本需求，同时保证了水务企业的一部分固定收入；超出基本阶梯水价范围的部分根据超出的用水量大小计算收费，在回收固定资产成本的基础上，主要从正常供水的运行成本和维修管理费用以及税金、合理利润的角度来考量，较高的第二或者第三阶梯水价，作为对一些供水企业的福利性补偿。这种以阶梯水价本身的结构设置带来的福利补贴解决形式，既能够在一定程度上促进节约用水，又能缓解水务企业的运营困境。现实中城市供水多为公用事业，因此现行的水价制定大多是政府综合考虑市场供需均衡以及居民需求制定的。由于依据市场均衡的第一阶梯水价价格相对较低，所以政府会用公共补贴的形式来补偿供水企业的成本。

（2）社会公平

阶梯水价政策的实施是为了以更低的社会成本兼顾节水效率与社会公平。这种定价方式通过对高收入群体和低收入群体间的交叉补贴（反映出对收入分配的影响）来体现效率与公共性之间的平衡，既能使社会成本的回收不受影响，又能使城市居民以较低的用水费用支出满足生活用水需求。

因此，实施阶梯水价最需要关注的就是交叉补贴和水费支出比例的实现效果。交叉补贴的实现效果跟阶梯水价的阶梯设计直接相关，两阶梯价格水平差不当，可能会导致不同收入群体在基本用水需求部分支出过高，而高阶梯段却没有体现奢侈性用水价格，由此导致实际的高收入和低收入群体的交叉补贴效果不明显。

 8.2 阶梯性水价对居民用水需求的影响

水价对城市居民生活用水量有着重要的影响。科学合理的水价会综合考虑城市居民生活用水基本需求和供水企业的效益，理论上只有当供需总量达到平衡时的水价和用水量才是最有效的。当城市居民生活用水的水价上升时，会促使城市居民生活用水户减少用水量从而达到节约水资源的目的；而当城市居民生活用水的水价下降时，城市居民生活用水量增加，可能造成水资源的浪费。本节通过实证分析，研究目前阶梯性水价对居民用水需求的影响，以期验证阶梯性水价能否调节供求关系，能否保障低收入人群的利益，同时实现对不同群体用水需求的合理约束。

8.2.1　影响因素的估计模型

需求估计模型一般来自需求影响因素模型，即需求的变动来自价格、其他物品的价格、收入、偏好、人口结构、未来预期等诸多因素。讨论水价变动对需求的影响，价值在于了解价格变动能否改善居民的节约用水意识，能否在保障效率的同时维持居民基本服务水平稳定。

1. 居民用水需求的因素

（1）阶梯水价

由价格的杠杆作用可知，水价对城市居民生活用水量有着重要的影响。合理的居民生活用水定价有助于人们建立节水意识，促使人们节约用水。根据供求关系的基本理论，实施单一计量水价的情况下，城市居民生活用水的水价上升时，会促使城市居民生活用水减少从而达到节约水资源的目的；而当城市居民生活用水的水价下降时，城市居民生活用水量相应扩大，可能进一步造成水资源的浪费。单一水价的变化对城市居民生活用水需求的影响如图 8-2 所示。

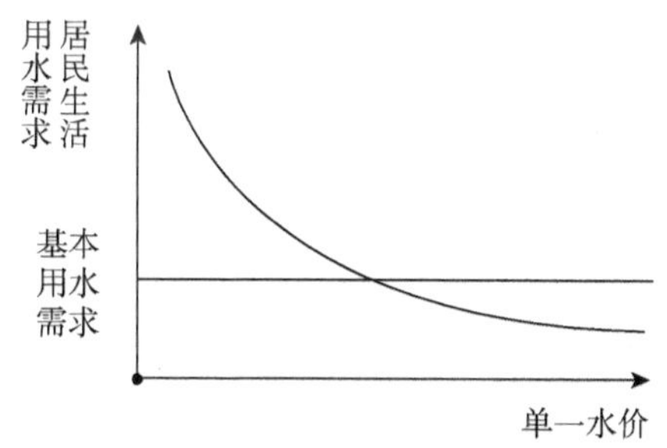

图 8–2　单一水价对居民生活用水需求的影响

理论上来说城市居民生活用水需求与实施阶梯水价负相关，即实施阶梯水价政策，居民生活用水量应该有所减少。阶梯水价达到分级效果的原因正是因为阶梯式分段的水价弹性系数较大，此时的居民用水价格变化给城市居民的用水方式带来显著影响。水作为一种生活必需品，需要保证居民生活的基本需求，要使阶梯水价充分发挥其杠杆作用，需要对其设置合理的用水量阶梯。一方面设置合理的第一阶梯水价和水量，保证大部分居民基本生活用水的需求；另一方面要在高阶用水量设置相对较高的水价，实现对居民生活用水量的调控从而达到节约水资源的目的并同时实现对供水企业的补偿。作为解决供需矛盾的经济手段，可以充分利用水价的杠杆作用作为调节居民生活用水需求的主要手段。阶梯水价对居民生活用水需求的影响如图 8-3 所示。

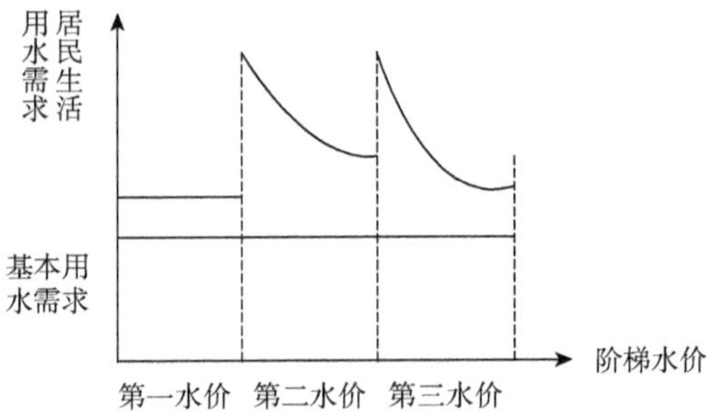

图 8–3　阶梯水价对居民生活用水需求的影响

实际上，不仅仅是居民生活用水量会受到用水价格的影响，居民用水价格形式、价格水平的高低也会受到居民用水量的反向影响。城市居民生活用水量较大时会造成水资源的浪费，为了遏制水资源的浪费，常常通过调高水价对浪费用水的居民进行惩罚达到节约用水的效果。二者存在着复杂的经济学因果关联，注意在估计阶梯水价政策对居民用水需求的影响时需要考虑这种复杂的情形。

（2）收入支出

城市居民生活用水支出受到居民收入支出的一定影响，一般来说经济条件好的居民家庭在生活用水上有较大的消费潜力，经济条件不佳的居民家庭水费支出潜力较小。经济学意义上的收入弹性多为正值，表示一些指标会随着收入的增加而增加。从收入支出视角来考虑阶梯水价与居民用水量的关系，实施阶梯水价一方面通过较低水平的一阶价格减少对应群体用水费用支出，保障经济条件不佳的居民家庭用水充足；另一方面较高水平的二阶水价和三阶水价意味着对应群体在相同收入下购买能力的降低，相对收入降低带来收入弹性系数的降低，进一步降低经济条件较好家庭的生活用水量。所以从这个角度出发实施阶梯水价，对居民基本生活需求的水量执行较低水价，对超出基本需求的用水量执行逐级递增的阶梯水价，使得不同阶梯间的用水费用支出拉开明显差距，对超出基本需求的用水量执行较高的水费价格，可以促进居民节约用水意识和提高用水效率的提高（图 8-4）。

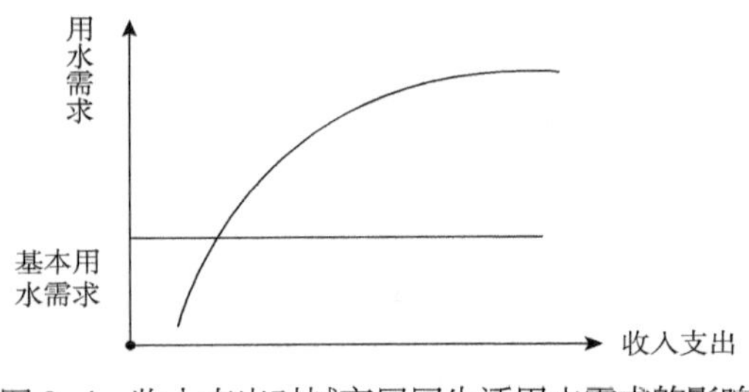

图 8–4　收入支出对城市居民生活用水需求的影响

（3）用水供给

城市居民用水的供给主要来源于城市自来水公司，加工来自江河湖泊等地表水以及地下水资源。城市用水尤其是居民用水阶梯式定价制度的建立，使得城市居民用水的供给受到内生和外生因素影响。供水企业一方面需要在有限的物质资本和设备技术下考虑最优供应量，另一方面还要考虑消费者的需求和购买意愿以确定合理的水价，同时还面临两个重要约束，即技术约束和市场约束。水价与供水量呈正相关关系，同时供水企业会在满足企业利润最大化条件下生产。在经济学观点中，对于水务企业等具有垄断特征的企业而言，控制商品价格等于边际成本是利润最大化的充分条件和最优经营策略。当居民用水价格高于边际生产成本时，供水企业的利润会随价格的增高而增加，意味着在单一价格下，企业的利润增加来自于供水量增加。但是，在阶梯性价格条件下，企业在相同供水量条件下利润增加来自于高于边际成本的价格。根据《中国城市统计年鉴》中所选取的 2004—2018 年全国 30 个省市的样本数据，全国城市居民生活用水供水总量由 2004 年的 233.46 亿立方米增加至 2018 年的 330.06 亿立方米，15 年间的供水增量约为 96.6 亿立方米，年平均增长率约为 2.34%。从时间的跨度来看，虽然期间全国各地都不同程度进行了水价改革，但城市供水量增长缓慢，可见长期来看居民供水是缺乏弹性的。

2. 估计模型构建

考虑到居民生活用水价格与城市居民生活用水的需求间存在复杂的相互影响关系，本节采用联立方程组模型（Identification-Equation Models）来探讨阶梯水价与城市居民生活用水需求之间的关系。联立方程模型通常用于描述有双向作用影响的变量关系。许多经济学变量之间都存在着交错的双向或多项因果关系，为了描述多个经济变量之间错综复杂的因果关系，需要建立由多个单方程构成的联立方程模型。

根据上述分析，城市居民生活用水价格对用水需求影响的估计方程如下所示。

$$\alpha_0 * \text{use}_{it} + \alpha_1 * \text{price}_{it} + \alpha_2 * \text{salary}_{it} + \alpha_3 * \text{gdp}_{it} + \alpha_4 * \text{supply}_{it} + \alpha_5 * \text{edu} + \alpha_6 * \text{density}_{it} + \alpha_7 * \text{dummy} + \mu_1 = 0 \tag{8-2}$$

其中 α_0 为常数；use 表示城市年度人均用水量；price 为居民生活用水价格；supply 表示城市年度人均供水量；salary 表示城市职工人均工资；density 表

示城市年末人口密度；edu 表示城市平均教育经费支出。其中，density、edu、supply、salary 作为影响居民用水需求的外生变量。μ_1 表示随机干扰项；i 表示不同城市；t 表示实施阶梯水价的年份；ε 为随机干扰项，代表未被引入模型的随机干扰因素。

在对居民用水需求函数模型进行估计分析时多基于双对数需求函数模型，因为双对数模型的参数估计有独特而明确的经济意义。该模型系数代表解释变量对被解释变量的弹性变化，即解释变量每变动 1%，被解释变量也会随之变动，变动值即为弹性系数。式（8-2）通过对该幂函数模型取双对数，即可将其转化为线性模型，形如式（8-3），进而模型的参数就可以参照线性方程参数的估计方式进行估计。而在对居民用水价格模型进行估计分析时采用半对数模型进行估计，也保留了解释变量的弹性系数的经济意义。本节依据对数线性模型，以阶梯水价、城市供水量及城市居民收入支出为主要解释变量，建立了以城市居民用水量为被解释变量的对数模型。其模型系数直接表示居民用水需求对居民用水价格、居民收入支出等指标的弹性系数。因此对式（8-3）取对数成方程（8-4）、方程（8-5）：

$$\text{use}_{it}=\alpha_0+\alpha_1*\text{price}_{it}+\alpha_2*\text{salary}_{it}+\alpha_3*\text{gdp}_{it}+\alpha_4*\text{supply}_{it}$$

$$+\alpha_5*\text{edu}+\alpha_6*\text{density}_{it}+\alpha_7*\text{dummy}+\mu_1 \tag{8-3}$$

$$\ln(\text{use})_{it}=\alpha_0+\alpha_1*\ln(\text{price})_{it}+\alpha_2*\ln(\text{salary})_{it}+\alpha_3*\ln(\text{gdp})_{it}$$

$$+\alpha_4*\ln(\text{supply})_{it}+\alpha_5*\ln(\text{edu})+\alpha_6*\ln(\text{density})_{it}+\alpha_7*\text{dummy}+\mu_1 \tag{8-4}$$

$$\ln(\text{price})_{it}=\alpha_8+\alpha_9*\ln(\text{use})_{it}+\alpha_{10}*\ln(\text{salary})_{it}+\alpha_{11}*\ln(\text{gdp})_{it}$$

$$+\alpha_{12}*\ln(\text{pop})_{it}+u_2 \tag{8-5}$$

其中，use 表示城市年度人均用水量；price 表示居民生活用水价格；dummy 为虚拟变量，表示当年城市是否实施阶梯水价，为内生变量；supply 表示城市年度人均供水量；salary 表示城市平均工资；pop 表示城市人口 ；density 表示城市人口密度；edu 表示城市平均教育水平。其中，选用了教育经费支出 edu 作为其他支出的工具变量。

对于联立方程模型的估计，最常用的是二阶段最小二乘法（Two Stage Least Squares，2SLS）和三阶段最小二乘法（Three Stage Least Squares，3SLS）。本节

选取三阶段最小二乘法，该估计方法适用于恰好识别和过度识别的联立方程。3SLS 的基本思想是利用内生解释变量代之以模型中前定变量的一个线性组合，并用该组合代替原始的内生变量，并且无须知道方程组中的任何其他变量，只需要知道方程组中一共有多少个外生或前定变量即可，容易应用。

8.2.2　样本数据和指标选择

本节选取的研究样本为 2004—2018 年 15 年间我国东部、西部和中部地区共 30 个省会城市数据，样本总量为 319 个，其中东部地区城市 12 个，包括北京、天津、河北、辽宁、上海、江苏、浙江、福建、山东、广东、广西、海南对应省会或者直辖市；西部地区 9 个，包括四川、重庆、贵州、云南、陕西、甘肃、宁夏、青海和新疆对应省会或者直辖市；中部地区城市 9 个，包括山西、内蒙古、吉林、黑龙江、安徽、江西、河南、湖北、湖南对应省会。由于不同区域的城市经济发展水平、水资源量有一定的差异，为了检验城市居民用水需求是否在区域上存在差异，在实证分析的样本选择上按照区域划分选择样本数据。其中的样本指标，包括各城市居民用户人均用水量（Water）、年人均供水量（Supply）、市辖区人口（Population）、市辖区人口密度（Density）、市辖区职工平均工资（Salary）、教育经费支出（Edu）、人均国内生产总值（Gdppe）、有无阶梯水价（Dummy）等变量的数据均来源于 2004—2018 年《中国城市统计年鉴》，居民用水价格（Price）的数据来源于 2004—2018 年《城市供水统计年鉴》以及历年各城市物价局网站、价格信息网、水务局网站。

阶梯水价政策的实施对居民用水需求（Use）的影响，一方面包括居民生活用水价格对居民生活用水需求的影响；另一方面通过设置有无阶梯水价设置虚拟变量 Dummy（居民当年是否实施阶梯水价），此虚拟变量是模型估计中最重要的解释变量之一。此处采用的公共自来水价格来源于 2004—2018 年《城市水务年鉴》和各地自来水公司网站、价格信息网站、市物价局网站或者企事业单位官方网站。

城市居民收入水平是另一个重要的解释变量，从经济学的角度来看，应该使用城市公共供水居民用户的可支配收入，但是由于我国居民收入统计系统中，并不包括家庭用水来源信息。因此，城市公共供水与自供水居民的收入情况无法分别计算。另一方面，我国地级市居民可支配收入数据不可得。考虑以上两方面的局限，采用城市平均职工工资（Salary）替代城市公共供水居民的可支配收入。另外，并没有证据显示使用自供水和公共供水城市家庭存在显著的收入差异。因此，采用全市平均收入代替公共供水用户平均收入水平具有可行性。

同时，城市居民生活供水量、城市国内人均生产总值、教育经费支出等其他影响居民用水需求和解释水价政策的重要解释变量应该被考虑在内，指标解释和来源如表 8-2 所示。同时基于历史经验，模型变量的预期符号如表 8-2 所示。

表 8-2　水价对用水需求影响的变量解释

变量类型		变　量	变量阐释	预期符号	数据来源
内生变量	被解释变量	use	年度用水量（万吨）	+/–	《中国城市统计年鉴》
	解释变量	price	平均用水价格	–	《城市供水统计年鉴》
	解释变量	supply	人均供水量（吨）	+	《中国城市统计年鉴》
	虚拟变量	Dummy	虚拟变量，实施阶梯水价=1；反之=0。	–	物价局网站、价格信息网、水务局网站
外生变量	工具变量	salary	职工平均工资（元）	+	《中国城市统计年鉴》
	控制变量	pop	年末总人口（万人）	+/–	《中国城市统计年鉴》
	控制变量	density	人口密度	+/–	《中国城市统计年鉴》
	控制变量	Gdppe	人均生产总值（元）	+/–	《中国城市统计年鉴》
	控制变量	edu	教育费用支出（万元）	+	《中国城市统计年鉴》

注：括号内表示单位，“+/–”表示符号不确定。

对中国 2004—2018 年 30 个省份的面板数据进行了常规的描述性和核心解释变量的探索分析，所使用数据来源于《中国城市统计年鉴》《中国水务统计年鉴》，包括 30 个省、直辖市和自治区的相关数据，样本的基本描述性统计如表 8-3 所示。

表 8-3　水价对用水需求影响检验的描述性统计

变　量	观测值	平均值	最大值	最小值	标准误差
Supply	450	134.6	590.9	53.22	47.84
Use	450	36200	179853	3737	36934
Pop	450	753.4	3404	137.8	574.4
Density	450	1544	11449	223.3	1241
Salary	450	48605	149843	12922	24894
Price	450	2.1	5.944	0.800	0.759

续表

变　量	观测值	平均值	最大值	最小值	标准误差
Gdppe	450	58599	185338	8484	32718
Edu	450	1216764	10255068	29101	1654728

数据来源：2004–2018 年《中国城市统计年鉴》、2004–2018 年《城市供水统计年鉴》，以及历年各城市物价局网站、价格信息网、水务局网站的我国东部、西部和中部地区共 30 个省会、直辖市城市数据。

进一步地，对实证中的主要解释变量 use 和被解释变量 price、salary、supply、edu、gdp 的相关性进行描述统计，描述性统计结果如表 8-4 所示。

表 8-4　水价对用水需求影响的变量相关性检验

变　量	supply	use	pop	density	salary	price	gdp	edu
supply	1							
use	0.311	1						
pop	-0.088	0.471	1					
density	0.048	0.041	0.053	1				
salary	-0.074	0.48	0.147	-0.132	1			
price	-0.495	-0.017	0.215	-0.063	0.344	1		
gdp	0.047	0.519	0.072	-0.069	0.869	0.238	1	
edu	-0.099	0.745	0.551	-0.02	0.712	0.295	0.6	1

数据来源：2004–2018 年《中国城市统计年鉴》、2004–2018 年《城市供水统计年鉴》，以及历年各城市物价局网站、价格信息网、水务局网站的我国东部、西部和中部地区共 30 个省会、直辖市城市数据。

从表 8-4 看出，居民生活用水价格与居民生活用水量呈负相关关系，说明价格的提高在一定程度上抑制居民用水需求。居民收入与居民生活用水量之间存在正相关关系。城市人均供水量和城市居民用水量高度相关，说明供水企业供水量能很好地满足居民生活用水需求。同时用水量还与人均国内生产总值相关度较高。

按地区对城市供水总量和城市居民用水总量进行汇总，发现不同区域的城市水务情况差异较大。对样本分区域的城市供水情况和城市居民用水情况进行的对比如图 8-5 所示，由分区域的对比图可以发现以下规律，即不同区域城市供水量和城市居民用水量有较大差别，东西部地区居民供水量和用水量偏高，而中部城市的供水量和用水量则较小。其中供水量较大的东部和西部地区自然地理情况差异又较大，东部水资源相对西部来说较为丰富。

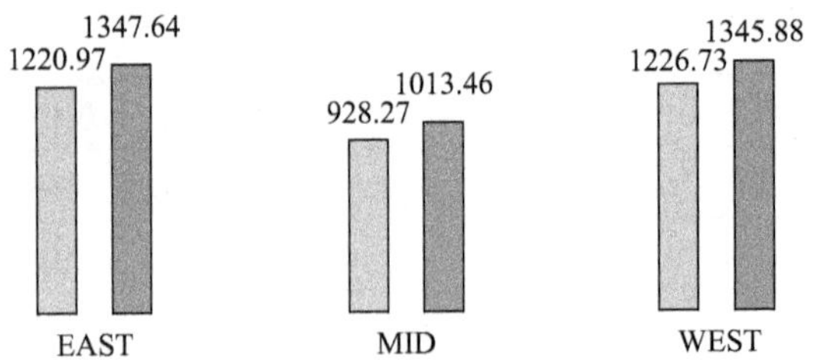

图 8–5　不同地区城市居民用水的比较

注：数据来源：2004–2018 年《中国城市统计年鉴》、2004–2018 年《城市供水统计年鉴》，以及历年各城市物价局网站、价格信息网、水务局网站的我国东部、西部和中部地区共 30 个省会、直辖市城市数据。

8.2.3　检验和实证分析

上述联立方程（8-4）和（8-5）分别由居民用水价格 price 和居民用水量 use 相互交织的决定方程决定，估计联立方程模型前需要解决内生解释变量的问题。此时经典 OLS 估计量是有偏的，估计方法可以选择二阶段最小二乘法（2SLS）、系统广义矩估计（System GMM）、三阶段最小二乘法（3SLS）等估计方法。建模步骤如下，首先对数据进行预处理，随后进行平稳性检验，使得面板数据满足平稳性检验或者通过差分消除趋势，然后通过阶条件和秩条件等识别条件判断联立方程组是否可识别，进而选定最优的参数估计方式估计联立方程，如图 8-6 所示。

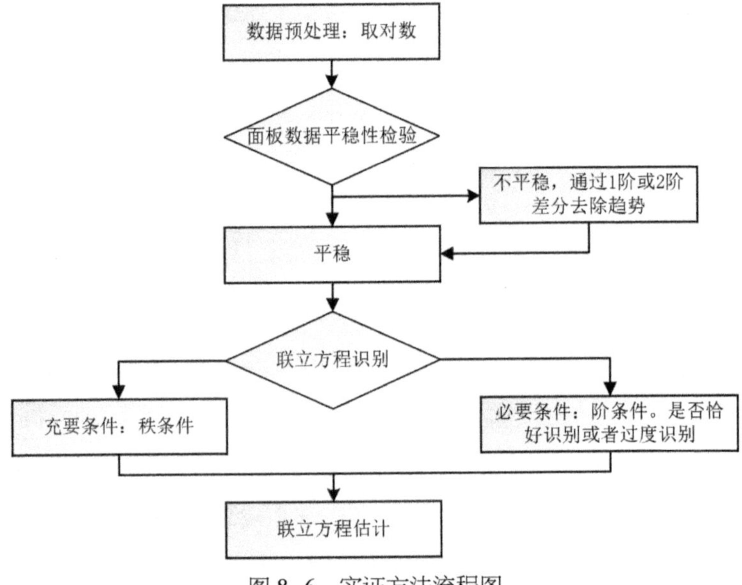

图 8–6　实证方法流程图

1. 单位根检验

为了确保回归中变量平稳避免“伪回归”现象，需要检验变量的平稳性。从表 8-5 的检验结果可以看出，各变量的水平值均拒绝存在单位根的原假设，体现出平稳性。

表 8-5　水价对用水需求影响回归变量的单位根检验

变　量	Lin & Chu t* 检验
Ln(Use)	−14.2467**
Ln(supply)	−16.3176***
Ln(salary)（−1）	−7.3874***
Ln(edu)（−1）	−6.4872***
Ln(pop)	−13.7977***
Ln(density)	−8.9971***
Ln(gdppe)（−1）	−12.2487***
Ln(price)	−9.6428**

数据来源：2004−2018 年《中国城市统计年鉴》、2004−2018 年《城市供水统计年鉴》，以及历年各城市物价局网站、价格信息网、水务局网站的我国东部、西部和中部地区共 30 个省会城市数据。*、** 和 *** 分别表示回归系数在 0.1、0.05 和 0.01 水平下显著不为 0。

由上表的 Levin，Lin & Chut* 检验（LLC）结果可以看出，其中 salary、edu、gdppe 需经过一阶差分平稳，其余取双对数的变量数据显著平稳。

2. 识别条件

联立方程模型中所有的解释变量理论上都有可能被其他变量影响，所以当方程变量出现相互影响的关系时，需要对该联立方程模型中的内生关系按照规范步骤进行判断和参数估计。方程是否可以识别，可依据规范秩条件和阶条件判断。在联立方程组能够识别的情况下，通过阶条件可以判断联立方程组是可以恰好识别还是过度识别。因此仅仅利用阶条件识别联立方程是不够的，需要借助识别联立方程组的充分必要条件来识别联立方程组变量间的内生性。

识别判断之前，将联立方程组（8-4）、（8-5）改写成为如下形式：

$$\ln(\text{use})_{it}-\alpha_0-\alpha_1*\ln(\text{price})_{it}-\alpha_2*\ln(\text{salary})_{it}-\alpha_3*\ln(\text{gdppe})_{it}$$
$$-\alpha_4*\ln(\text{density})_{it}-\alpha_5*\ln(\text{pop})_{\text{it}}-\alpha_6\,\text{dummy}=\mu_1 \qquad (8\text{-}6)$$

$$\ln(\text{price})_{it} - \alpha_8 - \alpha_9 * \ln(\text{use})_{it} - \alpha_{10} * \ln(\text{salary})_{it} - \alpha_{11} * \ln(\text{supply})_{it}$$
$$-\alpha_{12} * \ln(\text{edu})_{it} - \alpha_{13} * \ln(\text{density})_{it} = u_2 \tag{8-7}$$

进一步构造联立方程的结构参数矩阵如表 8-6 所示。

表 8-6　水价对用水需求影响模型的结构参数矩阵

变量的系数	1	use	price	salary	Gdppe	Supply	edu	density	pop	Dummy
方程（8-6）	α_0	1	$-\alpha_1$	$-\alpha_2$	$-\alpha_3$	0	0	$-\alpha_4$	$-\alpha_5$	$-\alpha_6$
方程（8-7）	α_8	$-\alpha_9$	1	$-\alpha_{10}$	0	$-\alpha_{11}$	$-\alpha_{12}$	$-\alpha_{13}$	0	0

对应秩识别：

第一个方程：A_1=（1，1，1，1，1，0，0，1，1，1）

第二个方程：A_2=（1，1，1，1，0，1，1，1，0，0）

其中矩阵的秩为：R（A_1）= R（A_2）=R（结构参数矩阵）=1，满足联立方程组识别的充分必要条件，即方程（8-6）和（8-7）均可以识别。对应阶条件识别情况如表 8-7 所示。

表 8-7　水价对用水需求影响模型的阶条件识别情况

变量的系数	排除的前定变量数 K-k	包含的内生变量数减 m-1	识别结论
方程（8-6）	2	1	过度识别
方程（8-7）	3	1	过度识别

从表 8-7 可以看出方程（8-6）和方程（8-7）过度识别，因而可利用两阶段最小二乘法（2SLS）或三阶段最小二乘法（3SLS）进行估计。这两种参数估计方法均适用于恰好识别和过度识别的结构方程，二者差别在于 3SLS 在第三阶段的估计过程运用了广义最小二乘法。考虑到面板数据在界面维度上的差异，估计方程时需要选定界面固定效应，以反映界面维度的特性。因此使用 3SLS 作为估计联立方程组的方法。

3. 参数估计结果

模型估计利用 Excel 对 2004—2018 年城市统计年鉴数据进行整理，并运用 Stata16 作为主要分析软件，按照处理步骤和估计城市居民生活用水需求函数模型，估计居民生活用水需求的收入弹性、价格弹性和人均国民生产总值弹性等。

对全样本数据不分区域的模型，以 Stata16 作为分析工具分别作联立性检验和联立方程组参数估计，其中联立性检验是为了检验一个内生回归元是否与

误差项相关。估计结果如表 8-8、表 8-9、表 8-10 所示。

表 8-8　水价对用水需求影响模型的豪斯曼检验

拟合优度	D-W 检验值	*P* 值
92.63%	1.46	0.0000

数据来源：豪斯曼检验结果。

表 8-9　全样本用水需求回归方程参数估计

变　量	参数估计	系　数	*T* 值
常系数	α_0	−3.470***	0.631
Ln(price)	α_1	−1.579***	0.120
Ln(salary)	α_2	0.423***	0.102
Ln(gdppe)	α_3	0.438***	0.0734
Ln(pop)	α_4	0.976***	0.0375
Ln(density)	α_6	−0.112***	0.0357
dummy	α_7	−0.114**	0.0511

数据来源：2004–2018 年《中国城市统计年鉴》、2004–2018 年《中国城市供水统计年鉴》，以及历年各城市物价局网站、价格信息网、水务局网站的我国东部、西部和中部地区共 30 个省会城市数据。*、** 和 *** 分别表示回归系数在 0.1、0.05 和 0.01 水平下显著不为 0。

表 8-10　全样本价格回归方程参数估计

变　量	参数估计	系　数	*T* 值
常数项	α_8	1.221***	0.366
Ln(use)	α_9	0.333***	0.0862
Ln(salary)	α_{10}	0.355***	0.0664
Ln(supply)	α_{11}	−1.010***	0.104
Ln(edu)	α_{12}	−0.211***	0.0179
Ln(density)	α_{13}	0.00375	0.0686

数据来源：2004–2018 年《中国城市统计年鉴》、2004–2018 年《中国城市供水统计年鉴》，以及历年各城市物价局网站、价格信息网、水务局网站的我国东部、西部和中部地区共 30 个省会城市数据。*、** 和 *** 分别表示回归系数在 0.1、0.05 和 0.01 水平下显著不为 0。

由上述识别结果可知方程是过度识别的，又根据表 8-8 的豪斯曼检验结果 p 值为 0.0000，可知方程组存在联立性问题。

居民用水生活需求量的方程拟合优度约为92.63%，说明居民生活用水需求量与其他解释变量的方程拟合良好。全样本水平上的价格弹性和收入弹性系数分别为 -1.579 和 0.333，且均在 1% 的水平通过 p 值检验，说明居民生活用水价格与居民生活用水需求之间存在显著的影响作用。

从方程可以初步判断，城市居民用水价格和居民收入显著影响居民生活用水量。其中城市居民生活用水需求的价格弹性系数为 -1.579、城市居民的收入弹性系数为 0.333。居民生活供水量、教育经费支出、是否使用阶梯水价也在 1% 的水平显著影响居民生活用水量，这些解释变量的增加都会使居民生活用水量显著增加，与描述统计预期结果一致。工资水平、人均 GDP 和人口数量的增加都对居民用水需求有显著的正向作用，而人口密度的增加会导致居民用水需求的减少，这可能是因为人口密度增加之后居民用水效率提高导致用水减少。另外是否使用阶梯水价虚拟变量的参数值估计为 -0.114，表示城市实施阶梯水价即 dummy=1 时，居民生活用水量会下降 11.4%，说明实施阶梯水价能有效减少居民生活用水需求。

另一方面，对联立方程组的另一个方程进行参数估计可以得到居民生活用水价格的用水量弹性系数为 0.333。城市居民收入是影响城市水价的另一个重要解释变量，其弹性系数为 0.355。城市教育投入的弹性系数为 -0.211，说明教育投入对居民节约用水意识起到了一定的作用从而导致用水的下降，以上估计系数符号均与预期一致。

4. 区域层面居民生活用水需求估计

由于我国不同区域间水资源状况存在较大差异，城市差异可能会对估计结果产生影响，因此根据经济带划分，将样本总体分为东部地区、西部地区和中部地区，并选取三个地区的省会城市作为代表进行讨论。不同区域参数估计结果如表 8-11 和 8-12 所示。

表 8-11 区域层面居民用水需求量方程参数估计

变 量	东部地区		中部地区		西部地区	
	参数估计值	*T* 值	参数估计值	*T* 值	参数估计值	*T* 值
常系数	−3.976***	1.370	3.599***	1.050	−1.918**	0.827
Ln(price)	−1.684***	0.251	−1.492***	0.166	−1.423***	0.188
Ln(salary)	1.145***	0.280	−0.0918	0.158	0.452***	0.105
Ln(gdppe)	−0.163	0.248	0.617***	0.125	0.205**	0.0906

续表

变　量	东部地区		中部地区		西部地区	
	参数估计值	*T* 值	参数估计值	*T* 值	参数估计值	*T* 值
Ln(pop)	1.254***	0.128	0.672***	0.0923	0.873***	0.0358
Ln(density)	−0.429***	0.109	−0.345***	0.0760	0.0421	0.0400
dummy	−0.347***	0.112	0.177***	0.0647	−0.0380	0.0536

数据来源：2004–2018 年《中国城市统计年鉴》、2004–2018 年《城市供水统计年鉴》，以及历年各城市物价局网站、价格信息网、水务局网站的我国东部、西部和中部地区共 30 个省会城市数据。*、** 和 *** 分别表示回归系数在 0.1、0.05 和 0.01 水平下显著不为 0。

表 8-12　区域层面价格回归方程参数估计

变　量	东部地区		中部地区		西部地区	
	参数估计值	*T* 值	参数估计值	*T* 值	参数估计值	*T* 值
常数项	0.543	0.768	3.566***	0.613	0.814	0.612
Ln(use)	0.396**	0.185	0.114	0.145	0.0319	0.0637
Ln(salary)	0.596***	0.165	0.236***	0.0784	0.151**	0.0668
Ln(supply)	−1.260***	0.252	−0.691***	0.152	−0.674***	0.0933
Ln(edu)	−0.414**	0.178	−0.0749	0.0760	0.0432	0.0504
Ln(density)	0.209***	0.0788	−0.296***	0.0328	0.0917***	0.0262

数据来源：2004–2018 年《中国城市统计年鉴》、2004–2018 年《中国城市供水统计年鉴》，以及历年各城市物价局网站、价格信息网、水务局网站的我国东部、西部和中部地区共 30 个省会城市数据。*、** 和 *** 分别表示回归系数在 0.1、0.05 和 0.01 水平下显著不为 0。

同样地，首先对将要建立的联立方程组模型进行识别，分区域的联立方程组仍然可识别。另外，进行参数估计之前对联立方程组进行内生性检验发现，该样本数据仍然通过了不同区域的豪斯曼内生性检验。最后对按区域划分的样本进行参数估计，参数结果显示三个区域的主要被解释变量居民生活用水量和解释变量的符号基本与预期相符。

首先，从表 8-11 可以看出，区域层面样本估计结果显示，主要核心解释变量居民生活用水量与居民生活用水价格、城市居民平均收入之间存在显著关联，且各地区居民生活用水量与居民生活用水价格均呈现负相关关系。除中部地区外，居民生活用水量与城市居民平均收入之间也均存在正相关关系。这一结果与全样本层面的参数估计结果无明显差异。

其次，从区域层面居民用水价格回归方程参数估计表可以看出，只有东部地区收入弹性在 1% 的水平通过 p 值检验，其他地区虽未通过显著性检验但收入弹性均为正，且各地区水价的收入弹性从东部到西部逐渐降低，说明居民生活用水与居民生活用水价格之间存在一定正相关关系，这一影响在东部地区尤为明显。不同区域的城市居民平均工资对水价均有显著关系。从三个地区的参数估计结果看出，三个地区的居民生活用水需求的一些核心解释变量规律相近。

区域差异主要体现在阶梯水价的实施对城市居民生活用水需求的影响。通过是否实施阶梯水价的虚拟变量 dummy 在不同地区的参数估计结果可以看出，阶梯水价在东部地区的实施效果更为显著，能够显著降低居民的用水需求。西部地区阶梯水价的实施效果虽未通过检验，但回归系数为负。通过结果分析发现，中部地区的阶梯水价的实施对居民生活用水量的影响显著为正，即中部地区的阶梯水价实施会导致居民用水量的增加，主要可能是由以下因素造成的：中部地区居民生活用水的阶梯价格设置相对东部地区和西部地区较低，一阶、二阶水价对应用水量阈值设置较大。如 2012 年武汉市实施的三级阶梯水价分别为 1.1 元 / 立方米、1.65 元 / 立方米、2.2 元 / 立方米，水价相对部分东部地区和西部地区的城市阶梯水价偏低。作为比较，昆明市早在 2009 年就实施三级水价分别为 3.45 元 / 立方米、5.9 元 / 立方米、8.5 元 / 立方米的居民生活用水阶梯水价。同时，通过对比 2013 年城市供水统计年鉴样本数据的居民用水价格平均值发现，中部地区的居民生活用水的平均价格只有 1.76 元 / 立方米，远低于东部地区的平均价格 2.28 元 / 立方米和西部地区的平均价格 2.25 元 / 立方米。

另外，居民生活用水需求变化和城市国内生产总值、城市人口密度存在区域差异。对于中部地区和西部地区，城市国内生产总值显著影响居民生活用水需求，而对于东部地区则无显著影响。这可能是由于东部地区收入水平已达到一定水平，且居民用水量总体变化不大，居民收入的增加反而会促进居民节约用水。同时城市人口密度偏大能够显著降低东部和中部地区的居民生活用水需求，而对西部地区的居民生活用水需求影响并不显著。这可能是由于西部地区人口基数和密度较小，而东部地区和中部地区的人口基数较大、水资源分布相

对分散、流动人口变动较大，从而不同人口密度会对不同地区的居民生活用水需求产生显著影响。

8.2.4　小结

本节选取 2004—2018 年东、中、西三个区域共 30 个省会或者直辖市的面板数据作为研究样本，分析了阶梯水价政策的实施对居民生活用水量的影响。发现阶梯水价会显著影响居民用水需求，且不同区域的居民生活用水量、居民生活用水价与城市居民平均工资均有显著关系，阶梯水价在东部地区和中部地区的实施效果更为显著。此外，居民生活用水需求变化和城市人均生产总值、城市人口密度存在区域差异。对于中部地区和西部地区，城市人均生产总值增加显著提高居民生活用水需求。而对于东部地区则无显著影响，这可能是由于东部地区人均用水量已到达一定水平，并不随收入水平增加而明显变化。同时城市人口密度显著影响东部和中部地区的居民生活用水需求，而对西部地区的居民生活用水需求影响并不显著。居民用水价格变化在区域间也存在一定的差异。城市教育投入总值显著影响东部地区居民生活用水价格，但是对于中部地区和西部地区的影响却不明显。

8.3　水价改革对水务企业生产效率的影响

价格的变化将不可避免地导致市场供需变化，而供需变化又会反作用于价格的上涨和下跌。在市场经济条件下，价格是实现再生产的重要因素之一，定价会直接影响消费者的购买和企业的销售。对于多数企业来讲，价格作为外生变量通常会在经营过程中对企业的生产效率产生冲击。对于垄断竞争市场，短期内价格的变化不一定对企业全要素生产率带来影响，但是长期会产生一定的影响。水务行业是典型的公用事业部门，公用事业的价格调整将对其他部门的生产经营产生影响。公用事业与人们日常生活息息相关，带有社会福利性色彩，因此其价格通常不是企业为谋利而采用的高定价，也不是市场自发形成的均衡定价，而是受政府管控的低水平定价。价格的被动调整，主要来自于企业的生产成本上升压力。为具体探究水价改革对水务企业全要素生产率的影响，本节采用面板数据模型衡量水价高低对水务企业全要素生产率的影响程度，以及阶梯式收费政策对水务企业全要素生产率的影响。研究对象为全国253个城市的水务企业，结合数据可得性，时间跨度定为2014—2018年。

8.3.1 数据处理与指标选择

在确定研究对象的过程中，本节将《中国城市供水统计年鉴》中的水务行业匹配到地级市层面并进行合并，最终得到253个城市样本，包括全要素生产率在内的企业指标均在地级市层面进行合并测算。

目前国内外对于全要素生产率的影响因素探究已经有很多，众多学者采用了不同的分析方法，侧重于不同的研究角度，相应的指标选取也不尽相同，但大体上是从产业结构、创新投入、经济开发和人力资本等几方面进行研究的。如林春（2016）在测算金融业全要素生产率时选取了各地区进出口总额与GDP比值、人均可支配收入、人均可支配支出与GDP比值、城镇人口与总人口比值、各地区人均消费性支出作为二级指标衡量；许小雨（2011）在测算长三角全要素生产率时选取了R&D经费投入强度，进出口及外商直接投资占GDP比重，二、三产业占GDP比重，政府财政支出占GDP比重，历年GDP变化率作为二级指标。于良春等（2013）运用DEA模型测算水务行业效率时，根据水务企业技术特征选取了城市化率、工业用水量、气温、供水质量及水务中非国有资产比例等5个变量用以测度水价对企业全要素生产率的影响。

根据已有的国内外关于企业全要素生产率的影响因素的研究，并结合水务企业自身的特点，本节采用6.1中各水务企业全要素生产率作为被解释变量，各地级市的水价作为核心解释变量，是否使用阶梯水价为虚拟变量。

本节从三个方面选取控制变量。第一，企业自身管理水平。利润是企业在一定会计期间的经营成果，可以通过衡量企业管理层的业绩来表示企业管理状况，并且利润的高低会影响企业的投入，因此选取水务企业利润来表示企业的管理水平。第二，企业与市场的关系。水务企业作为基础性行业对市场的依赖程度较高，选取各个地级市的市场化指数指标来衡量该地市场的发展改革水平。第三，水务企业的特殊性。水务企业作为社会公用事业，要承担相应的社会责任，其管理效果所产生的外部性会在一定程度上影响企业的投入产出，因此选用以下三个指标：（1）经济发展水平。由于各地级市之间经济发展水平参差不齐，直接用地区生产总值来衡量该地区经济的发展不具备说服力，且水务行业与居

民日常生活关系密切，故本节选用人均 GDP 来代表经济发展水平；（2）产业结构。对比第一、三产业，我国水资源的消耗主要来自于以工业为主的第二产业，产业结构会对供水企业的生产经营产生较明显的影响；（3）地区因素。人类活动是水资源利用的一个主要方面，人口数量越大，水资源的消耗越多，用各地区的人口数量衡量地区因素对水务企业全要素生产率的影响。综上，为测度水价对水务企业全要素生产率的影响，一共选取 7 个解释变量，具体如表 8-13 所示。

表 8-13　全要素生产率影响因素指标

解释变量	指　标	变量名称	单　位	数据来源
水价	各地级市平均水价 是否使用阶梯水价虚拟变量	P Pi	元 / 千立方米 ——	《中国城市水务年鉴》
管理水平	利润	Π	万元	《中国城市水务年鉴》
市场结构	市场化指数	MI	——	《中国市场化指数》
经济发展	人均地区生产总值	gdpper	元	《中国城市建设统计年鉴》
产业结构	第二产业占 GDP 比重	Segdp	——	
人口	城市人口数量	Pe	万人	

在对面板数据模型进行测度之前，首先对各项指标进行描述性统计梳理，具体选取了 2004—2018 年的数据，统计结果如表 8-14 所示，对平均水价和人均地区生产总值数值取对数进行处理。

表 8-14　主要变量描述性统计

变　量	变量名称	最大值	最小值	均　值	标准差	观察值数
全要素生产率	TFP	9.998	−1.609	4.267	0.773	3795
平均水价	LnP	11.685	−0.307	7.331	0.598	3795
净利润	Π	2886.395	−435.596	7.153	63.243	3795
市场化指数	MI	11.306	−0.300	6.550	1.695	3795
人均地区生产总值	Lngdpper	14.139	1.273	11.929	0.757	3795
第二产业占 GDP 比重	Segdp	96.910	0.413	48.275	10.734	3795
城市人口数量	Pe	2425.680	5.300	114.790	213.713	3795

8.3.2 模型构建

在计量经济学中，数据指标通常兼具纵向与横向的双重特性，纵向是指时间维度，而横向代表空间维度，面板数据模型作为同时在时间和截面上取得的时间序列截面数据，符合此类数据的处理要求。面板数据模型通常具备双重下标，分别表示时间和个体，对变量的描述更准确，优于纯时间和纯截面数据。面板数据模型包括固定效应和随机效应两种，固定效应模型假设个体效应在组内是固定不变的，个体间的差异反映在每个个体都有一个特定的截距项上。随机效应模型则假设所有的个体具有相同的截距项，个体间的差异是随机的，这些差异主要反应在随机干扰项的设定上。面板数据基本模型为：

$$Y_{it} = \alpha_i + \beta x_{it} + v_i \qquad i = 1,2,3,\ldots,n \qquad t = 1,2,3,\ldots,T \tag{8-8}$$

其中，Y_{it}为因变量，α_i为非观测效应，x_{it}是自变量（下脚标 i 表示个体，t 表示时间），它概括了因变量不随时间和个体改变的部分，v_i表示误差项。

根据已有文献，结合《中国城市水务年鉴》给出的测度指标，本节将以全要素生产率为被解释变量，以水价为核心解释变量，以人均地区生产总值、第二产业占 GDP 比重、城市人口数量为控制变量，是否实行阶梯水价作为虚拟变量，运用面板数据计量模型来测算水价这一变量的系数（即水价的影响程度）以及阶梯水价的实施对企业全要素生产率的影响，具体模型如下：

$$\mathrm{TFP}_{it} = \alpha_i + \beta_1 \ln P + \beta_2 \mathrm{PI} + \beta_3 \Pi + \beta_4 \mathrm{MI} + \beta_5 \mathrm{Lngdpper} + \beta_6 \mathrm{Segdp} + \beta_7 \mathrm{Pe} + v_{it} \tag{8-9}$$

其中，下角标 i 表示 253 个地级市个体，下角标 t 表示 2004 至 2018 年每年的时间，而α_i是因变量的非观测效应，v_{it}是随机扰动项。

8.3.3 实证分析和检验

1. 基本回归结果

本节综合考虑了各地级市平均水价、人均地区生产总值、第二产业占 GDP 比重、各地级市人口数量，以及是否使用阶梯式水价等对水务企业全要素生产率起影响作用的因素，运用 Stata 16 对以上数据进行计量分析，经计算得到水价对全要素生产率影响的回归结果，如表 8-15 所示。

表 8-15　全要素生产率影响因素的回归结果

变　量	结　果
LnP	−0.0309** （−2.10）
PI	0.0591** （2.10）
II	−0.0010*** （−6.42）
MI	0.0278* （1.80）
Lngdpper	0.1611*** （3.27）
segdp	0.0010 （0.40）
Pe	0.0003 （1.57）
R^2	0.1532
F	29.14
观测数量	3795

注：***，**，* 表示在 1%，5% 和 10% 水平下显著性，括号中的数值为 t 检验值（下同）。

由表 8-15 的结果可以得到以下结论：各地级市平均水价、是否实施阶梯水价，以及水务企业利润、市场化指数、人均 GDP 都对水务企业全要素生产率存在影响。其中，与各地级市平均水价、是否实施阶梯水价两个核心解释变量，以及控制变量市场化指数和人均 GDP 与企业全要素生产率呈现正相关关系，与企业利润与全要素生产率呈负相关。统计学意义上，具体来看，水价对全要素生产率的估计结果显著，影响系数为 −0.0309，影响程度较低；阶梯式水价的实施变量对全要素生产率的影响显著，但影响系数为 0.0591，影响程度较低。企业利润的影响系数为 −0.001，市场化指数的影响系数为 0.0278，人均 GDP 的影响系数为 0.1611。

经济学意义上，水价水平及阶梯式水价实施的影响结果分析如下。

（1）水价的高低对水务企业全要素生产率存在负向影响，但影响程度较弱，仅为 −0.03。结果表明，水价的升高会对水务企业效率造成微弱的负面作用。综合来看，虽然各地级市的水价在近 15 年的时间里有一定的涨幅，但与此同时，水务企业所面临的各项成本，比如购置各项消毒剂、漂白剂的花费，管网成本、用电成本以及人员工资等都在提高，水价的涨幅不足以抵偿日益升高的企业生产成本，造成水务企业亏损或者保本经营。由此，水价升高对企业效率带来负向效应，符合水务企业的现实情况。

（2）水价的阶梯式收费改革对水务企业的全要素生产率产生影响，但影响程度仅为约 0.06。原因可能在于，阶梯式定价政策的出发点是全方位满足用户需求，为避免水资源的浪费，从而对不同的用水量范围收取不同价格。作为一项公共政策，阶梯定价并未全面考虑水务企业的生产经营实际情况。同时，我国三阶段收费制度的划分区间跨度较大，在阶梯式水价政策的约束下，一般消费者的用水量多处于第一阶梯范围内，也就是符合最低收费标准的用量。可见，第一阶梯的用水量区间可以满足多数人的日常生产生活需要，第二乃至第三用水量区间的划分意义不大。

2. 稳健性检验

稳健性检验分为两部分：一是根据水务企业所在城市的干旱、湿润分区情况进行分组回归；二是进行替换变量检验，以测得的 DEA 效率值替代 op 法计算的 TFP 指标作为被解释变量，通过回归验证实证结果的有效性。

（1）按城市降雨量进行分组检验

水资源和人们日常生活息息相关，水务企业在生产经营过程中受到降水量的影响较大，故对 253 家水务企业按照所在地区的年降水量进行分组，分别得到湿润、半湿润、半干旱 / 干旱共 3 个组别（以所在城市年降水量 200mm、400mm、800mm 为节点），对分组回归结果进行对比分析。城市分组部分数据如表 8-16 所示。

表 8-16　企业所在城市干湿条件描述

湿　润		半湿润		半干旱、干旱	
城市数量	年平均降雨量区间 (mm)	城市数量	年平均降雨量区间 (mm)	城市数量	年平均降雨量区间 (mm)
158	>800	90	400~800	5	0~400

整体来看，分地区的三组结果相近。根据表 8-17 所示，水价对水务企业全要素生产率均表现出微弱的负面效应，而阶梯式收费的实行对企业效率存在微弱的提升作用。具体来看，水价对效率的影响效应自湿润地区、半湿润地区到半干旱、干旱地区逐渐提高，但程度均不足 0.01，且仅第三组结果相对显著。

同样地，第三组样本测得的阶梯式收费虚拟变量对企业效率影响最高，但仅略高于 0.1，其他两组的结果表明这一效应在湿润和半湿润地区还要更弱。

表 8-17　分地区估算结果

变　量	湿　润	半湿润	半干旱、干旱
lnP	-0.0157 （-0.99）	-0.0433 （-1.56）	-0.0568* （-2.38）
PI	0.0965*** （3.23）	0.0058 （0.11）	0.1036 （0.66）
Lngdpper	0.0787*** （3.76）	0.0647** （2.03）	0.4024*** （5.94）
segdp	0.0049*** （2.89）	0.0006 （-0.25）	-0.0159** （-2.72）
d	0.1407*** （4.77）	0.1606*** （3.68）	0.3771** （-3.03）
R^2	0.0994	0.0412	0.2067
F	22.00	13.25	
观测数量	2370	1350	75

分地区估计水价对全要素生产率的结果如表 8-17 所示，分地区情况下水价对企业全要素生产率的影响变化和所得结果相近，故前文结论可靠。

（2）替代变量检验

为验证前述结果，对替换变量进行稳健性检验，具体以水务企业的 DEA 效率替代 op 法测得的 TFP 值，表征企业全要素生产率水平，将其作为被解释变量再次进行面板模型估计。此处选用的 DEA 效率既包括传统 DEA 效率，也运用了质量调整的 DEA 效率，以获得更为全面、准确的检验结果。

如表 8-18 所示，以 DEA 效率作为因变量，回归结果与主回归结果相比较，系数方向和水平均较为接近。水价对水务企业效率的影响系数在 -0.02 以下，方向同样为负，且影响程度较低；阶梯式收费政策虚拟变量对 DEA 效率的影响系数在 0.02~0.03 之间，呈现正效应，但是作用效应同样较为微弱。对比表中两个模型可以发现，以传统 DEA 效率为因变量的面板模型估计结果显著性更强，且两个核心自变量（水价和阶梯式收费政策虚拟变量）的影响程度估计结果均略高于以质量调整的 DEA 效率为因变量的模型，这意味着在水价和阶梯水价政策对企业生产率的作用机制中，纳入水务服务体系的质量因素对影响幅度存在一定削弱效果。

表 8-18　替换被解释变量的估计结果

变　量	Dea1	Dea2
LnP	−0.0185*** （−2.75）	−0.0149** （−2.17）
PI	0.0282*** （2.62）	0.0208* （1.92）
Π	−0.0003*** （3.58）	−0.0003*** （3.60）
MI	0.0436*** （12.21）	0.0398*** （11.47）
gdpinc	−5.29e - 06*** （−17.71）	2.08e−06*** （6.36）
segdp	−0.0002 （0.30）	−0.0011 （−1.55）
Pe	−0.0000 （−0.40）	3.64e−06 （0.06）
R^2	0.0775	0.0291
F	2833.36	39.03
观测数量	3795	3795

8.3.4　小结

从水价对企业效率的微观影响机制角度分析，我国实施的水价一直为福利性定价，价格低于企业的全成本，水务企业的单位收益不能弥补其单位成本，不符合价格变动的中性影响作用。在这种背景下，价格变动对于亏损状态下的企业会产生激励性作用。基于水价低于均衡价格的现状，当水价提高时，水务企业的意愿供水量将会增加，进而其单位投入所带来的产出增加，企业的生产效率会有所提高。

本节首先测算了全国 253 个地级市的水务企业 2004—2018 年的全要素生产率，进而选取各地的水价和阶梯式收费政策实施情况作为核心变量，探究水价改革对水务企业全要素生产率的影响。研究发现：（1）水价的高低对水务企业全要素生产率存在的负向影响，但影响程度较弱，仅为 -0.03，表明水价调整对水务企业生产效率的影响较为微弱。（2）阶梯式收费改革对水务企业的全要素生产率产生影响，但影响程度同样不足 0.1。这一结论意味着，目前的三

阶段收费制度可能仍有待调整，考虑到实际的生产生活需求情况，第二乃至第三个用水量区间的划分意义不大。

8.4　水价改革对水务行业福利损失的影响

分析运行机制改革对水务部门绩效的影响，离不开讨论水价改革对社会福利的影响分析。通过 8.2 和 8.3 的分析可知，水价改革一方面会对用户的用水需求产生影响，使居民的用水需求下降、企业生产缩减；另一方面会对企业的生产造成积极影响，通过影响水务企业的单位收益，弥补水价低于单位成本的福利性定价损失，提高企业利润，对供给产生激励性作用，但水价的提升并没有使企业生产效率得到提高。水价改革对水务行业社会福利的影响一直存在广泛争议，对水务行业社会福利的分析，应当是考虑企业生产质量的多方位研究。因此，为研究水价改革对水务行业社会福利的影响，本节使用面板数据模型，采用 2004—2018 年各城市和水务市场数据来测度城市水价改革对社会福利的影响效果。

8.4.1　数据处理与指标选择

国内外目前对于社会福利的影响因素探究已经有很多，各位学者采用了不同的分析方法，侧重于不同的研究角度，相应的指标选取也不尽相同，但大体上是从产业结构、创新投入、经济开发和人力资本等几方面进行研究的。

王少国等（2020）基于 2008—2016 年全国典型的 6 个产能过剩行业的面板数据，以国有控股与私营工业企业的营业利润和国有企业用于社保和就业支出综合构成的社会总福利作为被解释变量，以国有企业民营化程度、产业补贴政策程度和产量限制情况作为核心解释变量，在控制库存水平、产出价格水平、产出成本水平以及资本要素投入水平的情况下，从实证角度分析了国有企业民营化程度、产业补贴政策、产量限制政策对社会福利的影响。张可（2020）基于 1995—2016 年中国 30 个省级行政区的数据，采用空间杜宾模型和广义空间二阶段最小二乘法，以区域一体化程度作为核心被解释变量，在控制医疗服务、公共基础设施、社会治安、教育服务、就业水平、养老保险水平、自然条件的基础上，研究了区域一体化对社会福利的影响。谢里等

（2017）基于2007—2013年中国30个省、直辖市和自治区为样本，以地区工商业对居民的电价交叉补贴额作为核心解释变量，在控制经济发展、固定资产投资、产业结构、企业规模、政府干预度、技术水平、经济开放度、城镇化水平的基础上，实证评估了中国电力价格交叉补贴政策的社会福利效应。刘雪凤等（2017）从政治子系统、经济子系统、文化子系统、生态子系统四个角度构建了我国社会福利衡量指标体系，测算了中国2004—2013年社会福利水平，从中央政策数量、力度、目标相关度和措施四个维度构造自主创新的知识产权政策体系，运用BP神经网络探究了自主创新的知识产权政策对我国社会福利的影响。

为测度水价改革对水务市场社会福利的影响，依据已有研究结果和水务市场的现实环境，选取第六章中得到的城市水务市场的社会福利损失值，将水务市场中福利损失作为被解释变量（为更好地研究影响机理，将社会福利损失分为下限Lxp和上限Lsp。其中社会福利损失下限为不考虑企业生产效率和寻租成本下的社会福利损失，社会福利损失上限为考虑企业生产效率和寻租成本下的社会福利损失），以城市平均水价（P）和是否使用阶梯水价（Pi）作为核心解释变量，同时根据已有的国内外关于行业福利变化的影响因素的研究，并结合水务行业自身的特点，考虑从四个方面对控制变量进行选取。（1）企业利润水平。利润是企业在一定会计期间的经营成果，可以通过衡量企业管理层的业绩来表示企业管理状况，并且利润的高低会影响企业的投入，因此选取水务企业利润来表示企业自身的管理水平。（2）产业结构。对比第一、三产业，我国水资源的消耗主要来自于以工业为主的第二产业，产业结构会对供水企业的生产经营产生较明显的影响；（3）城市发展水平。由于各地级市之间经济发展水平参差不齐，直接用地区生产总值来衡量该地区经济的发展不具备说服力，且水务行业与居民日常生活较为相关，故本节选用人均GDP来代表经济发展水平；（4）人口因素。人类活动是水资源利用的一个主要方面，人口数量越大，水资源的消耗越多，故用各地区的人口数量衡量地区因素对水务企业全要素生产率的影响。

由此，为测度水价对社会福利的影响，一共选取2个解释变量和4个控制变量，具体如表8-19所示。

表 8-19　水价改革对社会福利影响指标

被解释变量	指标（单位）	变量名称	数据来源
福利变化	福利损失下限结果	Lxp	根据各年鉴计算
	福利损失上限结果	Lsp	根据各年鉴计算
	用水普及率	d	《中国城市建设统计年鉴》
解释变量	**指标（单位）**	**变量名称**	**数据来源**
水价	各地级市平均水价（元）	P	《中国城市水务年鉴》
	是否使用阶梯水价(哑变量)	Pi	《中国城市水务年鉴》
控制变量	**指标（单位）**	**变量名称**	**数据来源**
管理水平	利润（万元）	π	《中国城市水务年鉴》
市场结构	市场化指数	MI	《中国市场化指数》
经济发展	GDP 增长率（%）	GDPad	《中国城市建设统计年鉴》
人口	城市人口数量（万人）	Pe	《中国城市建设统计年鉴》

本节具体选取了 2004—2018 年的数据来测度水价对社会福利的影响。在对数据进行测度之前，首先对福利损失上限和下限、各城市平均水价和人口数量取对数进行处理。之后对各项指标进行描述性统计梳理，统计结果如表 8-20 所示。

表 8-20　主要变量描述性统计

变　量	变量名称	观察值	平均数	标准差	最小值	最大值
lnlxp	福利损失下限	3.795	−1.43284	2.77292	−14.0276	15.73372
lnlsp	福利损失上限	3.509	3.820703	0.976033	−5.13611	8.400547
d	用水普及率	3.795	1.228333	0.808198	0	10.9971
lnp	水价	3.795	7.331465	0.597647	−0.30688	11.68527
Pi	是否使用阶梯水价	3.795	0.247167	0.431422	0	1
π	企业利润	3.795	7.15301	63.24271	−435.596	2886.395
MI	市场化指数	3.795	6.549858	1.695327	−0.3	11.30595
lnPe	城市人口数量	3.795	13.3974	0.906052	10.87805	17.00421
GDPad	GDP 增长率	3.795	0.09461	0.02774	0.0662	0.3769

8.4.2　模型构建

水价改革是为了激励水务企业能够以更低的成本兼顾节水效率与公共性、

公平性，通过诸如交叉补贴（反映出对收入分配的影响）和阶梯水价等方式来实现水务供给的效率与公平。这些方式既能通过价格机制使得全社会成本的回收不会受到影响，又能使城市绝大多数居民能以较低的用水费用满足生活用水需求，从而实现社会福利的增加。

为测度水价改革对水务市场社会福利的影响，依据前人研究结果和水务市场的现实环境，选取第六章中得到的城市水务市场的社会福利损失值，将水务市场中福利损失上下限（Lsp 和 Lxp）分别作为被解释变量，以城市平均水价（P）和是否使用阶梯水价（Pi）作为核心解释变量，以企业生产利润（π）、城市市场化水平（MI）、城市 GDP 总量和人口数分别作为衡量水务行业管理水平、市场结构、经济发展和城市人口方面的控制变量，运用面板数据计量模型来测算水价这一变量的系数（即水价的影响程度），以及阶梯水价的实施对水务市场社会福利损失的影响。各城市水价以及是否使用阶梯水价为核心解释变量，其中是否使用阶梯水价为虚拟变量。

同时，与 8.3 相同的，选用用水普及率作为替代变量进行稳健性检验，来检测结果的稳定性。具体模型如下：

$$\mathrm{lxp}_{it}=\alpha_i+\beta_1\ln\mathrm{P}+\beta_2\mathrm{PI}+\beta_3\Pi+\beta_4\,\mathrm{MI}+\beta_5\mathrm{GDPad}+\beta_7\ln\mathrm{Pe}+v_{it} \quad (8\text{-}10)$$

$$\mathrm{lsp}_{it}=\alpha_i+\beta_1\ln\mathrm{P}+\beta_2\mathrm{PI}+\beta_3\Pi+\beta_4\mathrm{MI}+\beta_5\mathrm{GDPad}+\beta_7\ln\mathrm{Pe}+v_{it} \quad (8\text{-}11)$$

$$d_{it}=\alpha_i+\beta_1\ln\mathrm{P}+\beta_2\mathrm{PI}+\beta_3\Pi+\beta_4\mathrm{MI}+\beta_5\mathrm{GDPad}+\beta_7\ln\mathrm{Pe}+v_{it} \quad (8\text{-}12)$$

其中，下角标 i 表示 253 个地级市个体，下角标 t 表示 2004 至 2018 年每年的时间，而α_i是因变量的非观测效应，v_{it}是随机扰动项。

8.4.3 实证分析和检验

1. 基本回归结果

本节综合考虑了各地级市平均水价、是否使用阶梯式水价、水务企业利润、市场化指数、城市年度生产总值以及人口数量等可能对社会福利损失起影响作用的因素，运用 Stata 16 对以上数据进行计量分析。首先，对所构建的计量模型进行 Hausman 检验，以确定是使用固定效应模型还是随机效应模型进行分析，模型估计结果如表 8-21 所示。

表 8-21　Hausman 检验结果

检验模型	（1）	（2）	（3）	（4）
	RE	FE	RE	FE
被解释变量	lnlsp	lnlsp	lnlxp	lnlxp
lnp	0.8824*** (0.03)	0.9440*** (0.03)	−1.4260*** (0.08)	−1.6764*** (0.09)
Pi	−0.2585*** (0.04)	−0.2090*** (0.04)	0.4410*** (0.12)	0.3027** (0.19)
Π	−0.0043*** (0.00)	−0.0047*** (0.00)	0.0031*** (0.00)	0.0034*** (0.00)
MI	−0.0633*** (0.01)	−0.1520*** (0.02)	0.0626 (0.04)	0.3420*** (0.06)
GDPad	1.4380** (0.62)	−0.3116 (0.70)	−11.4417*** (1.94)	−6.1569*** (2.17)
lnPe	−0.0002** (0.00)	0.0000 (0.00)	−0.0004 (0.00)	−0.0009 (0.00)
R-squared		0.2975		0.1217
Hausman		65.59		91.20
p-value		0		0
观测数量	3,509	3,509	3795	3795

如表 8-21 所示，经 Hausman 检验可知，由于两个模型的 P 值均为 0，显著拒绝原假设（随机效应），因此选择固定效应进行面板回归，结果如表 8-22 所示。

表 8-22　实证检验结果

被解释变量	lnLsp	lnLxp
lnP	0.9440*** (30.08)	−1.6764*** （−12.13）
PI	−0.2090*** (−4.58)	0.3027** (2.05)
Π	−0.0047*** (−4.28)	0.0034*** (3.58)
MI	−0.1520*** (−7.48)	0.3420*** (5.26)
GDPad	−0.3116 (−0.41)	−6.1569** (−2.32)
LnPe	0.0000 (0.12)	−0.0009 (−0.95)
R^2	0.2975	0.1217
F	172.10	37.68
观测数量	3509	3795

从表 8-22 的结果中可以看出，城市平均水价和是否实施阶梯水价都对社会福利损失存在显著影响。在不考虑企业效率的情况下，各城市平均水价以及控制变量 GDP 增长率与水务行业社会福利损失呈负相关关系，是否实施阶梯水价、企业利润、市场化指数均与其呈正相关关系。水价影响较为显著，影响系数为 -1.6764；阶梯式水价的实施变量对社会福利损失的影响显著，影响系数为 0.3027；企业利润的影响系数为 0.0034；市场化指数的影响系数为 0.3420；GDP 增长率的影响系数为 -6.1569。

在考虑企业生产隐形成本和效率的条件下，各城市平均水价与水务行业社会福利损失呈现正相关关系，是否实施阶梯水价、企业利润、市场化指数和 GDP 增长率均与其呈负相关关系。具体来看，水价影响较为显著，影响系数为 0.9440，影响程度最高；阶梯式水价的实施变量与社会福利损失为负相关关系，影响系数为 -0.2090，影响程度相对较高；企业利润的影响系数为 -0.0047；市场化指数的影响系数为 -0.1520。

实证结果表明，在不考虑企业效率的前提下，水价的提高能够增加水务行业的生产者剩余，造成水务行业社会福利的减少。但当考虑企业隐形成本和企业寻租的条件下，水价的提高可能使得水务企业购买投入要素的交易成本增加，导致企业生产的隐性成本增加，行使垄断地位的代价增加，从而产生生产经营的低效率等问题，造成水务行业社会福利损失增加。综合来看，关于水价对水务行业社会福利损失的影响结果进一步验证了 8.3 中的研究结果，即各城市的水价虽然在近 15 年的时间里有一定的涨幅，但与此同时，水务企业所面临的各项成本（比如购置各项消毒剂、漂白剂的花费、管网成本、用电成本以及人员工资等）都在提高，水价的涨幅不足以抵偿日益增加的企业生产成本，造成水务企业亏损或者保本经营的现状。由此，水价升高对企业效率带来负向效应，从而导致社会福利损失增加。这基本符合水务行业发展的现实情况。

阶梯性水价改革对水务行业的社会福利损失能够产生显著影响，且避免了仅提高平均水价导致的社会福利损失增加的风险。在不考虑企业效率的前提下，阶梯式收费改革将提高水务行业的社会福利损失。当考虑企业隐形成本和效率的条件下，阶梯式收费改革将降低水务行业的福利损失。原因可能在于，阶梯式定价政策既能够保证大部分居民满足基本生活用水的需求，又能通过设置相对较高的二级和三级水价，达到节约水资源的目的，并同时实现对供水企业的

补偿。随着居民用水量受价格影响更加节约用水，企业将更加专注于提高效率，促进更高质量的水务供给能力，最终导致水务行业社会福利的增加。

此外，城市人口数量与水务行业的社会福利损失并没有显著关系，原因可能是，水务行业目前的价格改革并没有使得企业有效利用人口集聚优势提高自身的供给质量水平，反而使得企业将大部分资源用于生产和寻租成本上，导致企业并没有发挥出相应的规模效率。

2. 稳健性检验

本节的稳健性检验同样分为两部分：一是根据水务企业所在城市的干旱、湿润分区情况进行分组回归；二是进行替换变量检验，以各城市的用水普及率替代社会福利损失值指标作为被解释变量，通过多元回归验证实证结果的有效性。

（1）分组检验结果

稳健性检验第一部分将 253 个城市按照湿润、半湿润、半干旱 / 干旱共 3 个样本组别（以所在城市年平均降水量 200mm、400mm、800mm 为节点）进行分组，之后进行面板数据回归，将结果进行对比分析，如表 8-23、表 8-24 所示。

表 8-23 分地区估算结果（不考虑隐形成本和寻租成本）

变 量	湿 润	半湿润	半干旱 / 干旱
被解释变量	lnlxp		
lnP	−2.1960*** (−20.12)	−0.7849** (−2.57)	−1.5289*** (−6.39)
PI	−0.0904 (−0.56)	0.6102** (2.02)	0.7715 (1.52)
π	0.0071*** (3.64)	0.0018 (0.78)	0.0183 (0.67)
MI	0.3080*** (3.96)	0.4149*** (3.40)	1.1541** (2.93)
GDPad	−8.9067** (−2.54)	0.7298 (0.17)	−1.0650 (−0.20)
lnPe	0.7424** (2.17)	−0.0015 (−1.48)	0.0235 (0.48)
R^2	0.1892	0.0529	0.3307
F	73.95	6.46	
观测数量	2370	1350	75

表 8-24　分地区估算结果（考虑隐形成本和寻租成本）

变　量	湿　润	半湿润	半干旱 / 干旱
被解释变量	lnlsp		
lnP	0.9886*** (27.22)	0.8152*** (12.49)	0.9973*** (15.21)
PI	−0.1717*** (−3.03)	−0.2080** (−2.60)	0.1036 (0.66)
π	−0.0059*** (−3.92)	−0.0012 (−1.59)	−0.0179** (−4.15)
MI	−0.1766*** (−7.53)	−0.0900** (−2.15)	−0.0389 (−0.70)
GDPad	−1.0366 (−1.02)	1.3884 (1.07)	0.5337 (0.28)
lnPe	0.0001 (0.20)	−0.0004 (−0.60)	0.0078 (1.09)
R^2	0.1193	0.1892	0.3246
F	156.10	29.57	
观测数量	2172	1263	74

根据表 8-23 所示，在不考虑企业生产效率和寻租成本下，所有地区的水价均能有效促进社会福利损失的减少，且效果较为显著。其中，损害的效果于湿润地区、半干旱地区以及半湿润地区依次减弱。是否实施阶梯水价只在半湿润地区对社会福利损失有促进作用且作用效果显著，其在湿润、半干旱以及干旱地区对社会福利损失下限的作用均不显著。原因可能在于，湿润地区普遍位于我国南方地区，居民用水量普遍较大，而半干旱以及干旱地区居民用水量普遍偏小。目前实施的阶梯性水价可能对居民用水需求的影响相对较小，因此对社会福利影响并不显著。

当考虑企业的生产效率和寻租成本时（表 8-24），水价的提高在所有地区均会增加水务行业的社会福利损失，且效果显著。实施阶梯水价能够降低湿润、半湿润地区的社会福利损失，但在半干旱、干旱地区的作用效果并不显著。

总体来看，分地区情况下，水价对社会福利损失的影响效应和影响程度与表 8-22 的正式回归情况大致相同，证实前文所得结果可靠。

（2）替代变量检验

为验证前述结果，替换变量进行稳健性检验，具体以各城市的用水普及率替代水务行业的社会福利损失值，表征各城市水务行业的社会福利，将其作为被解释变量再次进行面板模型估计，结果如表 8-25 所示。

表 8-25　替换被解释变量的估计结果

被解释变量	d
lnP	0.0291** （2.23）
PI	0.0513 （1.60）
Π	0.0000 （0.17）
MI	0.0813*** （4.99）
GDPad	–3.1616*** （–6.62）
LnPe	–0.6774*** （–10.50）
R^2	0.119
F	37.26
观测数量	3795

由表 8-25 可知，水价对用水普及率有促进作用，但效果微弱，这意味着水价的提高能够促进企业加快供水普及效率，通过增加城市用水覆盖范围，促进整体水务行业的福利增加。同时，是否使用阶梯水价对用水普及率的作用效果并不显著。原因可能是阶梯性水价在我国的普及工作相对较晚，而目前城市用水普及工作已相对完善，用水普及率年度变化相对较小，因此结果并不显著。

8.4.4　小结

本节首先对过往政策改革对社会福利变化的研究进行回顾，分析了水价改革对水务行业福利损失的可能影响。正如前文分析的，我国水价长期低于企业的生产成本，导致企业利润较低，生产者剩余不足，水务行业的社会福利处于低水平状态。通过 8.2 和 8.3 的研究，证明了水价的提升能够提高水务企业的供水单位收益，增加企业生产者剩余，但并未对水务企业的效率有积极影响；同时价格的增加又会导致居民用水量的减少，导致水务行业的消费者剩余减少。因此，对水务行业的社会福利损失不能只是单一分析某一种福利损失，而是应当多方位考虑。

进一步地，使用前文计算得出的全国 253 个城市 2004—2018 年的社会福利损失上限和下限数据，选取各水务企业所在地的水价和是否采用阶梯水价作为核心变量，分析了水价改革对水务行业社会福利损失的影响。研究发现：（1）在不考虑企业效率的前提下，水价的提高能够增加水务行业的社会福利；城市阶梯式水价政策会导致水务行业社会福利下降。（2）当考虑企业隐形成本和效率的条件下，水价的提高会增加水务行业社会福利损失，而城市阶梯式水价改革将会降低水务行业的福利损失。因此，水价的改革不应只是单纯的价格变化，更多的是为了促进企业提高效率，通过与其他水务行业促进政策共同发力，降低水务企业生产成本，促进企业竞争，提高企业生产能力。

8.5 本章小结

本章以水价变动为线索，研究了水价变动、水价体制改革等对居民用水需求、企业的生产效率以及社会福利损失的影响。

（1）实施阶梯水价对于居民生活用水需求的影响显著。阶梯水价政策的实施使居民生活用水量显著下降，城市居民生活用水量在实施阶梯水价之后下降了 11.4%。不同地区的实证研究结果也证实了水价变动影响居民用水需求弹性的共生性。

（2）收入变动也显著影响居民用水需求，但比价格波动的影响作用要小。居民用水需求的价格弹性和收入弹性分别为 -1.579 和 0.333，表明目前城市水务中，水价下降和居民收入增加都能够促进居民用水需求，但收入下降抑制用水需求减少的幅度要远低于价格上升带来的抑制作用。

（3）水价调整对水务企业全要素生产率存在确切的负向影响，但影响程度较弱，具体为水价每上涨 100%，水务企业生产效率降低 3%。各地级市的水价在近 15 年的时间里虽然有一定的涨幅，但与此同时，水务企业所面临的各项成本都在提高，水价的涨幅不足以抵偿日益升高的企业生产成本，造成水务企业目前的亏损或者保本经营。

（4）水价的阶梯式收费改革对水务企业的全要素生产率影响程度同样较小，

仅为约 0.06。原因可能在于，阶梯式定价政策的出发点是全方位满足用户需求、避免水资源的浪费，从而对不同的用水量范围制订不同价格，但作为一项公共政策，阶梯定价并未全面考虑水务企业的生产经营实际情况。同时，我国三阶段收费制度的划分区间跨度较大。在阶梯式水价政策的约束下，一般消费者的用水量多处于第一阶梯范围内，也就是符合最低收费标准的用量。第一阶梯的用水量区间可以满足多数人的日常生产生活需要，第二乃至第三个用水量区间的划分意义不大。

（5）在不考虑企业效率的前提下，由于水价的提高能够增加水务行业的生产者剩余，因此能够显著降低水务行业的社会福利损失。阶梯式定价政策下，阶梯定价导致居民用水量下降、消费者剩余减小，造成水务行业社会福利下降。

（6）在考虑企业隐形成本和效率的条件下，水价的提高可能使得水务企业购买投入要素的交易成本增加，导致企业生产的隐性成本增加，预计行使垄断地位的代价增加，从而产生生产经营的低效率等问题，造成水务行业社会福利损失增加。而阶梯式收费改革将会降低水务行业的福利损失。原因可能在于，由于居民用水量的减少，企业将更加专注于提高效率，促进更高质量的水务供给能力，最终导致水务行业社会福利的增加。

其隐含的政策意义在于：①应进一步调控水价。完善居民阶梯水价制度，在保障居民基本生活用水需求的前提下，以水价变动促进企业生产效率的提升。通过健全企业竞争制度、提高企业供给质量、加大水价改革投入、完善企业保障等措施，充分发挥阶梯价格机制的调节作用，促进节约用水，提高水资源利用效率。②进一步深化阶梯水价政策。设置更加科学的阶梯价格，科学合理地设置三级阶梯式水价，特别是一级水量和水价非常重要，不宜制定过低水价（水量阈值过大），应根据当地居民用水需求的收入弹性和价格弹性状况，科学合理制定一级水价。③适当提高第二、三级水价，拉开不同阶梯水价之间的级差。推行阶梯水价政策，对用水量较少的弱势群体执行较低水价，实现对低收入户的水费补贴；对用水量较多的其他居民执行较高的第二或者第三阶梯水价，作为对供水企业的成本补贴。由于城市水价目前并不存在很大的上涨幅度，以阶梯水价本身的结构设置作为福利补贴形式，既能在一定程度上促进节约用水，又缓解了水务企业的运营困境。综合考虑生活用水的生活必需品属性和低收入人群对生活用水水价的承受能力，才能保证水价改革实现节约用水和提高用水效率的双重目标，才能保障社会的稳定和公平。

第 9 章　水务综合一体化管理改革的有效性评估

水务管制改革主要体现在两个方面：一是综合一体化改革，即地方水利和水务公共事务统一结合，实现地区和城市内的流域和管网的统一规划、指导和管理；二是 PPP 模式。为提供更高效的公共服务，鼓励私营企业、民营资本与政府合作，参与水利水务工程建设项目，现有研究关于 PPP 模式引入对水务产业绩效的研究成果非常丰富（王俊豪等，2017），结论也比较鲜明。课题组认为 PPP 的相关观点较为成熟，但关于综合一体化改革的实施效果研究较少，尤其缺乏针对城市供水效率和福利角度的政策效应评估。本章重点研究了综合一体化改革对城市供水效率和福利的影响，以期检验水务综合一体化管理的改革成效，为持续提升城市供水效率、改善社会福利提供经验数据和可行的政策建议。

9.1　水务综合一体化管理改革

9.1.1　水务管理体制改革历程

水务综合一体化管理是指地方水行政主管部门综合管理所辖区域内城镇和农村所有涉水事务。水务综合一体化管理通过对水资源进行统一调配、统一管理，确保水资源可持续利用，以水资源的可持续利用保障国民经济的可持续发展。

国内涉水问题的研究一直存在着水资源和水务的分离。前者以江河流域、湖泊和地下水为对象，以流域工程建设和治理为主，水利部是主管机构；后者则是以市政供水和排水（污水处理）工程和管理为对象，住建部（原建设部）是主管部门。2008 年机构调整后，市政供水和排水等城市管理的具体事务交由地方，原则上两部门不再具有直接管理职能。但事实上，两部门在城市水务问

题上仍有涉及，且多有交叉：住建部城市建设司对城市供水、节水、污水处理管网建设规划有一定的指导性责任；水利部水资源司的城市水务处负责指导城市供水、排水、节水和污水处理等工作，对城市供水水源规划有指导性责任。在村镇（农村）水务方面，住建部村镇建设司仍负责村镇的住房规划和环境规划，对村镇的水务建设和管理工作有一定的指导责任；水利部农村水利司负责农村饮水安全和村镇供水排水工作。在污水治理方面，不仅仅两部门有交叉，其他部门也有介入：水利部对流域的水土流失问题承担行政主管责任，城市水体治理仍是城市管理重点任务，如从 2017 年开始由住建部牵头的“城市黑臭水体治理”；流域的水质监测和污染治理则是环保部主管内容；其他诸如水安全问题、农业灌溉、工业用水等涉水的具体事项，卫计委（原卫生部）、农业部、工信部也有介入；发改委价格司负责水价管理和项目审核，财政部负责涉水财政资金管理，加上相应的地方行政管理部门，由此形成了多部门的涉水管理体制。

在我国，水务管理体制发展经历了三个阶段：1949 年前、1949 年后到 1993 年水务管理体制改革以前、1993 年水务管理体制改革以后。“水利”一词和水官早在公元前 175—225 年战国时期已经出现，此后历代基本上都设有水官、主管水利的机构和水利管理规章制度等。民国初期，水利分属内务和工商两个部门。1927 年开始，水利建设属建设委员会、农田水利属实业部、河道整治属交通部分管。1931 年成立中国水利工程协会，提出了统一水政的建议。1934 年，全国经济委员会设立水利部，主持全国水利，各流域水利机构也先后归其管理。1941 年，行政院下设水利委员会。1946 年行政院水利委员会改组水利委员会，1947 年成立水利部。从民国开始，各省就逐步建立水利局（处），多数属于省政府的建设厅，基本构成了从中央到流域、行政区域的全国水利管理体制。

中华人民共和国成立后，中央政府成立水利部，但农田水利、水力发电、内河航运和城市供水分别由农业部、燃料工业部、交通部和建设部负责管理，行政管理并不统一。后几经变革，1952 年，农田水利和水土保持工作归水利部主持。1958 年和 1979 年，水利部与电力工业部两次合并又分开。1982 年，水利、电力工业部再次合并，恢复水利电力部。1984 年确定水利电力部为水资源综合管理部门，管理全国所有的水资源产权。1949 年以后，地方水利管理也逐步得到加强，健全了水行政管理三级机构。从 1986 年开始，县以下的区乡级政府设水利管理站或专职、兼职的水利员。20 世纪 80 年代，以 1988 年 1 月《水法》

颁布为标志，我国开始探索水务体制改革。依据《水法》确立和规定的水管理体制和基本制度，明确重新组建的水利部为国务院水行政主管部门，负责全国水资源的统一管理工作。

1993 年，我国正式开展水务综合一体化管理体制改革，以 1993 年深圳和陕西洛川成立水务局为标志。这一改革试图将地方水资源和城市水务的公共职能进行综合统一管理，以回应“九龙治水”的问题。至 2010 年底，全国 1817 个县级以上行政区组建成立水务局并实行水务综合一体化管理，超过了全国县级以上行政区总数的 74.5%（陈慧，2013）。

我国水务管理体制改革可以分为两个阶段，即探索发展阶段和逐步完善阶段。探索发展阶段：从 1993 年的深圳水务局成立到 2000 年上海水务局成立，这一阶段属于我国水务管理体制改革的探索发展阶段。该阶段的水务体制改革多在水资源严重匮乏地区进行，这些地区诸如深圳、上海创新了水务管理体制，统一涉水事务，探索现代水务管理体制的可行性。到 2000 年，全国成立水务局 100 多家，但大部分是县级水务局。这一阶段水务改革处于探索发展阶段，国家没有发布相关的改革方案及政策，但适当放宽政策，鼓励试点地区水务综合一体化整合。逐步完善阶段始自 2001 年党的十五届五中全会明确提出“改革水的管理体制”。2002 年 8 月《水法》修订，强调“水资源统一管理”。2002 年 9 月，国务院办公厅转发《水利工程管理体制改革实施意见》，这一规定一定程度上解决了水务管理部门的生存及公益性建设支出补偿问题。这些政策法规促使了水务体制改革全国逐步展开。2008 年，国务院办公厅印发了《水利部主要职责内设机构和人员编制规定》（国办发 [2008]75 号），明确“将城市涉水事务的具体管理职责交给城市人民政府，并由城市人民政府确定供水、节水、排水、污水处理方面的管理体制”，为地方开展水管理体制改革留出了空间。至 2012 年底，全国有 1923 个县级以上行政区组建水务局并实现水务综合一体化管理。相应的政策法规逐步完善，水务管理体制改革得到跨越式发展，由点到面，逐步推进。在市政公用事业市场化改革的推动下，水务市场化改革也开始推进，目前许多城市和地区正在积极研究深化水务综合一体化管理改革的方案。

传统的水务管理体制在一定历史时期过程中曾发挥过积极作用，但随着社会发展和科技水平的提高，社会对水资源的需求量急剧上升，加剧了水资源紧

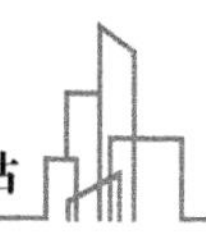

缺程度和供需矛盾。同时，水污染、城市缺水、水环境恶化及各类自然灾害频发等问题也变得越来越突出。传统的水务管理体制并不利于水资源的管理与保护，出现了各部门利益不一致、工作有交叉、执法难、管理难等问题。因此，依靠传统的水资源管理体制来解决当今存在的水问题和水危机乃至维护水环境与水资源生态平衡是很难的，必须建立起现代的水务综合一体化管理体制，才能保证水资源的可持续利用，解决水资源短缺、条块分割、政出多门的问题。

9.1.2　已有文献研究

我国的水务管制具有“多部门管理 ”的特征，但共同受制于总体发展目标和财政资金约束。在不同的发展目标和财政资金约束条件下，水务管制在不同阶段中体现出“松”“紧”特征。随着我国城市化进程的快速发展,水资源浪费、利用效率低、水污染严重等问题逐渐突出，面对日益严峻的城市水问题，我国城市水资源管理却显得十分薄弱，明显滞后于城市的发展速度。为缓解这一局面，水务综合一体化管理改革日渐兴起。水务综合一体化管理是对水资源进行的统一配置，对区域防洪、供水、排水、节水、污水处理等涉水事务进行统一管理，这对城市水问题的有效解决和产业链的整体提升都具有积极作用。

国内学者主要针对水务管理体制的成效进行研究，部分学者对水务管理体制改革的成效持积极态度，认为水务综合一体化管理改革优化并改善了水利行业的经济结构，拓宽了水务投融资渠道，壮大了水利经济；推动了水利产业从公益性基础产业向经营性产业过渡，强化了政府对水资源的统一管理职能，对所有涉水事务统一进行宏观和微观的调控、配置、监督和管理提高了政府部门的工作效率（陈慧，2013）。也有观点认为，目前各省改革程度和成效不尽相同，水务管理体制改革仍存在着上下不统一、改革缺位、职能调整不到位和落实不力的情况（钟玉秀等，2010）。

对水务管理体制改革存在的不足，部分学者从事权关系、制度保障、影响因素等角度进行研究。水利部发展研究中心课题组（2015）分析了中央与地方涉水事权关系，认为部分事权不明晰、事权与支出责任不匹配、事权履行能力不足、中央与地方机构不协同等主要问题，建议进一步明确管理权责、统筹平衡涉水事权和支出责任、完善法律法规、理顺各部门涉水事务关系、完善保障机制、制定权力清单和支出责任清单等。吴兆杰（2017）从水务综合一体化管理的制度保障体系角度，指出目前水务综合一体化管理改革仍存在政策指导性不强、立法不够明确的问题，并提出了加强地方制度和法律建设等政策意见。王学超等（2017）通过对86个重要城市的水务综合一体化管理现状及影响因素进行分析，指出了现阶段我国水务综合一体化管理发展所存在的问题，阐述了推进城市水务综合一体化管理的思路。除了水务综合一体化管理改革思路以外，李卫国（2006）通过对我国水务管理体制存在问题的分析，提出从组织结构、运行机制、工作方式和保障措施四方面构建水务管理体制的创新机制。谢国旺（2013）提出了基于制度背景、水务行业的经济属性以及水务行业的治理制度选择的“多中心”治理体系。王亦宁等（2018）通过对80个重要城市的水务管理体制改革的基本情况进行调查和梳理，研究发现部分城市水务管理体制改革存在水务职能调整不到位、水务监管方式和管理能力仍有待提升、水务发展利用市场机制仍不充分、水务社会管理和公众参与有待加强等问题。

在实证方面，水务综合一体化管理改革的成效多采用BP神经网络和全要素生产率分析等方法进行研究。刘俊秀（2016）运用LM-BP神经网络方法实证评价了城市的水务综合一体化管理绩效，认为水务综合一体化程度越高的城市，水资源和水务的绩效越好，但该论文由于仅以6个省级城市作为数据样本，评价结果的科学性仍有待进一步证实。樊寒伟（2017）在探究自然垄断产业规制改革绩效时，运用熵值法和TOPSIS分析法建立指标体系，并用全要素生产率对绩效进行了分析。

从现有成果来看，学者大多对水务管理体制改革的成效进行研究，而对效率和福利水平的研究较少。各地实施水务管理体制改革步调不一，形成这种差异性的、多样性的管理体制。除了因为各地经济发展状况、水资源条件不同之外，更重要的可能是顶层部门之间对于涉水事务的制度设计存在一定的争议，多部门管理的架构有可能长期存在，由此形成的协调成本和实际效果目前还很难判断。本章以实证方法对水务综合一体化管理改革的主要成效进行数据化分析，探讨该体制改革的政策效率及其所带来的社会福利，找出影响水务管理体制改革进程的内部因素，从而为水务综合一体化管理未来的改革发展方向提供政策建议。

课题组首先手工整理全国253个地级以上城市的水行政主管部门的职责，以水务局的设立作为综合一体化改革的关键变量，通过网络关键词搜索、文献检索、电话访谈等方式整理城市水务局的成立时间，其次运用渐进双重差分方

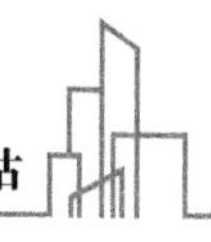

法评估水务局设立对城市供水效率及社会福利的影响，使用反事实检验、PSM-DID 和截尾回归方法进行稳健性检验，并从城市等级等角度进一步分析水务综合一体化管理改革的政策异质性影响。最后总结全文，为进一步推进水务综合一体化管理改革提出相应的政策建议。

9.2　综合一体化改革对城市供水效率的实证分析

9.2.1　研究设计

1. 模型构建

水务综合一体化管理改革可被看作在全国范围进行的一项政策试验，由于各城市实行水务综合一体化管理改革的时间存在非一致性，故参考 Beck et al（2010）的方法选择渐进双重差分模型（DID）评估水务综合一体化管理对城市供水效率的影响。本节将实施水务综合一体化管理的城市作为处理组，其他未进行一体化管理的城市作为控制组，基准回归的形式如下：

$$y_{it} = \alpha_0 + \alpha_1 \mathrm{did}_{it} + \alpha_j x_{it} + \gamma_t + \mu_i + \varepsilon_{it} \tag{9-1}$$

其中，y_{it}代表城市 i 第 t 年的城市供水效率，did_{it}表示实施水务综合一体化管理改革的政策虚拟变量。x_{it}表示控制变量，γ_t表示时间固定效应，μ_i表示城市个体固定效应，ε_{it}表示随机扰动项。

2. 变量设置与数据说明

被解释变量：城市供水效率（lnML）。数据包络分析法（Data Envelopment Analysis，DEA）避免了参数估计方法模型设定误差和随机干扰项正态分布假定无法满足的缺陷，无须进行无量纲化处理，可以计算多投入和多产出的生产过程，是目前计算效率的主流方法（蔡善柱等，2014）。本课题利用基于非径向 SBM 方向性距离的 Malmquist—Luenberger 指数，测算出 2002—2018 年中国 253 个城市供水效率的动态变化状况。其中，投入维度包括城市供水管道长度、供水企业耗电总量、供水企业固定资产投资额、供水企业单位从业人员；产出维度包括城市供水总量、供水销售收入和管网水水质综合合格率。

核心解释变量：水务局设立（did_{it}）。课题组手工整理全国253个城市水行政主管部门涉水职能情况，样本包括：4个直辖市、5个计划单列市、27个省会城市和217个地级市。通过对设立水务部门时政府公示的机构改革方案进行查询，对水行政主管部门纳入水行政、防洪、供水、节水、排水、污水处理职能情况进行统计。为保持数据的统一性，把政府发布机构改革实施方案通知的时间认定为成立水务局的时间。例如，根据《中共广州市委广州市人民政府关于印发〈广州市人民政府机构改革方案〉〈广州市人民政府机构改革方案实施意见〉的通知》（穗文〔2009〕11号），将广州市水务局的成立时间确定为2009年[①]。据统计，2003—2018年共有124个城市设立水务局、129个城市未设立水务局。若城市i第t年设立或者已经设立水务局，将其赋值为1，反之则赋值为0。

控制变量：根据肖兴志等（2011）、刘彦等（2016）研究成果，选取下列指标作为控制变量。（1）经济发展水平（lnpgdp），采用人均实际GDP的对数表示经济发展水平；（2）产业结构（ind），用第二产业增加值占GDP的比重表示；（3）供水固定资产投资（lnwsi），采用城市供水固定资产投资的对数表示；（4）城市人口规模（lnpop），采用城市年末户籍人口的对数表示；（5）政府干预（gov），采用地方财政一般预算内支出占GDP的比重表示。一体化改革对城市供水效率影响的主要变量描述如表9-1所示。

表9-1　一体化改革对城市供水效率影响的主要变量描述

变量名称	变量含义	变量计算方式
lnML	城市供水效率	DEA方法、ML指数
did	是否设立水务局	虚拟变量（0，1）
lnpgdp	经济发展水平	人均GDP的对数
ind	产业结构	第二产业增加值占GDP的比重
lnwsi	供水固定资产投资	城市供水固定资产投资的对数
lnpop	城市人口规模	城市年末户籍人口的对数
gov	政府干预	地方财政一般预算内支出占GDP的比重

① 广州市水务局主要职责内设机构和人员编制规定 https://baike.baidu.com/item/广州市水务局/7611403；印发广州市水务局主要职责、内设机构和人员编制规定的通知，http://mall.cnki.net/magazine/Article/GZBA201009011.htm。

本节使用 2002—2018 年中国 253 个城市的面板数据来评估水务综合一体化管理改革对供水效率的影响。数据来自历年《中国城市统计年鉴》《中国城市供水统计年鉴》《中国城市建设年鉴》。将样本区间确定为 2002—2018 主要基于以下两个原因：（1）2002 年之前的供水生产以及供水固定资产投资的数据缺失严重，考虑到数据缺失对实证结果的影响，此处选择的数据以 2002 年为起点；（2）从 2000 年开始，住建部逐步将市政供水和排水等城市管理的具体事务交由地方进行管理，但各城市设立水务局的时间存在非一致性，考虑到政策的长期影响和数据的可得性，故将 2018 年作为数据的结点。各变量的描述性统计结果如表 9-2 所示。

表 9-2　主要变量的描述性统计

Variable	Obs	Mean	Min	Max	Std.Dev.
lnML	4301	−0.256	−3.758	10.971	0.855
did	4301	0.306	0	1	0.461
lnpgdp	4301	9.747	6.530	14.769	1.233
ind	4301	0.478	0.111	0.861	0108
lnwsi	4301	7.951	1.099	13.466	1.734
lnpop	4301	5.903	3.718	8.133	0.655
gov	4301	0.159	0.021	3.080	0.146

资料来源：根据相关年鉴，作者整理。

9.2.2　基准回归

双重差分法应该满足平行趋势假设，保证受政策冲击前实验组和控制组对被解释变量不存在系统性差异。我们参考 Beck et al（2010）的事件研究法构建动态效应模式，将水务局设立时间提前五年和推后三年，如公式 9-2 所示。

$$y_{it} = \alpha_0 + \alpha_1 \text{did}_{it}^{-5} + \alpha_2 \text{did}_{it}^{-4} + \ldots + \alpha_{12} \text{did}_{it}^{+3} + \gamma_t + \mu_i + \varepsilon_{it} \quad (9\text{-}2)$$

式中，did–jit 表示水务局设立时间提前 j 年，did+jit 表示水务局设立时间推后 j 年。

回归结果如图 9-1 所示，将水务局设立时间提前一到五年时，每期的虚拟变量系数均与 0 无显著差异，表明水务局设立前各城市供水效率的变化趋势不存在显著差异，满足平行趋势假设。将水务局设立时间推迟一到三年，每期的虚拟变量系数均显著为正，表明水务综合一体化管理改革对城市供水效率的影响具有持续性。

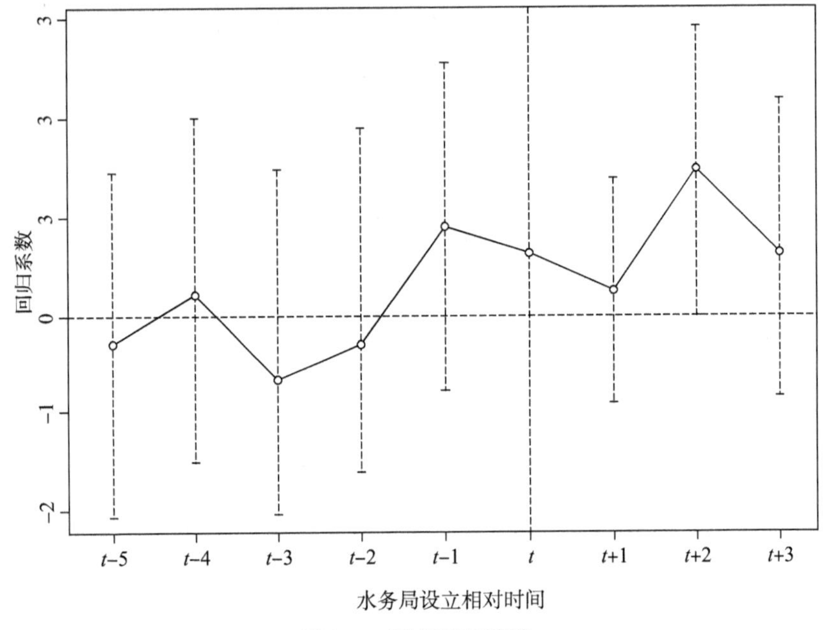

图 9–1　平行趋势检验

以城市供水效率作为被解释变量，取 2002—2018 年面板数据，使用双重差分方法估计水务综合一体化管理改革对城市供水效率的影响，第（1）列未加入控制变量，第（2）列加入了控制变量，结果见表 9-3。可以发现，无论是否加入控制变量，核心解释变量did均显著为正，表明水务综合一体化管理改革有利于提升城市供水效率。

表 9-3　基准回归

模　型	（1）	（2）
did	0.078** （2.16）	0.079** （2.18）
lnpgdp		0.028 （0.71）
ind		−1.016*** （−5.28）
lnwsi		−0.022*** （−2.93）
lnpop		0.420*** （2.97）
gov		−0.197* （−1.82）

续表

模　型	（1）	（2）
_cons	–0.010 （–0.26）	–2.087** （–2.30）
控制变量	No	Yes
个体效应	Yes	Yes
时间效应	Yes	Yes
N	4301	4301
R2	0.144	0.156

注：***、**、* 表示在 1%、5% 和 10% 水平下显著性，括号中的数值为 t 检验值（下同）。

控制变量的回归结果显示，人均实际 GDP 的系数为正，但不显著，表明经济发展水平和城市供水效率不存在明显的正相关关系。产业结构的系数显著为负，表明第二产业占比越高，城市工业用水需求越大，城市供水效率越低。供水固定资产投资的系数显著为负，表明供水投资存在规模不经济，不能依靠投资拉动提升供水效率的提升。城市人口规模的系数显著为正，说明城市规模越大，供水效率越高。政府干预的系数显著为负，表明减少政府干预、增强市场机制有利于提升城市供水效率。

9.2.3　稳健性检验

1. 反事实检验

为了验证基准回归模型的稳健性，我们改变政策执行时间进行反事实检验。将水务局的设立时间分别提前两年和三年，构造“伪水务局设立虚拟变量”l2.did 和 l3.did。若 l2.did 和 l3.did 的系数显著，表明城市供水效率增长可能来自其他政策和随机因素影响，而非水务局的设立。反之，则表明城市供水效率增长源于水务局设立。回归结果如表 9-4（1）和（2）所示，l2.did 和 l3.did 的系数均为正，但未通过显著性检验。因此反事实检验结果表明，城市供水效率增长源于水务局设立，而非其他政策和随机因素。

表 9-4　稳健性检验

稳健性检验	反事实检验		PSM-DID	截尾回归
	（1）	（2）	（3）	（4）
l2.did	0.066 （1.28）			
l3.did		0.027 （0.58）		

续表

稳健性检验	反事实检验		PSM-DID	截尾回归
	（1）	（2）	（3）	（4）
did			0.084** （2.32）	0.092*** （2.93）
lnpgdp	0.027 （0.70）	0.027 （0.70）	0.017 （0.44）	0.042 （1.21）
ind	−1.019*** （−5.29）	−1.017*** （−5.29）	−1.023*** （−5.30）	−0.920*** （−5.50）
lnwsi	−0.022*** （−2.93）	−0.022*** （−2.93）	−0.022*** （−2.90）	−0.018*** （−2.73）
lnpop	0.419*** （−5.29）	0.419*** （2.96）	0.412*** （2.90）	0.437*** （3.58）
gov	−0.204* （−1.88）	−0.202* （−1.85）	−0.196* （−1.80）	−0.147 （−1.57）
_cons	−2.081** （−2.30）	−2.077** （−2.29）	−1.944** （−2.14）	−2.385*** （−3.05）
控制变量	Yes	Yes	Yes	Yes
个体效应	Yes	Yes	Yes	Yes
时间效应	Yes	Yes	Yes	Yes
N	4301	4301	4276	4192
R2	0.156	0.156	0.157	0.180

2. PSM−DID

利用倾向得分匹配法（Propensity Score Matching，PSM）寻找与实验组城市特征最接近的控制组，以减少双重差分法的估计偏差。我们选择人均实际GDP（lnpgdp）、本年市政公用设施建设固定资产完成额（lnpffa）、人口密度（lnpd）、第二产业增加值占 GDP 比重（lnind）作为模型最佳拟合效果的协变量，采用一对一有放回的匹配，对实验组和控制组进行 logit 得分匹配，各协变量的平衡性检验结果如表 9-5 所示。

表 9-5　各协变量的平衡性检验

变　量	匹配情况	实验组均值	控制组均值	偏差（%）	偏差减少幅度（%）	*t* 值
lnpgdp	匹配前	9.609	9.879	−22.1	96.8	−7.24***
	匹配后	9.628	9.619	0.7		0.23
lnpffa	匹配前	11.405	11.553	−8.9	39.9	−2.92***
	匹配后	11.418	11.329	5.3		1.75*
lnpop	匹配前	7.764	7.702	6.5	97.2	2.13**
	匹配后	7.757	7.759	−0.2		−0.06
lnind	匹配前	0.473	0.484	−10.2	86.1	−3.35***
	匹配后	0.475	0.473	1.4		0.45

结果显示，匹配后所有变量的偏差均小于 10%，且大多数变量的 t 检验结果不能拒绝“实验组和控制组无系统差异”的原假设。匹配后的双重差分估计结果见表 9-4(3)。结果显示,核心解释变量 did 显著为正,和基准回归结果一致,说明经过样本匹配后的政策效应仍然稳健。

3. 截尾回归

为剔除异常值对回归结果准确性的影响，对被解释变量进行 1% 和 99% 的截尾处理，经过处理后样本数为 4192，回归结果见表 9-4（4）。结果显示，核心解释变量 did 为 0.092，且通过 1% 的显著性水平检验，其他控制变量的回归结果和基准回归类似，再次证明水务局设立和城市供水效率存在显著的正相关关系。整体而言，本文的基准结果是稳健的，即水务综合一体化管理改革能够显著提升城市供水效率。

9.2.4　异质性分析

事实上，可以进一步讨论城市等级差异对水务综合一体化管理改革成效的影响。将城市等级划分为省会、一般地级市以及副省级、直辖市两大类别，依旧以城市供水效率作为被解释变量，采用 2002—2018 年面板数据，使用双重差分法估计水务综合一体化管理改革对城市供水效率的影响，表 9-6 第（1）列为省会及一般地级市，第（2）列为副省级城市及直辖市。实证结果表明，水务综合一体化管理改革在不同等级的城市均会显著提升城市供水效率，水务综合一体化管理改革对城市供水效率的积极影响不会因城市等级不同而造成差异，但在行政等级更高的城市，水务综合一体化管理改革对供水效率的影响更显著。

控制变量的回归结果显示，在行政等级较低的省会及一般地级市中，人均实际 GDP 的系数为正，但不显著，表明经济发展水平和城市供水效率不存在明显的正相关关系。产业结构的系数显著为负，表明第二产业占比越高，城市工业用水需求越大，城市供水效率越低。供水固定资产投资的系数显著为负，表明供水投资存在规模不经济，不能依靠投资拉动提升供水效率的提升。城市人口规模的系数显著为正，说明城市规模越大，供水效率越高。政府干预不显著，表明政府干预程度和城市供水效率不存在明显的相关关系。在副省级城市及直辖市中，控制变量均不显著，表明在行政水平较高的城市，水务局的设立与否对城市供水效率的影响较为明显，但经济发展水平、产业结构、供水投资、城市人口规模和政府干预对供水效率的影响均不明显。

表 9-6　城市等级异质性检验

异质性检验	省会及一般地级市	副省级及直辖市
	（1）	（2）
did	0.064* （1.68）	0.499*** （4.12）
lnpgdp	0.001 （0.03）	0.015 （–0.12）
ind	–0.706*** （–3.53）	–1.307 （1.19）
lnwsi	–0.020** （–2.56）	–0.046 （–1.37）
lnpop	0.430*** （2.95）	0.124 （0.23）
gov	–0.149 （–1.37）	2.936 （1.18）
_cons	–2.045** （–2.18）	–1.109 （–0.28）
控制变量	Yes	Yes
个体效应	Yes	Yes
时间效应	Yes	Yes
N	3978	238
R2	0.168	0.324

9.2.5　小结

本节将 2002—2018 年全国 253 个城市水行政主管部门涉水职能情况作为样本，研究了中国目前的水务综合一体化管理改革对城市供水效率的影响。研究发现，水务综合一体化管理改革显著提升了城市供水效率，该结果通过了反事实、PSM-DID 和截尾回归等稳健性检验。异质性分析表明，不同等级城市的水务综合一体化管理改革成效有所区别，行政等级较高的城市水务综合一体化管理改革对城市供水效率的正向影响更为显著，主要有以下原因。

一是水务综合一体化管理改革理顺了水资源可持续利用的体制保证，对防洪、排涝、蓄水、供水、排水、节水、水资源的保护、污水处理及回收利用等实行统一管理，为水资源的可持续利用和城市供水基础提供保障，同时推进了社会资本进入水务行业，整合社会投资力量，保障了水利工程建设、水生产行业的规模以上企业数量逐年增长、供水效率进一步提升。

二是水务综合一体化管理在改革前存在着监管部门职责交叉、责权不清等情况，且各部门在水务管理中存在利益冲突，一定程度上增加了管理成本和无用消耗，改革后破除了取水、排水达标、供水质量等分别由水利、环保和卫生等专业部门协管局面，有利于水行政主管部门对本辖区内涉水事务统一管理，优化涉水事务的经济结构，降低资源消耗和管理成本。

三是水务综合一体化管理改革后各部门利益相关、目标统一，城市水主管行政单位的绩效考核方式以经济绩效为主，主要关注地方的供水效率。行政等级更高的城市，监管部门管理水平较高，同时更加注重行政单位的绩效考核情况，因此在行政等级更高的城市，水务综合一体化管理改革对城市供水效率的影响更为显著。

9.3　综合一体化改革对福利损失影响的实证研究

9.3.1　研究设计

1. 模型构建

水务综合一体化管理改革可被看作在全国范围进行的一项政策试验。由于各城市实行水务综合一体化改革的时间存在非一致性，故参考 Beck et al（2010）的方法选择渐进双重差分模型（DID）评估水务综合一体化管理改革对福利损失的影响。本节将实施水务综合一体化管理改革的城市作为处理组，其他未进行一体化管理的城市作为控制组，基准回归的形式如下：

$$y_{it} = \alpha_0 + \alpha_1 \text{did}_{it} + \alpha_j x_{it} + \gamma_t + \mu_i + \varepsilon_{it} \tag{9-3}$$

其中，y_{it}代表城市 i 第 t 年的城市福利损失，did_{it}表示实施水务综合一体化管理改革的政策虚拟变量，x_{it}表示控制变量，γ_t表示时间固定效应，μ_i表示城市个体固定效应，ε_{it}表示随机扰动项。

2. 变量设置与数据说明

被解释变量：福利损失（$\ln DWL_{down}$和$\ln DWL_{upper}$）。参考周耀东和李倩（2014）的方法，计算消费者和生产者均未得到、且社会由于高于边际成本定价所产生的净损失，将其取对数得到下限福利损失。之后增加了企业实际经营过程中效率损失，取对数得出上限福利损失。

核心解释变量：水务局设立（did_{it}）。课题组手工整理全国 253 个城市水行政主管部门涉水职能情况，样本包括：4 个直辖市、5 个计划单列市、27 个省会城市和 217 个地级市。通过对设立水务部门时政府公示的机构改革方案进行查询，对水行政主管部门纳入水行政、防洪、供水、节水、排水、污水处理职能情况进行统计。为保持数据的统一性，把政府发布机构改革实施方案通知的时间认定为成立水务局的时间。据统计，2003—2018 年共有 124 个城市设立水务局、129 个城市未设立水务局。若城市i第t年设立或者已经设立水务局，将其赋值为 1，反之则赋值为 0。

控制变量：根据肖兴志等（2011）、刘彦等（2016）研究成果，选取下列指标作为控制变量。（1）经济发展水平（lnpgdp），采用人均实际 GDP 的对数表示经济发展水平；（2）产业结构（ind），采用第二产业增加值占 GDP 的比重表示；（3）供水固定资产投资（lnwsi），采用城市供水固定资产投资的对数表示；（4）城市人口规模（lnpop），采用城市年末户籍人口的对数表示；（5）政府干预（gov），采用地方财政一般预算内支出占 GDP 的比重表示；（6）单位售水成本（lnwc），采用城市单位售水成本的对数表示；（7）净利润（lnnp），采用城市供水净利润的 1% 表示。水务一体化改革对福利损失影响的主要变量描述如表 9-7 所示。

表 9-7　水务一体化改革对福利损失影响的主要变量描述

变量名称	变量含义	变量计算方式
lnDWLdown	福利损失下限	参考周耀东和李倩（2014）方法
lnDWLupper	福利损失上限	
did	是否设立水务局	虚拟变量（0，1）
lnpgdp	经济发展水平	人均实际 GDP 的对数
ind	产业结构	第二产业增加值占 GDP 的比重
lnwsi	供水固定资产投资	城市供水固定资产投资的对数
lnpop	城市人口规模	城市年末户籍人口的对数
gov	政府干预	地方财政一般预算内支出占 GDP 的比重
lnwc	单位售水成本	单位售水成本的对数
lnnp	净利润	净利润 /100

本节使用 2002—2018 年中国 253 个城市的面板数据来评估水务综合一体化管理改革对供水效率的影响。数据来自历年《中国城市统计年鉴》《中国城市供水统计年鉴》《中国城市建设年鉴》。之所以将样本区间确定为 2002—2018 年，基于以下两个原因：（1）2002 年之前的供水生产以及供水固定资产投资的数据缺失严重，考虑到数据缺失对实证结果的影响，此处选择的数据以 2002 年为起点。（2）从 2000 年开始，住建部逐步将市政供水和排水等城市管理的具体事务交由地方进行管理，但各城市设立水务局的时间存在非一致性，考虑到政策的长期影响和数据的可得性，将 2018 年作为数据的结点。各变量的描述性统计结果如表 9-8 所示。

表 9-8　主要变量的描述性统计

Variable	Obs	Mean	Min	Max	Std.Dev.
lnDWLdown	4301	2.412	−17.903	22.454	3.708
lnDWLupper	4301	7.860	−9.208	22.454	2.098
did	4301	0.306	0	1	0.461
lnpgdp	4301	9.747	6.530	14.769	1.233
ind	4301	0.478	0.111	0.861	0108
lnwsi	4301	7.951	1.099	13.466	1.734
lnpop	4301	5.903	3.718	8.133	0.655
gov	4301	0.159	0.021	3.080	0.146
lnwc	4301	7.309	−0.307	11.685	0.597
lnnp	4301	6.214	−435.596	28886.395	59.609

资料来源：根据相关年鉴，作者整理。

9.3.2　基准回归

以福利损失下限和福利损失上限作为被解释变量，基于 2002—2018 年面板数据，使用双重差分方法估计水务综合一体化管理改革对福利损失的影响，结果见表 9-9。第（1）-（2）列的被解释变量为福利损失下限，结果表明无论是否加入控制变量，核心解释变量did均为负但不显著，表明水务综合一体化管理改革没有显著带来福利损失下限的下降。第（3）-（4）列的被解释变量为福利损失上限。可以发现，无论是否加入控制变量，核心解释变量did均为正但不显著，表明水务综合一体化管理改革没有带来显著的福利损失上限的改善。整体而言，水务综合一体化管理改革对福利改善没有明显作用。

表 9-9　基准回归

被解释变量	lnDWLdown		lnDWLupper	
模　型	（1）	（2）	（3）	（4）
did	−0.066 （−0.36）	−0.128 （−0.74）	0.071 （0.63）	0.041 （0.37）
lnpgdp		−1.577*** （−8.46）		−0.186 （−1.54）
ind		0.031 （0.03）		1.133* （1.90）
lnwsi		0.032 （0.89）		0.017 （0.73）
lnpop		1.876*** （2.77）		−0.101 （−0.23）
gov		0.184*** （0.36）		−0.301 （−0.90）
lnwc		−1.839*** （−20.85）		−0.550*** （−9.56）
lnnp		0.005*** （6.40）		0.003*** （6.11）
_cons	0.134 （0.72）	16.14*** （3.67）	7.07*** （61.6）	9.242*** （3.25）
控制变量	No	Yes	No	Yes
个体效应	Yes	Yes	Yes	Yes
时间效应	Yes	Yes	Yes	Yes
N	4301	4301	4301	4301
R2	0.308	0.394	0.083	0.113

注：***，**，* 表示在 1%，5% 和 10% 水平下显著性，括号中的数值为 t 检验值（下同）。

控制变量的回归结果显示，人均实际 GDP 对福利损失下限的影响系数显著为负，表明经济发展水平能显著改善福利水平。城市人口规模和政府干预对福利损失下限的影响系数显著为正，表明城市规模越大，政府干预程度越高，福利损失越大。单位售水成本对福利损失下限和福利损失上限的影响系数均显著为正，说明水成本上升会损害福利水平。净利润对福利损失下限和福利损失上限的影响系数均显著为负，说明企业净利润水平越高，整体的社会无谓损失越小。

9.3.3　稳健性检验

1. 福利损失下限的稳健性检验

（1）PSM-DID。利用倾向得分匹配法（Propensity Score Matching，PSM）

寻找与实验组城市特征最接近的控制组，减少双重差分法的估计偏差。我们选择人均实际 GDP（lnpgdp）、本年市政公用设施建设固定资产完成额（lnpffa）、人口密度（lnpop）、第二产业增加值占 GDP 比重（lnind）、单位售水成本（lnwc）、净利润（lnnp）作为模型最佳拟合效果的协变量。采用一对一有放回的匹配对实验组和控制组进行 logit 得分匹配，福利损失下限匹配的各协变量平衡性检验结果如表 9-10 所示。

表 9-10　福利损失下限匹配的各协变量平衡性检验

变量	匹配情况	实验组均值	控制组均值	偏差（%）	偏差减少幅度（%）	*t* 值
lnpgdp	匹配前	9.608	9.880	-22.1	59.4	-7.24***
	匹配后	9.608	9.498	9.0		0.94
lnpffa	匹配前	11.405	11.553	-8.9	20.0	-2.92***
	匹配后	11.405	11.286	7.2		1.07
lnpop	匹配前	7.765	7.703	6.6	34.4	2.13**
	匹配后	7.765	7.724	4.3		0.95
lnind	匹配前	0.472	0.484	-10.4	54.0	-3.35***
	匹配后	0.472	0.467	4.8		1.66*
lnwc	匹配前	7.379	7.245	22.9	64.5	7.23***
	匹配后	7.379	7.331	8.1		1.06
lnnp	匹配前	4.950	6.088	-2.8	52.2	0.14
	匹配后	4.950	4.406	1.3		0.36

结果显示，匹配后所有变量的偏差均小于 10%，且大多数变量的 *t* 检验结果不能拒绝“实验组和控制组无系统差异”的原假设。匹配后的双重差分估计结果见表 9-11（1）。结果显示，核心解释变量 did 为负但不显著，和基准回归结果一致，说明经过样本匹配后的政策效应仍然稳健。

表 9-11　稳健性检验

被解释变量	lnDWLdown		lnDWLupper	
检　验	PSM-DID	截尾回归	PSM-DID	截尾回归
模　型	（1）	（2）	（3）	（4）
did	−0.123 （−0.71）	−0.128 （−0.82）	0.052 （0.46）	0.055 （0.67）
lnpgdp	−1.564*** （−8.41）	−0.492*** （−2.78）	0.202* （1.68）	0.210** （2.38）

续表

被解释变量	lnDWLdown		lnDWLupper	
检　验	PSM-DID	截尾回归	PSM-DID	截尾回归
模　型	(1)	(2)	(3)	(4)
ind	-0.100 (-0.11)	-0.621 (-0.74)	0.925 (1.56)	0.952** (2.16)
lnwsi	0.033 (0.036)	0.016 (0.49)	0.016 (0.69)	0.015 (0.87)
lnpop	1.885*** (2.78)	1.646*** (2.70)	-0.021 (-0.05)	0.128 (0.40)
gov	0.175 (0.34)	-0.131 (-0.28)	-0.361 (-1.08)	-0.493** (-1.97)
lnwc	-1.756*** (-17.32)	-1.021*** (-8.33)	-0.499*** (-8.60)	-0.345*** (-5.89)
lnnp	0.003** (2.53)	-0.001 (-0.65)	0.000 (0.25)	-0.001** (-2.27)
_cons	15.379*** (3.49)	3.548 (0.88)	8.370*** (2.95)	1.627 (0.77)
控制变量	Yes	Yes	Yes	Yes
个体效应	Yes	Yes	Yes	Yes
时间效应	Yes	Yes	Yes	Yes
N	4293	4215	4299	4213
R2	0.379	0.355	0.103	0.117

（2）截尾回归。为剔除异常值对回归结果准确性的影响，对被解释变量进行 1% 和 99% 的截尾处理，经过处理后样本数为 4215，回归结果见表 9-11（2）。结果显示，核心解释变量 did 为 -0.128，且没有通过显著性水平检验，其他控制变量的回归结果和基准回归类似，再次证明水务局设立对福利损失下限没有显著的影响。

2. 福利损失上限的稳健性检验

（1）PSM-DID。在福利损失上限的回归结果稳健性检验中，同样采用一对一有放回的匹配对实验组和控制组进行 logit 得分匹配，福利损失上限匹配的各协变量平衡性检验结果如表 9-12 所示。

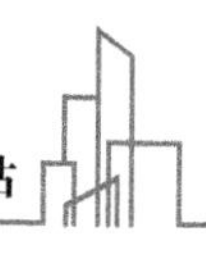

表 9-12 福利损失上限匹配的各协变量平衡性检验

变 量	匹配情况	实验组均值	控制组均值	偏差（%）	偏差减少幅度（%）	t 值
lnpgdp	匹配前	9.609	9.880	−22.1	87.1	−7.24***
	匹配后	9.608	9.574	2.8		0.94
lnpffa	匹配前	11.405	11.553	−8.9	63.3	−2.92***
	匹配后	11.405	11.35	3.3		1.07
lnpop	匹配前	7.764	7.702	6.5	54.3	2.13**
	匹配后	7.765	7.737	3.0		0.95
lnind	匹配前	0.473	0.484	−10.2	49.1	−3.35***
	匹配后	0.472	0.467	5.2		1.66*
lnwc	匹配前	7.356	7.245	22.1	85.5	7.23***
	匹配后	7.379	7.360	3.2		1.06
lnnp	匹配前	6.344	6.088	0.4	60.2	0.14
	匹配后	4.950	4.515	0.3		0.36

结果显示，匹配后所有变量的偏差均小于 10%，且大多数变量的 t 检验结果不能拒绝“实验组和控制组无系统差异”的原假设。匹配后的双重差分估计结果见表 9-11（3）。结果显示，核心解释变量 did 为正但不显著，和基准回归结果一致，说明经过样本匹配后的政策效应仍然稳健。

（2）截尾回归。为剔除异常值对回归结果准确性的影响，对被解释变量进行 1% 和 99% 的截尾处理，经过处理后样本数为 4213，回归结果见表 9-11（4）。结果显示，核心解释变量的回归系数为 0.055，且没有通过显著性水平检验，其他控制变量的回归结果和基准回归类似，再次证明水务局设立对福利损失上限没有显著的影响。整体而言，本文的基准结果是稳健的，即水务综合一体化管理改革对福利改善没有明显作用。

9.3.4 异质性分析

政策实施效果会受其他条件的影响，不存在普适性和一般性的政策。以下进一步讨论城市行政等级差异对水务综合一体化管理改革福利水平的影响。将城市行政等级划分为省会、一般地级市及副省级、直辖市两大类别。以福利损失下限和福利损失上限作为被解释变量，基于 2002—2018 年面板数据，采用双重差分法估计水务综合一体化管理改革对福利水平的影响，结果见表 9-13。

第（1）-（2）列为福利损失下限的估计结果；第（3）-（4）列为福利损失上限的估计结果。列（1）-（4）结果表明，随着城市等级的升高，核心解释变量did由负转正，但均不显著，这说明城市行政等级差异没有对水务综合一体化管理改革的福利水平产生差异性影响。

表 9-13　城市行政等级异质性检验

被解释变量	lnDWLdown		lnDWLupper	
分　类	省会及一般地级市	副省级城市及直辖市	省会及一般地级市	副省级城市及直辖市
模　型	（1）	（2）	（3）	（4）
did	−0.174 （−0.95）	0.059 （0.10）	−0.008 （−0.07）	0.195 （0.38）
lnpgdp	−1.664*** （−7.98）	−0.537 （−0.91）	0.163 （1.25）	0.297 （0.57）
ind	−0.271 （−0.28）	5.751 （1.13）	0.781 （1.29）	2.994 （0.66）
lnwsi	0.029 （0.77）	0.220 （1.42）	0.008 （0.32）	0.301** （2.18）
lnpop	2.067*** （2.93）	−1.623 （−0.64）	0.061 （0.14）	−2.973 （−1.31）
gov	0.206 （0.39）	−15.861 （−1.37）	−0.305 （−0.93）	−15.556 （−1.50）
lnwc	−1.860*** （−20.68）	−1.133* （−1.92）	−0.563*** （−10.01）	0.047 （0.09）
lnnp	0.007*** （7.51）	−0.001 （−0.49）	0.005*** （8.22）	−0.001 （−0.61）
_cons	15.827*** （3.46）	24.284 （1.27）	8.801*** （3.07）	22.032 （1.29）
控制变量	Yes	Yes	Yes	Yes
个体效应	Yes	Yes	Yes	Yes
时间效应	Yes	Yes	Yes	Yes
N	3978	238	3978	238
R2	0.397	0.445	0.128	0.180

水资源丰裕程度影响水务综合一体化管理改革成效，可能对福利水平产生影响。按照年降水量表示水资源丰裕度，将城市分为半湿润城市和湿润城市两大类[①]。以福利损失下限和福利损失上限作为被解释变量，基于2002—2018年

① 按照城市年降水量进行划分，划分标准为年降水量超过800mm为湿润地区，400mm~800mm为半湿润地区。

面板数据，采用双重差分法估计水务综合一体化管理改革对福利水平的影响，结果见表 9-14。第（1）-（2）列为福利损失下限的估计结果；第（3）-（4）列为福利损失上限的估计结果。列（1）（2）结果表明，随着地区湿润度提升，核心解释变量did由正转负，且通过了显著性水平检验。这说明与半湿润地区相比，湿润地区实施水务综合一体化管理改革能够显著提高地区福利水平。列（3）（4）结果表明，随着地区湿润度提升，核心解释变量did由正转负，但没有通过显著性水平检验。整体而言，该结果表明，政策有效性受到自然条件的限制，在水资源丰裕地区实施水务综合一体化管理改革才有可能改善地区福利水平。

表 9-14　水资源丰裕程度异质性检验

被解释变量	lnDWLdown		lnDWLupper	
分　类	半湿润	湿润	半湿润	湿润
模　型	（1）	（2）	（3）	（4）
did	0.380 （1.16）	−0.534*** （−2.63）	0.164 （0.81）	−0.022 （−0.16）
lnpgdp	−1.590*** （−4.41）	−1.716*** （−7.54）	0.317 （1.42）	0.162 （1.04）
ind	−1.389 （−0.84）	1.358 （1.15）	0.569 （0.56）	1.648** （2.05）
lnwsi	0.074 （1.17）	0.014 （0.31）	0.058 （1.48）	−0.003 （−0.10）
lnpop	3.671*** （2.84）	1.085 （1.36）	−0.087 （−0.11）	0.040 （0.07）
gov	0.475 （0.67）	−0.433 （−0.55）	−0.448 （−1.03）	−0.086 （−0.16）
lnwc	−1.074*** （−7.39）	−2.408*** （−20.71）	−0.197** （−2.19）	−0.857*** （−10.81）
lnnp	0.003*** （3.50）	0.010*** （7.18）	0.004*** （6.56）	0.002** （2.11）
_cons	1.275 （0.16）	25.253*** （4.74）	6.059 （1.21）	10.381*** （2.85）
控制变量	Yes	Yes	Yes	Yes
个体效应	Yes	Yes	Yes	Yes
时间效应	Yes	Yes	Yes	Yes
N	1530	2686	1530	2686
R2	0.338	0.452	0.137	0.126

注：statistics in parentheses * $p < 0.10$, ** $p < 0.05$, *** $p < 0.0$。

9.3.5 小结

本节使用2002—2018年全国253个城市水行政主管部门涉水职能情况作为样本，研究了目前的水务综合一体化管理改革对福利损失的影响，其中福利损失分为因垄断行为造成的福利损失下限和包含垄断行为以及企业运营低效率造成的福利损失上限。研究发现水务综合一体化管理改革对福利损失上限及下限均不存在显著影响，该结果通过了PSM-DID和截尾回归等稳健性检验。异质性分析表明，不同等级城市的水务综合一体化改革对福利损失的影响依旧不显著。但是，城市水资源的丰裕程度影响水务综合一体化改革对福利损失的扰动程度。具体而言，在水资源丰裕、年降水量较多的地区，水务综合一体化管理改革显著改善了福利水平。

一是水务综合一体化管理改革会提高城市供水效率，为进一步满足居民用水需求、提高社会福利提供了保障，但是供水企业在水务综合一体化管理实施后，受制于管理体制复杂、资产质量良莠不齐、运营管理能力有限、管理制度不健全和监督考核不完善等诸多因素，造成了企业内部运营的低效率，一定程度增加了水务企业的福利损失，导致了水务综合一体化管理改革后福利改善不显著。

二是水务综合一体化改革降低了行政成本，使得原有制度框架外的潜在利润内部化，一定程度上实现了管理效率的提升，但是改革并不彻底，部分城市仍存在“多龙治水”的情况，部门众多、责权不清、交叉管理等现象造成了水务管理协调困难，对社会福利的改善因此不甚显著，管理模式有待进一步探索。

三是水务综合一体化涉及的城市水主管行政单位的绩效考核主要以经济考核为主，更加关注城市供水效率，福利改善不是其重点关注的目标。供水效率提升和福利改善之间也不存在直接的因果关系，但作为公共品提供者的水务部门不能单纯追求经济效率，社会福利改善也应是其改革的目标。

 9.4 本章小结

本章基于2002—2018年全国253个城市水务综合一体化管理改革的特征事实，综合考察了我国水务综合一体化管理改革的政策实施效应。首先，评估

了水务综合一体化管理改革对城市供水效率的影响，研究发现水务综合一体化管理改革显著提升了城市的供水效率。其次，分析了水务综合一体化管理改革对福利水平的影响，结果表明水务综合一体化管理改革没有对福利损失下限和福利损失上限产生明显的影响。综合来讲，水务综合一体化管理的改革效果只具有效率效应，而不具备福利效应。

（1）讨论了水务综合一体化管理改革对城市供水效率的影响，发现水务综合一体化管理改革显著提升了城市供水效率，该结果通过了反事实、PSM-DID和截尾回归等稳健性检验。异质性分析结果表明，行政级别较高的城市水务综合一体化管理改革的成效较显著。主要原因包括：①水务综合一体化管理为水资源可持续利用提供了制度保证。②通过职能整合削减了管理成本，优化了水务管理结构和流程。③经济政绩考核背景下，行政级别高的城市有更高的政绩考核目标，促使水务综合一体化管理改革成效显著。

（2）进一步讨论了水务综合一体化管理改革对福利水平的影响，发现水务综合一体化管理改革没有对福利损失下限和福利损失上限产生明显影响，该结果通过了 PSM-DID 和截尾回归等稳健性检验。异质性分析结果表明在水资源丰裕、年降水量多的地区，水务综合一体化管理改革能够改善地区福利。主要原因包括：①水务综合一体化管理涉及的城市水主管行政单位的绩效考核方式以经济绩效为主，主要关注地方的供水效率，福利改善不是其关注的重点目标。供水效率提升和福利改善之间也不存在因果关系，但从水务部门的性质看，作为公共品提供者的水务部门不能单纯追求经济效率，社会福利改善也应是其改革的目标。②水务综合一体化管理改革存在职能混乱、权责不清和管理混乱等问题。查阅各城市水务局职能介绍发现，只有少数水务局涉及了城市供水、排水、污水处理、农田水利建设、重要流域和区域水资源调度等，其余大部分水务局只涉及两到三个职能整合，水务综合一体化的改革力度整体不强。城市供水是水务局的核心业务，因而水务综合一体化管理能够显著提升城市供水效率。而福利改善涉及多个层次和领域，改革不彻底的水务局难以对福利水平施加显著影响。

本章隐含的政策建议是以微观层面的管制改革进一步推动水务部门的改革合理性和可行性。一是水资源的统一调配、管理任务艰巨，只依靠职权划分或职能部门的简单合并无法从根本上解决“九龙治水”的困境，需要进一步从法律法规和体制机制角度完善水务综合一体化管理模式，让水务主管部门切实掌握城市供水、排水、污水处理和流域水资源调度等权限，协调各方利益，保证供排水效率的同时，提升社会整体的福利水平。二是改变涉水主管部门以经济绩效为主的政绩考核方式，将社会福利改善作为公共品提供部门重要考核指标，以此倒逼水务部门在施政过程提升社会整体福利。三是要积极探索水务综合一体化管理的新模式和新方法，协同涉水部门利益，建立一套高效快捷的管理体系，提升对水资源的统一管控能力。四是推动水务市场产业化发展，加强水市场政策引导，组织制定全面的产业发展规划，改善涉水企业内部低效率运营，提升涉水企业效率，进而改善福利水平。

第 10 章　深化我国城镇水务管理体制改革思路

目前我国城镇水务正处于改革的关键时期，面临着从中心向边缘、从规模向质量的转型需求，需要对水务管理体制进行改革，对水务体制演变的一般逻辑进行梳理，揭示改革中的矛盾和根源。因此，本章在总结前文我国水务运营管理体制改革的矛盾与根源的基础上，结合资本进入、水价改革的研究结果、现阶段城镇水务公共服务质量测度结果，以及管理体制改革绩效的研究效果等研究结论，提出未来城镇水务管理体制改革的目标模式和可能的思路，并进一步对我国未来城镇水务改革提出政策建议。

10.1　主要研究结论

课题组以近年来快速城镇化下的各类“水务危机事件”为线索，以快速城镇化背景下的水务部门改革发展为背景，在明确与水务相关的基本概念和研究范围基础上，梳理了作为混合品特征的水务部门在引入竞争、完善治理结构、调整管理体制、明确边界、探索运行机制等改革开放的经验性事实，分析了转型阶段水务部门的市场规模、结构、技术特征、产业层次和产业链、运行机制、管理体制等现状、格局、特征、问题、根源和解决条件，基于运用多目标规划方法构建的国有水务部门的多目标函数下的约束条件，通过博弈方法论证了微观视角水务部门多目标下的激励约束问题，并分析了宏观视角多目标情景下水务管理部门的“掣肘”效应，实证分析了城镇水务运行机制和管理体制市场化改革（放松资本进入、水价改革和综合一体化改革）对水务行业的效率和福利的影响，提出了目标模式和优化路径。

1. 水务部门的基本特征和一般运行机制

水务部门具有重资产、规模经济、较为紧密的产业关联性等作业特征，生产技术较为成熟。从市场特征来看，城镇供排水服务从属于城市基本公共服务，尽管部分市场存在替代品的竞争，但由于类型和范围等差异，具有公共特许下的垄断化运营特点。课题组梳理了多个国家的水务管理体制及其运营方式，如英国、法国、美国、日本和韩国，总结了这些国家的一般经验，认为各国水务部门的供给提供方式选择均置于宏观监管下，管理体制的选择与各国立法、行政和制度历史特征密切相关，有效的监管制度除了内在的独立性、权威性、公开性之外，离不开与各国本身的制度特征有效匹配。

2. 我国城镇水务部门的发展正面临着从中心向边缘、从规模向质量转型阶段

课题从供水、排水和污水处理、基础设施投资以及市场等层面，梳理和分析了我国城镇水务发展的现状与特征。我国城镇年供水能力 614.6 亿吨，较为平稳，占全国供水总量 10.22%。排水和污水处理投资规模增长总体快于供水服务，污水处理设施较密集的区域均集中于人口较为密集、经济发展较好的城市区域。从基础设施投资规模和比例来看，供排水建设资金位于各城市基础设施预算资金的第二位，其中供水投资规模稳定于 130 亿元左右，排水投资（城市 2006 年和村镇 2016 年）取代供水投资位于首位，但城乡和城市之间供排水规模不均衡。课题讨论了水务的工程建设、运营和附加品的纵向市场结构的规模和特征，认为涉水的工程项目市场的投资总体规模约 2.3 万亿元，其中污水治理投资规模增长迅速，近 1.5 万亿元，供水投资规模稳定在 0.8 万亿元。项目多采取以 BT、BOT 和 PPP 等为主的招投标竞标方式。运营服务方面多以特许经营方式的本地化供排水服务为主导，阶梯性定价的改革是主要影响变量，但各主体之间、城市之间和城乡之间有相当差异。附加品包括水处理设备、药剂、检测和其他衍生水品，这类市场有一定的技术门槛，市场处于寡头竞争格局。

3. 水务体制演变的一般逻辑，揭示改革中的矛盾和根源

课题围绕水务体制改革的历程，梳理了引入外资、水价改革、宏观管理制度改革、管制改革、提供方式改革等制度变化的过程，分析了在这些改革过程中的制度悖论、公平和效率、普遍服务等问题，提出了市场分割等主要问题。

课题引入信息并针对目标问题，构建了不同目标下管制者与被管制企业之间的激励模型，认为政府在水务领域的不同利益诉求（公共利益、本地经济增长、资产保值增值、环境责任）影响了企业和用户行为，形成了政府与不同类型（不同身份）企业的双层嵌套式博弈关系。在政府不同目标干预条件下，政府与不同企业形成了分离式的均衡。政府为实现其多目标诉求，与能够承担多目标任务的国有企业之间形成了一套非完全市场规则的运行体制（低价格服务和交叉补贴）。非国有企业和外资由于其目标单一化，只能承担更加专业化市场服务（比如工业污水处理、再生水、特定区域的水处理），政府与单目标企业形成了契约化合同（价格服务和补贴）。但由于企业多目标化、质量和环境绩效等信息不对称性所带来的激励扭曲，政府将为此支付更高的代价，在宏观预算约束和目标冲突下，部门之间竞争和掣肘效应难以避免。在不断强化硬约束条件下，这一均衡向非市场规则的运行体制倾斜的可能性更大。

4. 水务行业全要素生产率逐步增长，社会福利变化并不明显

课题估算了 2002—2018 年我国水务行业运行效率和福利损失状况，通过全要素生产率和 DEA 效率估算水务行业运行效率，结合经典的垄断行业福利损失理论估算水务行业福利损失下限和上限，并进行了初步分析。全要素生产率估算结果表明，自 2002 年以来，随着新型城镇化的提出和稳步推进，我国水务行业的全要素生产率呈现逐步提高的趋势。DEA 模型结果中不包含质量因素的传统 DEA 效率值处在 0.25 至 0.7 分数区间，纯技术效率处在 0.5 至 0.7 分数区间，规模效率处在 0.8 至 1 分数区间，表明我国水务行业管理和技术因素对生产效率的提升作用相对较弱。通过横向分析可知，2018 年我国大部分地区的水务部门处于规模报酬递增阶段，大部分地区的综合效率和纯技术效率处在 0.5 至 0.8 的中分段区域，而规模则集中在 0.8 至 1 的高分段区域。根据水务行业特征及公共产品理论建立水务服务质量体系，进一步计算出水务行业质量调整的 DEA 效率值，传统 DEA 效率值和质量调整 DEA 效率值对比结果表明，我国水务行业维护服务质量的机会成本约为潜在产出的 7.27%。

在福利损失方面，21 世纪以来，我国水务行业福利损失的趋势较为平稳，水务行业福利损失下限基本稳定在 3% 以下，较好地避免了水务企业利用公共服务部门优势市场地位行使垄断定价的问题。水务行业福利损失上限处于 30%~70% 的区间，远大于行业福利损失下限，表明企业运营中的效率损失对

我国水务行业较高的福利损失上限解释能力更强，水务企业较强的市场势力并未产生较高的垄断价格，对社会总剩余的损害较小。

5. 资本进入、水价改革等市场化改革对城镇水务发展产生了积极影响

课题分析了外资进入、民营资本进入对水务产业带来的绩效变化。通过DID和面板回归等方法，选取了《中国城市供水统计年鉴》（1998—2013）等相关数据，实证结果表明，随着外资进入和民营资本进入，不同类型的水务企业的生产效率尽管有一定差异，但均有显著提高。资本进入对中国城镇水务的正面影响远远超过负面影响，它们为迅速的中国城镇化带来了示范效应、市场效率，提高了城市供水能力，改善了城市用水效率，其中外资进入的作用要高于民营资本（当然与民营资本进入阶段有关）。以水价变动为线索，研究了阶梯水价改革与居民用水需求和水务企业的生产效率的关系，发现用阶梯价格改革有效降低了居民的生活用水量，并且提高了水务企业的生产效率。阶梯水价政策的实施使居民生活用水量显著下降，城市居民生活用水量在实施阶梯水价之后下降了 11.4%，阶梯式水价的实施变量对全要素生产率的影响同样显著，影响系数为 0.0591，能够有效提高水务企业的全要素生产率。

水务行业以水价为代表的运行机制市场化改革同样为社会福利带来了积极影响。课题研究了水价改革与水务行业福利损失的关系，发现在不考虑企业效率的前提下，水价的提高能够增加水务行业的生产者剩余，且随着收入提高，居民用水需求并未发生明显改变，社会总剩余增加，显著降低了水务行业的社会福利损失。在阶梯式定价政策下，虽然阶梯定价导致了居民用水量下降，消费者剩余减小，抬高了水务行业社会福利损失的下限，但是由于居民用水量的减少，企业将更加专注于提高效率，促进更高质量的水务供给能力，改善了水务企业生产运营中隐含成本带来的低效率问题，降低了水务福利损失的上限，最终导致水务行业社会福利的增加。

6. 管理体制改革提升了水务行业运行效率，社会福利的保护有待强化

课题基于全国 253 个城市水务综合一体化管理改革的特征事实，综合考察了管理体制改革的政策效应，评估了以城市水务综合一体化管理为代表的管理体制改革对城市供水效率的影响，研究发现水务综合一体化管理改革显著提升了城市的供水效率，对城市水务行业全要素生产率的影响显著为正。该结果通过了反事实、PSM-DID 和截尾回归等稳健性检验。异质性分析结果

表明，行政级别较高的城市水务综合一体化管理改革的成效较大。主要原因包括：（1）水务综合一体化管理为水资源可持续利用提供了制度保证；（2）通过职能整合削减了管理成本，优化了水务管理结构和流程；（3）经济政绩考核背景下，行政级别高的城市有更高的政绩考核目标，促使水务综合一体化管理改革成效显著。

水务管理体制改革对水务行业社会福利的改善未见显效。课题进一步讨论了水务综合一体化管理改革对福利水平的影响，发现水务综合一体化管理改革没有对福利损失下限和福利损失上限产生明显影响，可能的原因一是由于水务综合一体化管理涉及的城市水主管行政单位的绩效考核方式以经济绩效为主，主要关注地方的供水效率，福利改善不是其关注的重点目标；二是由于水务综合一体化管理改革存在职能交叉、权责不清和管理混乱等问题，综合一体化改革只是将与管理部门博弈的成本从水务企业转移到地方水务局，并未直接消除多元管理目标的冲突，最终使得水务综合一体化管理的改革效果只具有效率效应，而不具备福利效应。

10.2　改革目标和可能的思路

从现有的水务部门改革路径来看，经过公司化、引入外资（内资）、特许经营权、水价以及管制部门体制等系列改革，水务行业面临的市场环境、竞争条件和管制体制均较以往发生了显著的变化。微观结构形成了以供排污水处理为业务板块的双层市场结构，第一层是建设项目的招投标市场，第二层是城市的供排污水处理的特许经营市场。前端市场属于事前竞争，竞争激烈，后端市场属于潜在竞争和部分结构性竞争；从经营主体来看，大致分为以国有部门为代表的本地企业和外地国有企业，和以外资和民营资本为代表的社会资本企业两种类型。两种类型的企业目标有共性，也有一定的差异。城镇水务市场受到本地涉水部门的监管，包括住建、环境、质检、卫生等专业化管理部门，以及财政和发改委等综合性部门，分别管理这一市场（行业）的进入标准、价格、项目选择、水质、卫生与环境标准等。

10.2.1 改革目标

从国际经验来看，一般水务部门经营的难点在于事前竞争到事后（后端）垄断，存在一定的效率损失，如何完善对于拥有特许经营权企业的监管成为主要问题。可选的途径包括标尺竞争，英国水务部门的绩效监管成为水务改革的一种“样板”模式。由于我国水务市场仍处于快速发展阶段，逐步从规模发展转向质量发展，城乡之间、东西部地区之间、发达和发展中地区之间差异很大，大量的村镇水务仍需要规模化投资。已有的改革效果表明了市场放松、价格调整和综合一体化改革均有助于改进企业效率，因此在现有的市场格局和框架下，进一步完善体制机制是当下水务部门深化改革的迫切诉求。

1. 多元目标

目前改革的核心就是解决企业的多目标化问题，涉及环境目标、资产保值增值目标、公共服务目标、质量标准、经济增长目标等。这些目标有些是刚性的，也有些是弹性的，但多目标矛盾的核心是公共服务目标和企业自身营利性目标之间的冲突。公共服务项目的投资、运营和维护的难点在于，有些目标难以通过比较明确的价值评估来判断，比如环境损害的市场价值、针对贫困群体的公益性补贴等。这里的难点在于:（1）一大批公共性项目投资、建设和维护仍需要企业承担，政府对水务企业的目标多样化是必然的，但问题在于目标之间有可能冲突，作为特许经营的企业在多目标冲突下难以完成所有任务。（2）在信息不对称条件下，管制部门和水务企业之间的激励性扭曲是被强化的，固定回报率管制实际上为企业“偷懒”提供了条件。激励性管制提供了激励性合同，为企业改善效率提供了一种可能。但在多目标条件下，企业有可能采取交叉要价和交叉补贴，削弱了效率强度。（3）多部门管理体制为多目标之间的协调带来了难题。在单一部门下，多目标可以在部门内部进行权衡和调整；多部门因各自目标的利益化和刚性化，目标冲突和调整需要更高层次的协调，否则这种多目标之间的掣肘效应会加大效率改善的难度。（4）市场化改革为水务部门的竞争和效率改善提供了有效途径，但目标多元化导致了这种竞争难以实现，市场分割抑制了水务市场的规模发展和效率改进。

因此，课题组认为，改革的核心还是在于理清政府的公共责任，目标分类则是改革的首要条件。在目标分类下，对每一类目标提供购买服务，为企业提供一个可行、明确的标准，实现补贴与定价分离，为标尺竞争的可实现提供保障。

因此改革的目标还是建立完善和深化统一的、有效率的双层市场体系，即使存在一定程度的事前竞争和事后垄断之间的竞争问题，但标尺竞争等可以为保障事后垄断的竞争性提供条件。

2. 政府的公共责任

政府显然具有多重责任和义务。取水位置、管网规模分布和等级、供水和污水处理厂选址、高低压泵选址等，并不是市场自发选择的结果，而是城市规划事前的设定。供排水质量标准和均等化程度在某种意义上决定了城市的价值、品味和等级，影响城市公共价值和声誉，并不取决于行业意愿，而取决于城市居民乃至政府的意愿。作为项目建设和运营的"甲方"，政府既是出资人也是最终的资产所有者，可以决定是否委托（如何委托）给第三方建设、经营和如何评价，因此政府有必要对建设和运营过程中所产生的经济行为、社会责任和环境问题实施监管（经济性监管和社会性监管）。政府责任如图 10-1 所示。

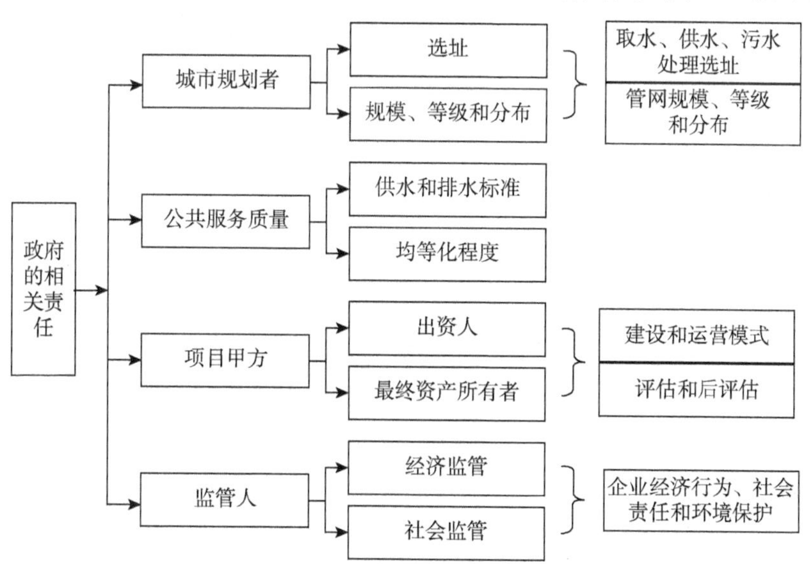

图 10–1　城市水务中政府的相关责任

如果以上问题能够得到有效解决，城市水务管理和运行的目标模式将呈现以下几个特点。一是政府承担普遍服务的责任，负责提供普遍服务的成本代价，其收益来自城市声誉等社会价值；二是政府作为项目提供方（甲方）和水务市场的监管人，虽然不介入到企业运行之中，但对投标权和水务的双层市场实行有效监管，包括进入、价格、质量、环境和社会责任，政府在正常运行中不提供补贴支持，通过价格监管和收益率管制，约束企业可能的市场权力滥用，并通过标尺竞争，对有效率的企业提供激励性奖励；三是运营企业在特许授权的条件下，通过委托、竞标获得水务合同，根据合同约定提供相应的水务服务（包括普遍服务和差异性服务），以收费的方式弥补成本、获取回报，实现可维持运营；四是市场是开放的和非歧视的，不因为资本、区域差异受到限制。

10.2.2 可能的思路

城镇水务部门的深化改革问题与其他公用事业的改革有一定的共性，其共同之处在于国有部门的性质和作用，以及如何选择恰当的经营模式。课题组认为，国有企业或者国有部门与其他类型的企业在性质上有区别但有更多共通之处，即首先是市场经济中的企业，要尊重市场规律，承担市场规则下的责任和义务。尽管不同发展阶段对国有企业提出的要求不同，但如果要维持市场有效竞争的格局，运用市场的模式激励和约束企业持续竞争，就需要在市场规则下对国有企业（部门）与其他类型的企业一视同仁，消除身份的不平等。如果要用身份的不平等换取更多的责任和义务，那就属于特定关系下的治理，不属于市场化的治理规则。整体而言，要形成有效率的统一市场体系，就需要认同市场治理规则和逻辑。

1. 目标分类，明确目标的类型与性质

从产品的性质来看，水务领域供排和污水处理的服务多介于纯粹公共品和市场化产品之间，但不同发展阶段、不同产品服务和不同群体的异质性导致了目标多元化和相互掣肘，因此首先需要明确目标的性质和类型。

从产品分类到目标分类。早期公共经济学理论对公用事业领域均有较为成熟的分类，如纯公共品、俱乐部产品或市场化产品。城市水务具有公共产品的性质和普遍服务的特征，但它是可收费的。因此，通过可收费机制（水量收费）可以维持企业的基本运行。在具体设计过程中，水务企业的重资产特征导致了项目投入资金需求较大，虽然运营和维护的费用较低，但大量企业很难达到这一门槛。从这一点来看，城镇水务的纯公共品类服务主要包括城镇居民基本供水、排水服务、一般污水处理服务及基础设施项目等，尽管服务是可收费的，但这种类型的服务具有普遍服务性质，是城镇生活的必备条件，即使居民不缴费，也不能影响城镇供、排和污水处理服务。由此，课题组认为，基本供排水和污水处理服务具有纯粹的公共物品性质，其建设、运营和维护资金主要来自于政府的财政税收。地区不同的发展阶段会影响到公共服务的性质，尤其是经济比较落后的地区，其供排和污水处理更需要政府支持。

政府无疑是当地公共利益的代言人，其对这种服务性质的企业施加多种约束，形成了建立在产品和服务基础上的多目标任务。提供水务服务的各种类型企业至少有三类目标：一是可维持目标，即企业自身需要可持续运行，如果企业长期亏损，势必会影响新企业进入预期；二是公共利益目标，企业提供的产品和服务不仅要满足消费者基本用水需要，还要提供无间断、有一定质量要求的服务，维护城市水务基础设施的良好运转，保障新用户群体享受集中供水、排水和污水处理的服务；三是环境责任，对于水务企业而言，环境责任是重要的目标之一，水源污染、供水质量低下、污水处理不达标都可能导致水污染问题，甚至引发公共性事件。

国有性质的企业有其特殊性。作为微观经济的重要载体和社会主义市场经济的重要基础，国有资本保值增值是一项重要的约束。无论是短期责任还是长期责任，企业都将承受来自国资部门的外部考核压力。在某些特定的条件下，国有企业还承担了社会保障、劳动就业、经济增长以及社会稳定等多重目标。

因此，从理论意义上的服务产品分类到现实意义上目标导向，导致了政府与企业之间的支出和目标责任不明，影响了这一领域市场功能和企业功能正常发挥作用，多目标变成了多重干预，成为额外的约束条件，如何处理好管制者与被管制企业的关系就成为重要的问题。

对目标进行分类首先要制定分类的依据。从目前发展阶段来看，政府的多目标化是发展阶段的产物，有必要理清当前的目标哪些应该由企业承担，哪些应该由市场承担，哪些应该由政府独自承担，哪些需要各方共同参与。从这个逻辑来看，企业可以独自承担的目标是企业获得利润，用户获得满意的服务。比如市场化下的项目，包括更加专业化的污水处理、企业和用户的特殊用水提供等，这些服务完全可以由买卖双方通过相关交易达成有效结果。完全由政府承担的是那些为实现公共利益而设定的目标，比如基础设施项目投资和建设，弱势群体的补偿和支付，公共污水治理支付等。这些目标具有普遍性和公共性，找不到可收费主体，应由政府承担支付责任，目标完成后地区受益，当地政府也能因公共目标实现而获益。介于两者之间的目标，则需要通过谈判和协商确定支付责任。这类目标显著的特征是双方会因目标达成而共同受益，目标完不

成则双方受损，比如保值增值、污水治理和高质量的供水。由于受益和受损程度不同，可能导致双方支付责任存在冲突。

支出与责任匹配。无论是国有企业还是其他类型的企业，在恰当的激励约束条件下都可以正常提供公共产品和担负其他社会责任，以企业性质来判断哪些领域企业可以进入、哪些领域不能进入实际上是一种身份歧视。破除这一壁垒的关键，在于理清各种约束条件。有些约束是当地政府额外强加给公共企业的，可以视为对企业的不当干预，有些约束则是因为企业产品具有特殊性，需要外部性干预以强化企业的环境责任。

在现有的发展阶段下，多目标化是地区发展的普遍事实，但多目标化不等于企业需要承担过多的社会责任，其根源在于支付责任不对称。简单说，如果企业能够拿到足够的补贴，企业是愿意提供公共性服务的。因此，谁来为这部分公共服务买单，就成为解决水务领域市场分割的关键因素。

公共产品的提供需要考虑成本和收益的匹配。当地政府如有能力支付，可以通过财政支出的方式对交由企业的项目建设、运维进行补贴，或者通过地方债务、银行融资等多种直接或者间接渠道，用未来的收益偿还当前的债务。这里需要考虑的是，政府进行的这项投入是否与其责任相匹配，是否适合当地的经济发展阶段。过于超前的公共项目，只会加重政府的债务负担。

地方政府出于经济增长和改善当地生产生活状况的需要，容易产生强烈的投资冲动。如果没有适当的规则约束，这种强烈的扩张冲动会增加当地政府的债务压力。不仅如此，这种行为还会导致当地公共品市场的分割，政府可能将债务问题转嫁给本地国有企业，损害当地市场的生态环境。因此，在制定多目标过程中，需要理清目标的公共性质，理清政府和企业各自应担的支出责任，政府在考虑支出过程中需要考虑地方财政收入和支出的匹配性。

2. 定价和补贴分离

公共物品的定价难以通过纯市场化的路径进行确定，原因在于其外部性或者公共性质导致的搭便车行为。尽管林达尔均衡提供了所谓的市场均衡条件，但相对于纯公共品而言，现实中的水务市场具有可收费的条件，通过向用户收取水费，维持水务市场的均衡。现有的政策中，水费包括了资源费、使用费和污水处理费。从定价方式来看，多数地方采取了阶梯性定价方式，使用越多，付费越多，反映了水务市场的供求关系。

目前存在的主要问题在于，第一级定价过低，基数过大，不能反映和体现市场需求的真实情况。政府在考虑水价过程中，如果过多强调这种定价的公共性，使价格过低和用水基数（第一级）过大，就不能体现出节约用水的导向，也损害了供水企业的利益。实证表明，如果第一级价格过低、水量阈值过大，这种定价实际上对企业的可维持性影响不大。高收入群体有可能利用这种价格获取更多的消费者剩余。随着收入上升，居民各种用水需求会较快增长。

过低的价格水平实际上是对用户的一种补贴，这种补贴的本质是将企业的盈利补贴给用户，好处是政府不必为此支付费用，但这种补贴变相激励了用户超量用水的行为，产生了激励扭曲效应。因此，大量有关管制的研究文献中普遍强调，在管制行业中，价格和补贴应当分离。价格应按照市场化的原则制定，但补贴可以定向发放，这样做的好处在于能够维持价格的配置效率，在给定补贴的条件下，实现效率和公平性的相对平衡。根据这一逻辑，课题组认为，阶梯性定价的第一阶段价格，在短期内应满足公共性需求，但用水量阈值不应过大；第二、三用水量之间应拉开价格差异，给出适当的水量阈值。从长期目标来看，第一级水价应不仅应体现公共性和普遍服务，也要体现运维企业的成本支出。

3. 企业社会责任和政府的购买服务匹配

实际上，政府为公共服务提供者设定了多个目标，逻辑上干预了企业的经营活动，形成了不当约束，剥离不当目标成为必要，但这并不意味着企业免除社会责任，企业承担社会责任是企业主动回馈社会的必然选择，考虑到当地的社会经济发展阶段，企业应适当参与本地的社会、环境和其他社会活动，比如社会保障、劳动就业、社会稳定以及环境保护等。

水务企业社会责任类型。传统观点认为，企业的社会责任包括对雇员的责任、对消费者的责任、对债权人的责任、对社区的责任、对社会公益活动的责任以及对自然资源和环境的责任等。供排水作为公共产品的特殊属性，决定了水务行业的社会属性，对质量和外部性的要求都较高，水务企业在很多时候必须将社会效益置于经济效益之前，而水务企业的企业属性也决定了其应该在确保良性运行的前提下争取国有资产的增值保值。在此前提下，课题组认为，国有水务企业的社会责任主要包括三方面：（1）安全优质的供排水，诚信服务，追求最大化的社会效益；（2）促进国有资产的保值增值，并关注利益相关方，促进员工、供应商的共同成长，关注经济效益和环境效益；（3）履行水务环境保护的责任，关注社会公益事业，促进社会和谐发展，节约资源，降低成本，以实现可持续发展的战略目标。私营水务企业虽不承担国有资产保值增值责任，但也需要在保证自身利润的同时，追求社会效益最大化，促进社会和谐发展。

水务企业承担社会责任的途径。对于水务企业而言，其承担社会责任的途径主要包括：（1）通过加大技术创新投入、加强水质监测力度等措施，切实保障用水质量；（2）通过提高水务服务质量、提高水务服务效率，推动社会进步；（3）在企业治理方面，转变陈旧的管理理念与优化决策目标，向全方位、综合化、一体化转变，建设先进、科学、完善的管理系统，在注重社会效益的前提下，追求企业战略目标的实现和财务的快速增长；（4）通过明确企业各项能耗、物耗、废水、废气、废物排放指标、危险品处理规定，实现员工健康安全和利益相关方的和谐共赢；（5）根据企业自身情况和社会实际需求，积极参与水源开发、管道改造升级、清洁生产等社会工作，促进环境改善。

政府的购买服务是政府为实现当地某些公共目标，比如污水处理、环境责任、供水覆盖率等，由于单纯由政府负担并不现实，可以发挥市场机制作用，把政府直接提供的一部分公共服务事项以及政府履职所需服务事项，按照一定的方式和程序，交由具备条件的社会力量和事业单位承担，向企业提供某些目标性的费用支付。

政府购买水务服务的类型。政府购买公共服务的类型主要有直接购买、委托、租赁、特许经营、战略合作等。水务服务是一系列公共服务的综合体，包括原水收集、管道建设、供水、排水、污水处理和水资源回收利用等构成的产业链，政府购买水务服务应当是一个多种方式的横向组合。对于原水收集环节、管道建设环节，可能涉及跨流域、跨区域的资源调配，不能采取单一的市场化或委托私营企业供给，应当更多地考虑由国有企业提供，并且管网建设能够带动国有资产的保值增值；供水环节可以引入市场竞争机制，考虑在同一区域内引入多个水厂，形成兼并与资本进入阻止等企业竞争行为；排水和污水处理涉及技术水平较高，对创新依赖度大，由民营企业或外资企业提供，通过资本引入带来更好的生产方式和管理经验；水资源回收利用方面由于经营利润不高，更注重的是整体的社会效益，因此需要政府通过补助等形式推动社会机构参与。总体来看，政府购买水务服务要充分考虑市场化带来的绩效与质量提升，同时借助国有企业带动社会福利提升的作用，在水务市场上构造一种良性竞争环境，

降低外资企业、供水企业、混合产权企业等各类水务企业经营的交易成本，提高水务市场运行效率与质量。

政府购买水务服务的支付形式。政府转移支付的方式主要有直接补贴、政府低息贷款或者无须偿还的政府贷款、政府为企业贷款提供担保、低价转让公共投入品等。水务企业获得投资回报的来源包括使用者付费、可行性缺口补助和政府付费等。课题组认为政府购买水务服务需要考虑不同环节、不同竞争环境采取不同的支付形式：对于原水收集和水资源回收利用环节，采取特许经营方式，通过国有部门或事业单位进行直接补贴；对于供水环节，引入市场竞争后，采取竞价方式，由政府向企业提供低息贷款或者无须偿还的政府贷款；对于污水处理环节，考虑由私营企业提供，政府为企业贷款提供担保、低价转让土地、厂房等，通过增加补贴引导企业兼顾社会环境效益。

由于目前国营水务企业的体制约束，其效率和技术创新意愿不高，而私营水务企业往往以利润作为生产经营活动的第一出发点，对于水务服务的效率、社会责任以及改革实施缺乏政策引导。因此，改革的目标是使政府由单一购买企业产品转变为购买企业的一系列生产活动，包括建设、生产、服务、维护等一系列生产经营活动成果，以及由企业的生产经营带来的社会保障、劳动就业、社会稳定以及环境保护等社会效益。基于这一点，课题组认为，在目前水务改革的目标框架下，首先要明确水务企业在承担供水以及排水处理生产外的其他社会服务内容，政府要明确自身的社会责任和需要向企业购买的部分，通过购买企业服务这一激励措施来带动企业履行社会责任。将水厂和供排水管网剥离开来，供水与污水处理业务仍旧由水厂管理，进一步引入竞争，考虑在同一区域内引入多个水厂，形成兼并、资本进入阻止等企业竞争行为，提高市场活力和企业供给效率。供排水管网方面，成立直接管理管网建设和维护的国有管网公司，或成立管网管理局等部门，由政府向公司购买或直接委托事业单位进行建设。

4. 微观管理和宏观管理职能的调整

微观管理体制在几次大的行政管理体制调整后，特别是水务综合一体化之后，各地的水务事务管理均有所调整，水利和供排水合并、与污水处理合并等均有所体现，但各地的一体化进程不一。如前所述，一体化管理的好处在于为城镇供排水和污水处理提供了综合管理的可能。

相对于微观管理体制的调整，宏观管理职能的调整进展较为缓慢。原因是多方面的，部门已经形成了固化的结构，难以做出大的变动，更深层次的问题在于城镇水务本身涉及多个部门，单靠某一个部门承担，在当下的管理体制下很难有效实现。以城镇排水管理为例，国家层面涉及的部门包括环保、水利、建设、农业、林业、扶贫等数个部门，各地的管理体制也呈现很大的差异性，不利于国家层面与地方层面之间的信息沟通和工作对接，降低了工作效率，也造成了单一部门责权利不统一，权威性和强制性不够，有效监管无法落实，监管不足、不到位等问题突出，由此带来了城镇排水管理短期化行为。各部委为各自目标实现设立了各类专项资金，如环保部对农村生活污水处理设立的“以奖促治”农村环境保护专项资金，住建部开展了城市黑臭水体治理等，不同上级部门的财政投入意味着不同的投入渠道，这导致地方在同一个排水项目中会存在不同的公共财政资金来源。由于这些专项资金的建设要求、奖励和考核方式的差异性，地方在推进此类工作的整体安排上缺乏系统性，降低了公共财政资金的使用效率，且这种投入方式在考核上更多强调项目建设，工程建设竣工是考核的重点，对于项目是否能够长期运营、是否能够有效地促进村镇生活污水的治理难以有效评价，一些地方政府盲目上项目，却未能有效解决设施运营问题，导致许多设施搁置不用，造成资金浪费。以项目带动的制度安排带来短期性，使未来运营和维护面临极大的挑战，迫切需要长期化和制度化的安排。

基于这一点，课题组认为在目前纵向管理的框架下，水务问题涉及行政事务部门众多，最好通过联席会的方式，对不同部门之间的交叉职能展开协调，特别是住建部、水利部和环境保护部，在项目选择、制度激励、资金支持和运维模式选择等方面进行统筹部署，防止资金浪费。

 10.3 改革的政策建议

从市场格局来看，在公用事业特许经营权的框架下，城镇水务部门从项目建设到项目运维基本形成了招投标市场和受管制供排污水处理的双层市场构架，前端是工程项目的招投标，后端是水务服务部门，在价格、进入和质量方面受到了政府的管制。从主体来看，在过去的市场化改革过程中，在多元主体共同参与之下，形成了以国有经济为主体，多种利益主体共同参与的格局。

改革的主要思路是重新梳理目标，在目标分类的条件下，破除不合理的约束条件，构建企业社会责任清单和政府购买清单，明确支出和责任匹配、价格和补贴分离等原则，清除阻碍市场统一的主要障碍，为实现公平、质量和效率兼顾的统一市场提供支撑。

10.3.1　完善宏观管理的协调机制

独立监管机构设置是许多城市针对公用事业部门运营的特性而建立的单独针对公用事业部门运营环节进行监督、引导的第三方部门。大多数独立监管机构介于政府行政机构和社会组织之间，具有一定的司法裁量权，能够对公用事业相关企业在进入、价格、兼并、融资中的不当行为执行惩罚性措施，如美国的 FCC 和 ICC。监管的独立性被视为维持公用事业部门有效运行的关键性条件。早在电力行业改革之初，我国就引入了电监会独立监管制度，但结果证明并不成功，原因是电监会名义上负有电力行业的监管职责，实际上仅在管理电力设备及其标准化等相关领域具有一定的管理职能，不具备对整个电力市场监管的职责和能力。独立监管机构在我国并没有推进下去，可能主要是因为与我国目前的行政管理体制不兼容。

宏观意义上的水务管理机构的顶层设计目标是“一龙管水，多龙协同”或者“一龙管水，多龙治水”，在中央层面，理论上应存在一个由水行政主体为主导的多部门协同机构，组织和管理多部门的协作，协同各部门之间的相互关系，比如黑臭水体治理，取水、排水和水量比例商定等。在地方层面，本地政府对城市供排水和污水处理管理的机构设计可能依赖于上层政府机构设计及历史惯性，呈现差异性格局。在执行层面，特别是针对企业面向用户的行为方面，执法机构应体现出一体化、集中化和窗口化特征。这意味着监管机构的决策权和实际执行权适度分离将成为未来城市水务管理体制改革的另一趋向，这一趋向将有利于提高实际监管过程执行的效能，改善分散决策带来的相互掣肘问题。

宏观管理体制不仅仅涉及部门职能和关系，还包括法律支持、中央地方关系等。目前涉水的法律规章较少，最顶层的法律文件就是水法，以下包括了水污染防治法（2017）、环境保护法、水土保持法等，还有一些条例，如水文条例，河道管理条例等。除此之外，还有一些部门质量标准（水质标准和排水标准等）和部门法规（特许投资等）。在改革过程中，伴随着水务市场改革的深入，相关问题不断涌现，诸如水务市场的招投标、PPP 模式、水价、普遍服务收费等等，还需要司法解释和支持。首先，宏观层面的法律支持应明确各部门权属关系，特别是水行政主体的地位、作用和权能。目前水法只明确了水行政主体，但并没有对水行政主体与其他涉水部门如何协调和配合进行司法解释，导致事实上的水法可行度偏弱。其次，法律应进一步支持将水法与其他相关法律进行有效衔接，防止不同法律之间的相互冲突，比如水法、水污染保护、环境保护以及特许经营权等之间的衔接问题。再次，法律应为水质标准、污染排放标准等提供支持。目前有关标准，国家和地方均有出台，但规范性和衔接性均需要进一步明确。最后，对于“谁污染、谁支付、谁治理”的原则应给与明确的规范，特别对于那些违法行为应根据具体情况，给予明确的惩戒，通过现实的判例，为处理各种违规和违法行为提供样本。

10.3.2 明确市场竞争的层次、程度和范围

明确市场竞争的层次、程度和范围的目的是界定在水务公用事业领域中市场和政府各自运行的规则和范围。目前从国际来看，尚没有一种标准化、可复制的城市水务管理和运行机制，城市水务管理和运行机制的选择取决于政府顶层设计、当地政府的意愿、公众的容忍程度等多种因素。英国的体制改革采取了顶层设计的方式，以 10 大区域公司为主体实现标尺竞争。美国的体制选择取决于各地公用事业部门的最终意愿。法国则以当地议会为最终决策单位。国内的城市水务模式也多种多样，市场化改革引入了多种类型的企业进入水务领域，但目前从全国范围来看，国有企业为主导的格局并没有发生太大的改变。

政府在城市水务公用领域具有相当的统治力，包括项目的规划、选择、选址、投标、价格、融资、进入条件、质量标准、污染控制以及补贴等方面，但并不意味着城市水务供给完全由政府承担，引入市场竞争的目的是通过竞争改善企业的经营能力和水平，提高企业运行效率，分散政府风险，为用户和社会带来更好的福利。因此正确划分水务市场的竞争层次、类型、范围和程度，有利于统一和规范市场规则，明确市场预期。

投标权市场是一个事前市场，具有竞争性，但事前投标价格竞争是否有效是一个充满争议的问题。当市场信息足够分散、标的足够清晰时，投标人根据自身的成本收益权衡能够有效地映射到其投标价格，这被视为投标权市场竞争

有效的重要标志，最低价格或者次级最低价格成为投标权市场的均衡选择。然而事实上当要素市场价格扭曲、标的不够明确或者信息过于集中时，投标权市场的最终效率不仅取决于投标价格，还取决于要素市场价格、信息识别、差异化程度、合谋以及当地政府偏好。因此，完善要素市场价格规则，建立规则化、可预期、可识别的市场规则成为保证投标权市场效率的基本条件。这意味着有三个重要条件：一是以各自成本和预期收益为信息的投标价格必须建立在统一和竞争的要素市场基础上；二是业务标的必须明确和可识别（产品规模和服务质量），能够清晰地识别差异服务的类型、层次、质量和成本要求；三是必须引入广泛、非歧视竞争者原则，形成非合谋机制。总体来看，投标权市场是引入竞争、放松进入条件的重要手段，也是公用事业引入竞争机制的主要标志，其形成和完善将对公用事业的质量产生重大影响。

构建水权市场是完善要素市场的关键钥匙。目前我国虽已逐渐形成了以投标权为主导的水务设施建设市场，包括污染综合治理（黑臭水体）、污水处理、供水等，排污许可证交易市场也进入了试点阶段，但市场缺乏透明度，信息不对称、市场分割现象较为突出。应充分利用以水权为导向的水权市场，努力形成包括供水权（水量分配）、排水权（污染许可权交易）在内的多种水务市场，利用市场机制优化资源配置，减轻政府压力。

运营市场是在位厂商的竞争。由于水务运营的自然垄断性特征，更多地体现为单一经营者。因此，在位市场竞争更多地表现为“标尺竞争”，即排除掉各自不同的发展阶段、条件和独特性，各地区之间的水务运营公司之间形成以成本效率为导向的横向对比。标尺竞争是一种人为设定的拟竞争模态，只有在管制者充分掌握了各地城市水务公司运营状况信息之后，以标准模板对比各地区实际运行效率，奖励高于标准模板的企业，惩罚低于标准模板的企业，才能形成有效竞争。要开展标尺竞争，必须拥有足够充分信息，提供一种统一标准衡量企业运行效率。

10.3.3 识别和防范公共项目的风险

由于公共项目投资规划主要由中央政府根据各地方投资需求并结合部委意见做出中长期部署，地方政府和部委在投资执行阶段具有较强的主动性。根据以往的经验，地方和部委以政绩为导向的投资冲动可能是公共项目的最大风险。

尽管公共项目风险主要来自于其长周期出现的各种变化，如地方政府换届、经济周期转换、结构长期调整、需求结构变化、投资人利益偏好以及技术变迁等，但投资冲动带来的最大问题在于项目缺乏可持续性。多数公共项目具有低收益和缺乏盈利支撑的特性，一旦经营不善或者缺乏较好的收益成本规划，巨大的公共债务将迫使项目中止。如不考虑其长期运营条件，过度的债务压力将削弱这种投资的拉动作用，甚至挤占其他产业资本的空间。

因此，在公共项目的规划、设计和立项中，一个稳定、可持续的建设时序安排非常重要，一次性大规模建设只能给后期经济增长带来更大负担。从这个逻辑来看，公共项目的建设不能过于超前乃至超越地方政府的承受力。公共基础设施的投资需要建立起更为严格的制度规则，而不是简单的投资规划，包括严格的政府预算制度、严谨的项目成本收益规划、严谨的银团授信条件、强制性的法律契约保障等。

在这一逻辑上，明确政府的公共支付责任、范围和程度是一个关键。明确政府能够“兜底”的限度，通过法律的强制性把政府打造成一个“有限责任”政府而不是具有“无限责任”的政府，将支付与责任匹配。只有这样，公共品投资冲动、运维疲软的问题才能得到逐步解决。

10.3.4　维护企业的可持续性运营

可持续性是公用事业项目运营的基本条件（植草益，1992）。无论产权性质如何，几乎所有公用事业企业都面临持续性经营难题，只是国有企业的债务约束强度远远低于非国有企业。对于多数城市水务项目而言，尤其是污水处理费用等支出，需要政府通过其他途径进行补贴。因此，设计一个有效率的补贴机制就成了政府和企业之间的博弈，尤其是在存在信息偏载的条件下（Laffont et al，1999）。即使假定政府能够识别努力信息，能够实施有效率的激励补贴，想要实现所谓“分离均衡”，补贴是否可持续仍然是项目长期稳定运行的关键条件。实际上，由于地方政府“缺钱”、补贴规则不明确，或者在实施过程中由于各种“旋转门”引发各类水务项目效率低下，债务负担加重的案例仍是屡见不鲜的。

要解决以上问题，一是水价结构要调整到位，实现水价基本满足水务企业可维持的条件，将政府从补贴机制中摆脱出来，建立收益率管制，防止企业利

用信息偏载压榨消费者剩余。二是剥离针对企业用户的污水处理费，单独定价，独立核算，政府利用监管人身份对污水处理费进行成本加成监管，实施收益率管制。三是如果要进行必要的补贴，必须建立可信的政府公共事业补贴机制，包括规则、执行等，补贴不能因为地方财政问题而“失信”，以保证水务项目正常运行。

参考文献①

[1] 蔡善柱，陆林．中国经济技术开发区效率测度及时空分异研究 [J]. 地理科学，2014,34(07):794-802.

[2] 曹璐，陈健，刘小勇．我国水资源资产管理制度建设的探讨 [J]. 人民长江，2016,47(08):113-116.

[3] 曹现强，刘梅梅．公共性差异视角下的市政公用事业发展探析 [J]. 理论探讨，2012(04):142-147.

[4] 曹现强，贾玉良，王佃利，等．市政公用事业改革与监管研究 [M]. 北京：中国财政经济出版社，2009.

[5] 柴方营．构建以水权为核心的水资源管理制度势在必行 [J]. 水利天地，2007(01):16-21.

[6] 陈富良，黄金钢．政府规制改革：从公私合作到新公共服务——以城市水务为例 [J]. 江西社会科学，2015,35(04):44-49.

[7] 陈慧．我国城市水务管理改革政策分析 [J]. 经济研究参考，2014(47):85-87.

[8] 陈慧．中国城市水务管理体制改革述评 [J]. 经济问题，2013(05):15-19.

[9] 陈剑，夏大慰．规制促减贫：以公用事业改革为视角 [J]. 中国工业经济，2010(02):26-35.

[10] 陈君君，马生鹏，蔡华．产权制度差异对水务部门绩效影响的分析 [J]. 人民黄河，2009,31(11):16-20.

[11] 陈雷．全面贯彻中央重大决策部署 努力开创水利改革发展新局面——在全国水利厅局长会议上的讲话 [C]//. 中国水文化，2014(01):6-12.

① 中英文参考文献均采用 GB/T 7741 国标引用格式。

[12] 陈明 . 城市公用事业民营化的政策困境——以水务民营化为例 [J]. 当代财经 ,2004(12): 18-21.

[13] 陈菁 , 陈丹 , 褚琳琳 , 等 . 基于 ELES 模型的城镇居民生活用水水价支付能力研究——以北京市为例 [J]. 水利学报 ,2007,38(8):1016-1020.

[14] 陈少林 . 西部大开发的水利需求及发展战略研究 [D]. 青岛：中国海洋大学 ,2011.

[15] 陈甬军 , 周末 . 市场势力与规模效应的直接测度——运用新产业组织实证方法对中国钢铁产业的研究 [J]. 中国工业经济 , 2009, 000(011):45-55.

[16] 仇保兴 , 王俊豪 . 中国市政公用事业监管体制研究 [J]. 北京：中国社会科学出版社 , 2006.

[17] 崔金琳 . 组织领导相互掣肘的病因与防治之策 [J]. 领导科学 ,2019(14):90-92.

[18] 范登云 , 张雅君 , 许萍 . 法国水定价及公私合作供水模式的经验和启示 [J]. 给水排水 ,2016,52(09):21-26.

[19] 樊寒伟 . 自然垄断产业规制改革绩效研究 [D]. 沈阳：辽宁大学 ,2017.

[20] 方国华 , 高玉琴 , 谈为雄 , 等 . 水利工程管理现代化评价指标体系的构建 [J]. 水利水电科技进展 ,2013,33(03):39-44.

[21] 傅涛 , 张丽珍 , 常杪 , 等 . 城市水价的定价目标、构成和原则 [J]. 中国给水排水 ,2006(06):15-18.

[22] 傅涛 , 常杪 , 钟丽锦 . 中国城市水业改革实践与案例 [M]. 北京 : 中国建筑工业出版社 ,2006.

[23] 郭蕾 , 肖有智 . 政府规制改革是否增进了社会公共福利——来自中国省际城市水务产业动态面板数据的经验证据 [J]. 管理世界 ,2016(08):73-85.

[24] 郭丽 . 中国利用外商直接投资存在的问题和对策 [J]. 长沙大学学报 , 2014,(1):32-34.

[25] 何东京 , 张光科 . 两部制水价中基本水量对水费的影响分析 [J]. 水利经济 , 2011,29(01):31-34+74.

[26] 和军 , 李绍东 . 国外垄断产业民营化及其借鉴 [J]. 经济问题探索 ,2013(06):15-20.

[27] 胡小凤 , 周长青 , 孙增峰 . 英国和美国城市供水绩效管理方法和经验 [J]. 建设科技 ,2012(16):66-68.

[28] 吉立 , 刘晶 , 李志威 , 等 .2011—2015 年我国水污染事件及原因分析 [J]. 生

态与农村环境学报 ,2017,33(09):775-782.

[29] 姬鹏程，张璐琴 . 完善供水价格体系 改进政府水价管理 [J]. 宏观经济研究 ,2014(07):3-9+33.

[30] 贾绍凤 . 为南水北调工程辟个谣 [J]. 中国经济报告 ,2015(03):49-51.

[31] 贾绍凤 . 中国水价政策与价格水平的演变 (1949 ~ 2006 年)[C]// 中国水论坛学术研讨会 ,2006.

[32] 江小国 . 政府规制下的城镇水务产业市场化转型模式 [J]. 安徽工业大学学报 (社会科学版),2011,28(03):5-7.

[33] 江小涓 . 吸引外资对中国产业技术进步和研发能力提升的影响 [J]. 国际经济评论 , 2004, (2):13-18.

[34] 金典慧,雷健波,张菊清. 日本水资源管理的启示[J]. 广西水利水电,1998(02):3-5.

[35] 李芳 . 黑龙江省水资源管理问题研究 [D]. 哈尔滨：东北林业大学 ,2008.

[36] 李贵臣，严家适 . 水利部乡镇供水管理培训考察团赴美培训考察报告 [J]. 黑龙江水专学报 ,1999(03):3-5.

[37] 李含琳 . 国外节水农业的财政扶持政策及启示 [J]. 财会研究 ,2011(13):6-9+12.

[38] 李慧 . 外资水务十年检讨 [EB/OL]，2014-04-14.

[39] 李建亚 . 美国水务管理经验分析与借鉴 [J]. 环境科学导刊 ,2009,28(06):52-56.

[40] 李卫国 . 我国水务管理体制创新研究 [D]. 大连：大连理工大学 ,2006.

[41] 李文凯 . 搬开“多头领导”这个管理效率的绊脚石 [J]. 中外企业家 ,2013(14):111.

[42] 励效杰 . 关于我国水业企业生产效率的实证分析 [J]. 南方经济 ,2007,(2):11-18.

[43] 李怡，胡小猛，宋吉志 . 烟台市 2015 年水资源供需矛盾形势及解决对策 [J]. 上海师范大学学报 (自然科学版),2007(06):99-102.

[44] 廖显春，夏恩龙，王自锋 . 阶梯水价对城市居民用水量及低收入家庭福利的影响 [J]. 资源科学 ,2016,38(10):1935-1947.

[45] 林春 . 中国金融业全要素生产率影响因素及收敛性研究——基于省际面板数据分析 [J]. 华中科技大学学报 (社会科学版),2016,30(06):112-120.

[46] 林家彬 . 日本水资源管理体系及借鉴 [J]. 中国水利 ,2002(10):160-163.

[47] 林家彬 . 日本水资源管理体系考察及借鉴 [J]. 水资源保护 ,2002(04):55-59.

[48] 林文豪 . 从委托代理视角对供水业的普遍服务分析 [J]. 中国市场 ,2011(10):125-126.

[49] 刘灿 . 我国自然垄断行业改革研究 : 管制与放松管制的理论与实践 [M]. 西安 : 西南财经大学出版社 ,2005.

[50] 刘戒骄 . 公用事业 : 竞争、民营与监管 [M]. 北京 : 经济管理出版社 ,2007.

[51] 刘俊秀 . 基于 LM-BP 神经网络水务一体化管理评价及对策研究 [D]. 郑州市 : 华北水利水电大学 ,2016.

[52] 刘穷志 , 芦越 . 制度质量、经济环境与 PPP 项目的效率——以中国的水务基础设施 PPP 项目为例 [J]. 经济与管理 ,2016,30(06):58-65.

[53] 刘世庆 . 加入 WTO 与城市供水产业竞争化改革 [J]. 改革 ,2002(04):63-70.

[54] 刘世庆 , 许英明 . 中国快速城市化进程中的城市水问题及应对战略探讨 [J]. 经济体制改革 ,2012(05):57-61.

[55] 刘晓君 , 谷敬花 . 居民阶梯水价定价模型研究——基于陕西省数据的分析 [J]. 价格理论与实践 ,2010(07):22-23.

[56] 刘婷婷 , 张玲玲 . 基于 CGE 模型的水价变动对国民经济各部门价格的影响 [J]. 水利经济 ,2013,31(03):40-43+53+75.

[57] 刘小玄 , 李双杰 . 制造业企业相对效率的度量和比较及其外生决定因素 (2000-2004)[J]. 经济学 , 2008(03):843-868.

[58] 刘小玄 . 民营化改制对中国产业效率的效果分析 [J]. 经济研究 ,2004,(08):16-26.

[59] 刘雪凤 , 高兴 . 我国知识产权政策体系对社会福利的影响研究 [J]. 科研管理 ,2017,38(02):153-160.

[60] 刘彦 , 周耀东 , 邓文斌 . 外资进入提高了中国城镇水务部门的绩效吗 ?——基于“准自然实验”方法 [J]. 中国行政管理 ,2016(01):73-76.

[61] 刘志琪 , 张戎 , 王欢 . 城市供水行业市场化改革情况的研究 [J]. 给水排水 ,2005(10):102-108.

[62] 鲁晓东 , 连玉君 . 中国工业企业全要素生产率估计 :1999—2007[J]. 经济学 (季刊),2012,11(02):541-558.

[63] 骆梅英 . 从“效率”到“权利”: 民营化后公用事业规制的目标与框架 [J]. 国家行政学院学报 ,2013(04):78-82.

[64] 骆梅英 . 民营化后公用事业企业的性质之辨——基于案例的比较观察 [J]. 法治研究 ,2015(01):129-136.

[65] 马训舟 , 张世秋 , 穆泉 . 阶梯式水价对城镇居民福利影响的模拟分析——以北京市居民用水为例分析 [J]. 价格理论与实践 ,2011(12):25-26.

[66] 马中 , 周芳 . 我国水价政策现状及完善对策 [J]. 环境保护 ,2012(19):54-57.

[67] 倪红珍 , 王浩 , 赵博 , 等 . 基于投入产出价格影响模型的水价调整影响 [J]. 系统工程理论与实践 ,2013,33(02):363-369.

[68] 牛春媛 . 城市公用事业市场化进程中的政府监管 [D]. 天津：天津理工大学 ,2005.

[69] 潘菁 , 贺燕萍 . 外资水务对我国城市水务产业安全的影响研究 [J]. 中国城市经济 ,2011(20):9-11.

[70] 潘菁 , 苏珈漩 . 外资对我国水务产业安全的影响趋势及政策建议 [J]. 中国经贸导刊 ,2012(22):59-60.

[71] 戚聿东 . 国企改革需要 "去行政化" [J]. 开放导报 ,2013(12):29-33.

[72] 史普博 D F, 西达克 , 等 . 美国公用事业的竞争转型 : 放松管制与管制契约 [M]. 上海：上海人民出版社 , 2012.

[73] 石淑华 . 中国公用事业民营化改革的若干反思 [M]. 北京 : 中国经济出版社 ,2012.

[74] 宋华琳 . 公用事业特许与政府规制 [J]. 中国政法大学学报 ,2006,24(1):126-133.

[75] 苏晓红 , 刘明 . 我国城市供水行业规制效果评价 [J]. 城市问题 ,2012(12):96-100.

[76] 孙华 . 我国城市水务民营化中的公众利益保障问题研究 [D]. 重庆：西南政法大学 ,2012.

[77] 孙茂颖 . 我国水务产业市场准入问题研究 [J]. 经济与管理 ,2013,27(05):80-84.

[78] 唐任伍 , 赵国钦 . 我国行政管理体制改革低效率重复研究 [J]. 中国行政管理 ,2009(09):120-124.

[79] 唐要家 , 李增喜 . 居民递增型阶梯水价政策有效性研究 [J]. 产经评论 , 2015,6(01):103-113.

[80] 田国强 . 供给侧结构性改革的重点和难点——建立有效市场和维护服务型

有限政府是关键 [J]. 人民论坛 · 学术前沿 ,2016(14):22-32.

[81] 王岭 . 私人部门进入降低了城市供水行业成本吗？ [J]. 中南财经政法大学学报 , 2013, (2):64-70.

[82] 王岭 . 我国城市居民水价制度改革探析——阶梯水价推行困境及其破解 [J]. 价格理论与实践 ,2015(09):42-44.

[83] 王洛忠 , 刘金发 . 招商引资过程中地方政府行为失范及其治理 [J]. 中国行政管理 ,2007(02):72-75.

[84] 王芬 , 王俊豪 . 中国城市水务部门民营化的绩效评价实证研究 [J]. 财经论丛 ,2011,(5):9-18.

[85] 王宏伟 , 郑世林 , 吴文庆 . 私人部门进入对中国城市供水行业的影响 [J]. 世界经济 ,2011,34(06):84-99.

[86] 王广起 . 公用事业的市场运营与政府规制 [M]. 北京 : 中国社会科学出版社 ,2008.

[87] 王广起 , 胡继连 . 网络型公用事业的政府规制及实践探索——以潍坊市水务改革为实证分析 [J]. 生产力研究 ,2006(03):125-128.

[88] 王俊豪 . 英国城市公用事业民营化改革评析 [J]. 环境经济 , 2005, 000(007):49-52.

[89] 王俊豪 . 中国城市公用事业民营化绩效评价和管制政策研究 [M]. 北京 : 中国社会科学出版社 ,2013.

[90] 王俊豪 , 陈无风 . 城市公用事业特许经营相关问题比较研究 [J]. 经济理论与经济管理 ,2014(08):58-68.

[91] 王俊豪 , 付金存 . 公私合作制的本质特征与中国城市公用事业的政策选择 [J]. 中国工业经济 ,2014(7):96-108.

[92] 王俊豪 , 金暄暄 .PPP 模式下政府和民营企业的契约关系及其治理——以中国城市基础设施 PPP 为例 [J]. 经济与管理研究 ,2016,37(03):62-68.

[93] 王俊豪 , 徐慧 , 冉洁 . 城市公用事业 PPP 监管体系研究 [J]. 城市发展研究 ,2017,24(04):92-99.

[94] 王秋雯 . 公用事业公私合作模式中的限制竞争与规制对策 [J]. 财经问题研究 ,2018(12):44-51.

[95] 王少国 , 邓阳 . 产量过剩行业国有企业民营化对社会福利效应的影响研究

[J]. 经济经纬 ,2020,37(03):92-99.
[96] 汪恕诚 . 水环境承载能力分析与调控 [J]. 中国水利 ,2001(11):9-12.
[97] 汪恕诚 . 水权管理与节水社会 [J]. 华北水利水电学院学报 ,2001(03):1-3+7.
[98] 王韬 , 叶文奇 . 水价上涨、居民福利与水资源效用提升 [J]. 改革 ,2012(09):141-149.
[99] 王文利 . 水务市场化改革与法律保障研究 [D]. 长沙：湖南大学 ,2011.
[100] 王谢勇 , 宋彦丽 , 孙鹏等 . 城市居民生活用水阶梯水价补偿机制研究——基于 Logistic 模型的分析 [J]. 经济与管理 ,2014(3):74-78.
[101] 王学超 , 刘兆旋 , 李香园 . 重要城市水务一体化进展研究 [J]. 中国水利 ,2017,(01):47-49+34.
[102] 王学庆 . 市政公用事业改革与监管 [M]. 上海 : 光明日报出版社 ,2012.
[103] 王亦宁 , 陈博 . 加强重要城市水务管理体制改革的思考 [J]. 河北水利 ,2018(08):18-19.
[104] 王亦宁 . 公共水服务均等化视角下对城市水务市场化的再认识 [J]. 水利发展研究 ,2011,11(10):8-12.
[105] 温著彬 . 基于普遍服务的水务产业规制改革研究 [D]. 南昌：江西财经大学 ,2012.
[106] 吴绪亮 . 中国基础设施产业的私人参与和亲贫规制 [D]. 大连：东北财经大学 ,2003.
[107] 吴兆杰 . 水务一体化制度保障体系浅议 [J]. 山西农经 ,2017(01):118.
[108] 向娟 . 中国城市固定资本存量估算 [D]. 长沙：湖南大学 ,2011.
[109] 肖兴志 . 中国垄断产业规制效果的实证研究 [M]. 北京 : 中国社会科学出版社 ,2010.
[110] 肖志兴 , 韩超 . 规制改革是否促进了中国城市水务产业发展——基于中国省际面板数据的分析 [J]. 管理世界 ,2011,2:70-80.
[111] 肖兴志 , 王倩倩 . 公共产品视角下的政府规制及最优供给研究 [J]. 现代财经 - 天津财经大学学报 ,2008(10):3-8.
[112] 谢冰 . 外商直接投资对中国城市水务市场化发展的影响初探 [J]. 水利发展研究 ,2009,9(12):46-49.
[113] 谢地 , 刘佳丽 . 自然垄断行业监管改革需要顶层设计——监管机制、体制、

制度功能“耦合”论 [J]. 产业经济评论 ,2012,11(04):65-82.

[114] 谢国旺 . 区域垄断、治理体系重构与“多中心”化——水务治理的制度选择 [J]. 理论探讨 ,2013(02):93-96.

[115] 谢里 , 魏大超 . 中国电力价格交叉补贴政策的社会福利效应评估 [J]. 经济地理 ,2017,37(08):37-45.

[116] 薛亮 . 城市水务业市场化改革法制建设的历史演进及启示 [J]. 国家行政学院学报 ,2014(02):82-88.

[117] 薛亮 . 中国城市水务业特许经营法律制度研究 [J]. 中国环境管理干部学院学报 ,2014,24(01):11-14.

[118] 许峰 . 中国公用事业：民营企业进入中的亲贫规制 [D]. 上海：复旦大学 ,2006.

[119] 许建玲 . 我国饮用水安全管理体系问题及对策研究 [D]. 哈尔滨工业大学 ,2013.

[120] 许小雨 . 长三角全要素生产率的测算及影响因素分析 [D]. 南京：南京大学 ,2011.

[121] 闫笑炜 . 外资水务公司中国困顿记 [J]. 能源 ,2016(05):54-58.

[122] 叶建宏 , 欧飞跃 , 马铃 , 等 . 绵阳市供水管网系统水质化学稳定性分析 [J]. 净水技术 ,2013,32(06):18-22+52.

[123] 伊锡永 , 刘小勇 , 张伟 . 韩国流域水资源管理体系构建——政府管理机构体系的完善 [J]. 水利规划与设计 ,2003(03):48-53.

[124] 余晖 , 秦虹等 . 公私合作制的中国试验——中国城市公用事业绿皮书 NO.1 [M]. 上海 : 上海人民出版社，2005.

[125] 于良春 , 程谋勇 . 引入竞争与水务部门效率分析——基于中国 2004-2010 年省际数据的实证分析 [J]. 东岳论丛 ,2013,(3):106-112.

[126] 于良春 , 程谋勇 . 中国水务行业效率分析及影响因素研究 [J]. 当代财经 , 2013,(01): 93-111。

[127] 于良春 , 张伟 . 中国行业性行政垄断的强度与效率损失研究 [J]. 经济研究 ,2010,45(03):16-27+39.

[128] 余羚 . 市政公用事业特许经营立法刍论 [J]. 浙江学刊 ,2007(03):172-175.

[129] 张军 . 中央计划经济下的产权和制度变迁理论 [J]. 经济研究 ,1993(05):72-

80+50.
[130] 张可 . 区域一体化、环境污染与社会福利 [J]. 金融研究 ,2020(12):114-131.
[131] 张丽娜 . 城市水务市场化中的政府规制与公众利益维护 [J]. 中国行政管理 ,2010(08):57-60.
[132] 张丽娜 . 外资进入中国城市水务的风险及其化解 [J]. 中国行政管理 ,2010(12):77-80.
[133] 张攀 , 徐辉 . 我国城市水务市场化改革探析——兼论兰州模式和西安水务改革事件 [J]. 水利经济 ,2012,30(1):11-15.
[134] 章胜 . 基于 ELES 模型的城市居民生活用水定价研究 [D]. 杭州：杭州电子科技大学 ,2011.
[135] 张昕竹 . 城市化背景下公用事业改革的中国经验 [M]. 北京 : 知识产权出版社 ,2008.
[136] 张永正 , 格日乐 , 张静 . 基于 CGE 模型的鄂尔多斯市水资源对经济影响研究 [J]. 消费导刊 , 2011 (10): 12-16.
[137] 章志远 . 公用事业特许经营及其政府规制——兼论公私合作背景下行政法学研究之转变 [J]. 法商研究 ,2007(02):3-10.
[138] 赵博 , 倪红珍 . 基于 CGE 模型的北京水价改革影响研究 [C]//. 变化环境下的水资源响应与可持续利用——中国水利学会水资源专业委员会 2009 学术年会论文集 ,2009:391-396.
[139] 植草益 . [J]. 徽观规制经济学 , 朱绍文等译 . 北京：中国发展出版社 , 1992.
[140] 中华人民共和国统计局 . 中国统计年鉴 [M]. 北京：中国统计出版社 ,2018.
[141] 钟帅 . 基于 CGE 模型的水资源定价机制对农业经济的影响研究 [D]. 北京：中国地质大学 ,2015.
[142] 钟玉秀 , 王亦宁 . 深化城市水务管理体制改革：进程、问题与对策 [J]. 水利发展研究 ,2010,(8):66-72.
[143] 周芳 , 马中 , 郭清斌 . 中国水价政策实证研究——以合肥市为例 [J]. 资源科学 ,2014,36(05):885-894.
[144] 周末 , 张宇杰 . 我国制造业垄断的福利损失测算——基于激发改革红利的视角 [J]. 南京社会科学 ,2021(11):36-46.
[145] 周小梅 . 我国城市水价管制应符合自来水产业发展规律——兼论水价成本

公开化改革 [J]. 价格理论与实践 ,2011(04):10-12.

[146] 周耀东 , 李倩 . 国有代表性部门的福利损失："特定规则" 的代价 [J]. 中国工业经济 ,2014(08):18-30.

[147] 周耀东 , 余晖 . 政府承诺缺失下的城市水务特许经营——成都、沈阳、上海等城市水务市场化案例研究 [J]. 管理世界 ,2005,(8):58-86.

[148] 朱颂梅 . 城市水业国际化及其问题 [J]. 城市问题 ,2007,(7):76-79.

[149] 朱卫东 , 张元教 . 南水北调工程实行两部制水价的思考 [J]. 水利经济 ,2008(04):37-39+68+76-77.

[150] Abbott M,Cohen B. Productivity and efficiency in the water industry[J]. Utilities Policy,2009(17),233-244.

[151] Anwandter L, Ozuna T. Can Public Sector Reforms Improve the Efficiency of Public Water Utilities?[J]. Environment & Development Economics, 2002, 7(04):687-700.

[152] Ashenfelter O, Card D.Using the Longitudinal Structure of Earnings to Estimate the Effect of Training Programs[J]. The Review of Economics and Statistics, 1985, 67(4): 648-660.

[153] Ashton J K. Cost Efficiency in the UK Water and Sewerage Industry[J]. Applied Economics Letters, 2000, 7(7): 455-458.

[154] Baron D P, Myerson R B. Regulating a monopolist with unknown costs[J]. Econometrica: Journal of the Econometric Society, 1982: 911-930.

[155] Beck T, Levine R, Levkov A. Big Bad banks? The Winners and Losers from Bank Deregulation in the United States[J]. The Journal of Finance,2010,65(5):1637-1667.

[156] Bhattacharyya A, Harris T R, Narayanan R, et al. Specification and Estimation of the Effect of Ownership on the Economic Efficiency of the Water Utilities[J]. Regional Science and Urban Economics,1995, 25(6): 759-784.

[157] Bhattacharyya A, Parker E, Raffiee K, et al. An Examination of the Effect of Ownership on the Relative Efficiency of Public and Private Water Utilities[J]. Land Economics, 1994, 70(2): 197-209.

[158] Blackman C R. Universal service: obligation or opportunity?[J].

Telecommunications Policy, 1995, 19(3): 171-176.

[159] Blomstrom M, Globerman S, Kokko A. The Determinants of Host Country Spillovers from Foreign Direct Investment: Review and Synthesis of the Literature[A].Nigel Pain(eds). Inward Investment Technological Change and Growth, London:Palgrave Macmillan, 2001.

[160] Caves R E. Multinational Firms, Competition, and Productivity in Host-Country Markets[J]. Economica, 1974, 41(162): 176-193.

[161] Corton M L, Berg S V. Benchmarking Central American Water Utilities[J]. Utilities Policy, 2009, 17(3): 267-275.

[162] Cowling K, Mueller D C. The social costs of monopoly power[J]. The Economic Journal, 1978, 88(352): 727-748.

[163] Cuthbert R W. Effectiveness of Conservation - Oriented Water Rates in Tucson[J]. Journal - American Water Works Association, 1989, 81(3): 65-73.

[164] Dales J H. Land, water, and ownership[J]. The Canadian Journal of Economics/ Revue canadienne d'Economique, 1968, 1(4): 791-804.

[165] Elnaboulsi J C. Organization, management and delegation in the french water industry[J]. Annals of public and cooperative economics, 2001, 72(4): 507-547.

[166] Estache A, Rossi M A. How Different Is the Efficiency of Public and Private Water Companies in Asia[J]. The World Bank Economic Review, 2002, 16(1): 139-148.

[167] Fabbri P, Fraquelli G. Costs and structure of technology in the Italian water industry[J]. Empirica, 2000, 27(1): 65-82.

[168] Fare R, Grosskopf S, Norris M, et al. Productivity Growth, Technical Progress, and Efficiency Change in Industrialized Countries[J]. The American Economic Review, 1994, 84(1): 66-83.

[169] Ford J L, Warford J J. Cost functions for the water industry[J]. The journal of Industrial economics, 1969: 53-63.

[170] Fox W F, Hofler R A. Using Homothetic Composed Error Frontiers to Measure Water Utility Efficiency[J]. Southern Economic Journal, 1986, 53(2):461-477.

[171] Franceys R, Gerlach E. Regulating Public and Private Partnerships for the Poor[M]. London: Earthscan, 2008.

[172] Harberger A C. Monopoly and resource allocation[J]. The American Economic Review, 1954, 44(2): 77-87.

[173] Hewitt J A. A discrete/continuous choice approach to residential water demand under block rate pricing: Reply[J]. Land Economics, 2000, 76(2): 324-330.

[174] Ioslovich I, Gutman P O. A model for the global optimization of water prices and usage for the case of spatially distributed sources and consumers[J]. Mathematics and Computers in Simulation, 2001, 56(4-5): 347-356.

[175] Kiitam A, McLay A, Pilli T. Managing conflict in organisational change[J]. International Journal of Agile Systems and Management, 2016, 9(2): 114-134.

[176] Kim H Y, Clark R M. Input substitution and demand in the water supply production process[J]. Water Resources Research, 1987, 23(2): 239-244.

[177] Kirkpatrick C, Parker D, Zhang Y, et al. An Empirical Analysis of State and Private-Sector Provision of Water Services in Africa[J]. The World Bank Economic Review, 2006, 20(1): 143-163.

[178] Knapp M R J. Economies of scale in sewage purification and disposal[J]. The Journal of Industrial Economics, 1978: 163-183.

[179] Kumar S, Managi S. Service Quality and Performance Measurement: Evidence from the Indian Water Sector[J]. International Journal of Water Resources Development, 2010, 26(2): 173-191.

[180] Laffont J J,Tirole J. A Theory of Incentives in Procurement and Regulation[M], Cambridge: MIT Press, 1993.

[181] Laffont J J, Tirole J. Comparative statics of the optimal dynamic incentive contract[J]. European Economic Review, 1987, 31(4): 901-926.

[182] Laffont J J, Tirole J. Competition in Telecommunications [M]. Cambridge, MA: MIT Press, 1999.

[183] Lambert D K, Dichev D, Raffiee K, et al. Ownership and Sources of Inefficiency in the Provision of Water Services[J]. Water Resources Research, 1993, 29(6): 1573-1578.

[184] Leibenstein H. Allocative efficiency vs." X-efficiency"[J]. The American economic review, 1966, 56(3): 392-415.

[185] Levinsohn J, Petrin A. Estimating Production Functions Using Inputs to Control for Unobservables[J]. Review of Economic Studies, 2003: 317-341.

[186] Lin C. Service Quality and Prospects for Benchmarking: Evidence from the Peru Water Sector [J]. Utilities Policy, 2005, 13(1): 230-239.

[187] Loeb M, Magat W A. A decentralized method for utility regulation[J]. The Journal of Law and Economics, 1979, 22(2): 399-404.

[188] Mann P C, LeFrancois P R. Trends in the real price off water[J]. Journal - American Water Works Association, 1983, 75(9): 441-443.

[189] Marin P. Public-private Partnerships for Urban Water Utilities: A Review of Experiences in Developing Countries[J]. World Bank Publications, 2009: 1-212.

[190] Marin P. Public-Private Partnerships for Urban Water Utilities[M]. Washington: Word Bank Press, 2009.

[191] Martins R, Fortunato A, Coelho F. Cost Structure of the Portuguese Water Industry: a Cubic Cost Function Application[A]. GEMF Working Papers 2006-2009, GEMF, Faculty of Economics, University of Coimbra, 2006.

[192] Mather J R. Water resources: Distribution, use, and management[J]. 1984.

[193] Mbuvi D, Schwartz K. The Politics of Utility Reform: A Case Study of the Ugandan Water Sector[J]. Public Money & Management, 2013, 33(5): 377-382.

[194] Milgrom P, Roberts J. Limit pricing and entry under incomplete information: An equilibrium analysis[J]. Econometrica: Journal of the Econometric Society, 1982: 443-459.

[195] Molinos-Senante M, Maziotis A, Mocholi-Arce M , et al. Accounting for Service Quality to Customers in the Efficiency of Water Companies: Evidence from England and Wales[J]. Water Policy, 2016,18(2): 062.

[196] Molinos-Senante, M, Maziotis A, Sala-Garrido R. Estimating the Cost of Improving Service Quality in Water Supply: A Shadow Price Approach for England and wales. [J]. The Science of the totalenvironment, 2016, (539):

470-477.

[197] Munisamy S. Efficiency and Ownership in Water Supply: Evidence from Malaysia[J]. International Review of Business Research Papers, 2009, 5(6): 148-260.

[198] Nauges C, Van den Berg C. How" natural" are Natural Monopolies in the Water Supply and Sewerage Sector?: Case Studies from Developing and Transition Economies[M]. Washington: World Bank Publications, 2007.

[199] Olley G S, Pakes A. The dynamics of productivity in the telecommunications equipment industry[J]. Econometrica, 1996, 64(6): 1263-1297.

[200] Picazotadeo A J, Saezfernandez F J, Gonzalezgomez F, et al. Does service quality matter in measuring the performance of water utilities[J]. Utilities Policy, 2008, 16(1): 30-38.

[201] Renzetti S. Municipal water supply and sewage treatment: costs, prices, and distortions[J]. Canadian Journal of Economics, 1999: 688-704.

[202] Romano G, Molinossenante M, Guerrini A, et al. Water Utility Efficiency Assessment in Italy by Accounting for Service Quality: An Empirical Investigation[J]. Utilities Policy, 2017: 97-108.

[203] Saal D S, Parker D, Weymanjones T, et al. Determining the Contribution of Technical Change, Efficiency Change and Scale Change to Productivity Growth in the Privatized English andWelsh Water and Sewerage Industry: 1985–2000[J]. Journal of Productivity Analysis, 2007, 28(1): 127-139.

[204] Saal D S, Parker D. Assessing the Performance of Water Operations in the English and Welsh Water Industry: A Lesson in the Implications of Inappropriately Assuming a Common Frontier[J]. Performance measurement and regulation of network utilities, 2006,(11): 297-328.

[205] Saal D S, Parker D. Productivity and Price Performance in the Privatized Water and Sewerage Companies of England and Wales[J]. Journal of Regulatory Economics, 2001, 20(1): 61-90.

[206] Saal D S, Parker D. The Impact of Privatization and Regulation on the Water and Sewerage Industry in England and Wales: A Translog Cost Function

Model[J]. Managerial and Decision Economics, 2000, 21(6): 253-268.

[207] Sappington D E M, Sibley D S. Regulating without cost information: The incremental surplus subsidy scheme[J]. International Economic Review, 1988: 297-306.

[208] Savenije H H G, Van der Zaag V P. Integrated water resources management: Concepts and issues[J]. Physics and Chemistry of the Earth, Parts A/B/C, 2008, 33(5): 290-297.

[209] Souza G D S E , Faria R C D , Moreira T B S . Estimating the Relative Efficiency of Brazilian Publicly and Privately Owned Water Utilities: A Stochastic Cost Frontier Approach1[J]. Journal of the American Water Resources Association, 2007, 43(5): 1237–1244.

[210] Spulber D F, Spulber D F. Regulation and markets[M]. Cambridge: MIT press, 1989.

[211] Spullber N, Sabbaghi A.Economics of Water Resources: From Regulation to Privatization[M]. BerLin: Springer publish,1994.

[212] Tjosvold D. Cooperative and competitive interdependence: Collaboration between departments to serve customers[J]. Group & Organization Studies, 1988, 13(3): 274-289.

[213] Tufgar R H. Water rate structure for demand management in the regional municipality of Waterloo[J]. International and Transboundary Water Resources Issues, 1990, 484.

[214] Tullock G. The general irrelevance of the general impossibility theorem[J]. The Quarterly Journal of Economics, 1967, 81(2): 256-270.

[215] Vickers J. Competition and regulation in vertically related markets[J]. The Review of Economic Studies, 1995, 62(1): 1-17.

[216] Vogelsang I, Finsinger J. A regulatory adjustment process for optimal pricing by multiproduct monopoly firms[J]. The Bell journal of economics, 1979: 157-171.

[217] WMO. International Glossary of Hydrology[M]. Switzerland: World Meteorological Organization Publishing, 2012.

[218] Woodbury K, Dollery B. Efficiency Measurement in Australian Local

Government: The Case of New South Wales Municipal Water Services[J]. Review of Policy Research, 2004, 21(5): 615-636.

[219] Wooldridge J M.Introductory Econometrics: A Modern Approach[M]. Chong qing: South-western College Publishing, 2000.